粉体改性沥青及其混合料性能研究

贾晓东 著

西南交通大学出版社
·成都·

图书在版编目（CIP）数据

粉体改性沥青及其混合料性能研究 / 贾晓东著. -- 成都：西南交通大学出版社，2024.10
ISBN 978-7-5643-9775-3

Ⅰ.①粉… Ⅱ.①贾… Ⅲ.①改性沥青-研究 Ⅳ.①TE626.8

中国国家版本馆 CIP 数据核字（2024）第 054749 号

Fenti Gaixing Liqing ji qi Hunheliao Xingneng Yanjiu
粉体改性沥青及其混合料性能研究

贾晓东　著

责任编辑 / 姜锡伟
助理编辑 / 陈发明
封面设计 / 原谋书装

西南交通大学出版社出版发行
（四川省成都市金牛区二环路北一段 111 号西南交通大学创新大厦 21 楼　610031）
营销部电话：028-87600564　028-87600533
网址：http://www.xnjdcbs.com
印刷：成都蜀通印务有限责任公司

成品尺寸　170 mm×230 mm
印张　16.75　　字数　233 千
版次　2024 年 10 月第 1 版　　印次　2024 年 10 月第 1 次
书号　ISBN 978-7-5643-9775-3
定价　80.00 元

图书如有印装质量问题　本社负责退换
版权所有　盗版必究　举报电话：028-87600562

序

近年来，随着我国乡村振兴计划的逐步实施、交通强国目标的提出，我国交通基础设施建设稳步推进，综合立体交通网络加快完善，特别是高速公路和乡村沥青路面里程连续增长，且成为拉动当地经济的重要基础设施。截止到2022年末，全国四级及以上等级公路里程达到了516.25万千米，其中，高速公路总里程达到了17.73万千米。

沥青路面材料与结构是影响路面质量的两个关键点，已经得到全世界同行业研究人员的广泛认可，并且研究人员对此开展了大量的理论研究和实践应用。但我国沥青路面的结构设计、材料选择以及"工程结构材料一体化设计"等方法和理论依然相对滞后，所用理论和方法已经不适应我国目前的交通荷载和自然环境，急需我国道路交通行业研究人员开展相关的理论研究和实践工作，并将其推广应用到现场实际工程中。

沥青混合料中的材料主要包括集料和起黏结作用的沥青，材料参数是路面设计的重要基础参数，对沥青路面结构力学性能有直接影响，沥青材料的黏附性能对沥青胶浆、沥青混合料和沥青路面的性能至关重要，这主要是由于其与集料之间的界面交互作用强弱有极大的关系。我国目前主要采用传统的针入度、软化点、延度三种指标来判断沥青的黏附性能是否满足规范要求或者相应重载交通的要求；而美国在1990年左右提出了基于沥青流变性能的评价方法，且对沥青进行了PG分级。但经过大量的工程实践和研究也发现，三大指标和PG分级均不能较好地适用于目前不同交通环境下的沥青路面设计体系。目前仅在小区域的工程实践中可以证明某种沥青适合特定交通环境和自然环境，还不能做到不同环境下的沥青性能分类。为此，需要基于普通沥青研发高性能的沥青改性剂，且根据区域特点和交通荷载环境研发适用于当地的高性能、低成本的沥青改性剂，为路面性能提升贡献力量。

　　本书内容和成果可以为沥青路面中沥青黏附性能提升提供一些启迪和参考，基于表面能理论和原子力学理论研发超细粉体改性剂，从粉体改性沥青的基础性能、高温流变性能、低温流变性能、疲劳性能、微观结构特征、纳观力学性能以及粉体改性混合料路用性能等方面进行综合分析，建立了粉体改性剂比表面积和疲劳寿命之间的关系，为后期其他粉体改性剂与沥青性能研究提供参考，并为无机粉末类沥青改性剂性能选择指标统一化提供了理论基础，从而与《公路沥青路面设计规范》（JTG D50—2017）提出的沥青路面设计体系和指标实现对接。希望本书的作者在此基础上，能进一步探索传统改性剂在微米—纳米粒径之间的改性沥青及其混合料性能，有力地支持我国沥青路面质量提升和交通强国目标的实现。

2024 年 1 月

前言 Preface

沥青路面在使用过程中承受着自然环境、交通荷载、地质水文等多重条件的耦合作用，从而也表现出复杂的耦合力学行为。沥青材料是沥青路面结构中极为重要的黏合剂材料，属于筑路材料的胶凝材料，其质量直接影响沥青路面的结构受力和寿命。同时，沥青作为典型的黏弹性材料，其力学响应受自然环境中的温度、湿度、交通荷载等影响。20世纪70年代，日本科学家提出了超细粉体颗粒，从而引起了全球科学家对超细粒子制备工艺、性质和应用的研究。进入21世纪，随着超细粉体颗粒逐渐被众多学者研究和应用（特别是纳米材料的诞生），人们普遍认为纳米技术会成为未来最重要的领域之一。目前，纳米技术已经逐渐渗透到电子、航天、化工、医疗、新能源等多个领域，且在这些行业中扮演着至关重要的角色。国外关于超细粉体和纳米技术的开发应用已经相对成熟，而我国在其应用和制备技术上起步较晚。

近10年，超细粉体在食品、化妆、日用行业逐渐被广泛应用，这主要得益于其制备工艺日趋成熟。目前，我国关于超细粉体的应用，主要集中在将其作为填料、添加剂以及复合材料的基础材料方面；添加工艺上，各个领域对其粒度分布、成分纯度、环保效应的要求不尽相同。超细粉体作为一种新材料，随着经济和工业发展，会越来越多地应用到新型产品和技术上。

利用粉体材料对沥青进行改性也始于20世纪70年代的美国，有关学者开始采用熟石灰和水泥代替沥青混合料中的部分矿料，用作抗剥落剂。至此，国内外开始了粉体对沥青改性的研究工作。改性后的沥青称为粉体改性沥青，是将粉体类材料掺入沥青中，通过物理吸附和化学反应等方式，改善沥青及沥青混合料的路用性能，提高沥青路面使用性能。

粉体类改性剂主要可以划分为三类，包括常规无机材料、纳米类无机材料以及处理后的工农业废渣。

常规无机材料沥青改性剂包括硅藻土、矿质填料、炭黑等，国内外都有较为广泛的研究。硅藻土是一种非金属矿物，由硅藻遗骸与软泥固结而成的沉积岩提纯而来，具有与沥青相容性好、黏附性强的特点，除了能够作为沥青填料以外，还可以作为沥青改性剂使用。无机纳米类沥青改性剂的研究较广，包括纳米二氧化钛、纳米黏土、石墨烯、纳米碳管等纳米材料，与传统材料相比，其颗粒尺寸更小、表面能更高，而且具有表面效应、量子尺寸效应、量子隧道效应。除了硅藻土、炭黑等常规无机改性剂和纳米类改性剂以外，近年来也有一些学者将稻壳、皮革、磷渣等工农业废渣，通过再燃烧、粉磨等方式处理后，用作沥青改性剂。也有学者根据路面环境实际需要，通过化工合成等方式，自制粉体改性剂，也取得了较好的效果。为了改善沥青性能，添加粉体改性剂成为一种途径，分析粉体添加剂的形貌特征、物理化学特性与沥青、沥青混合料之间的关系，国内外研究人员开展了大量工作，但是由于粉体种类的多样性及自身几何形貌的不确定性，使得粉体与沥青及其混合料之间关系仍未明确。因此，为了准确分析粉体自身性质对沥青及其混合料性能的影响规律，需要借助新的测试技术和分析方法进行系统的研究。

本书结合云南省交通运输厅科技项目和重庆市教委科技项目，开展了粉体改性沥青微观作用机理及其混合料疲劳性能研究，首先从粉体性质特征参数的分析入手，对不同种类、不同细度的粉体的物理化学性质以及形态特征给出评价；然后，依据改性沥青复合材料理论，分别从粉体种类、粉体掺量、粉体细度三个角度分析粉体改性沥青的流变性能和疲劳性能，再对粉体改性沥青性能的重要影响因素进行确定，并与改性沥青疲劳寿命建立疲劳预估关系。利用表面能和原子力学理论，通过接触角和原子力显微镜（AFM）分析粉体改性沥青微观结构和作用机理，并对其制备的沥青混合料高低温性能、疲劳性能和水稳定性进行系统分析。本书第 1 章系统介绍了粉体对沥青改性的研究进展。第 2 章主要对不同种类、粒径的粉体进行物理微观结构测试，发现三种类型的粉体中硅灰的密度、粒度、亲水系数最小，比表面积最大，相同粉体下随着粒径减小，比表面积越大、堆积密度越小、亲水系数越大、微观孔隙越多。第 3 章介绍了自主开发的用于粉体改性沥青制备的超声波风压分散仪，通过荧光显微镜对改性沥青进行图像采集，提出了以相对离散系数 C'_v 作为均匀性评价指标，并给出了计算方法及评价标准，以此确定出了不同粉体在沥青中均匀性分散的制备工艺。第 4 章通过动态剪切流变仪（DSR）和弯曲梁流变仪（BBR）对不同类型、不同粒径、不同掺量的粉体改性沥青高低温性能进行分析，发现粉体对沥青的高温性能有利、低温性能不利，且随着粒径减小、掺量增大，这种影响效果逐渐扩大；并利用灰色关联度分析法确定出了粉体不同特征对沥青性能的影响重要程度：比表面积>粒度分布>孔隙结构>活性成分含量>密度>亲水系数。第 5 章通过动态剪切流变仪（DSR）的时间扫描模式对粉体改性沥青进行疲劳试验，采用累积耗散能比指标 N_{DER} 和损伤力学指标确定出了改性沥青的疲劳寿命，并引入表面积量参数，建立了疲劳寿命 N_f 与微粉表面积量、应力之间的关系，实现了粉体改性沥青在掺入不同表面积量下的疲劳寿命预估。第 6 章通过接触角、毛细上升法和 AFM 试验测定了粉体和沥青的表面能，发现不同粉体中硅灰表面能最大、消石灰次之、水泥最小，且消石灰表面能随着粒径减小、掺量增加而增大；利用 AFM 对粉体改性沥青的黏附力和杨氏模量进行了表征，结合 JKR 理论和功-能转化 Fowkes 模型提出了基于 AFM 的沥青表面能计算方法，以此建立了粉体表面积量与沥青组分、沥青表面能之间的函数关系。第 7 章对粉体改性沥青混合料进行了车辙、冻融劈裂、低温弯曲小梁和间接拉伸疲劳试验，发现粉体改性沥青对混合料性能的影响也体现出与沥青性能的一致性，粉体对沥青路面的高温性能、水稳定性和疲劳性能有益，对低温性能不利，且随着掺入粉体的表面积量增加，影响效果越明显；建立了基于粉体表面积量和加载应力参数的沥青混合料疲劳寿命预估方程。第 8 章对比分析了消石灰和水泥的长期水稳定性和长期老化性能，并对干掺法和胶浆法的混合料性能进行了对比分析，发现胶浆法的效果更好。

需要指出的是，本书关于道路沥青中的粉体改性研究仅仅对常用粉体的三种粒度进行研究分析，并没有找出粉体颗粒粒径或者比表面积与沥青制备过程中的拐点，即什么粒度范围下不能用物理方法制备；粉体对沥青的改性主要是物理吸附，但化学吸附也同样存在，作者研究过程中由于试验手段受限，未能给出物理吸附和化学吸附各自具体的影响比例，后续还需要进一步对两者在性能影响上的定量分析进行研究。另外，作者选择三种粉体进行改性性能试验，如果需要将结论推广还需要进行其他粉体改性剂的深入研究和验证。

本书主要涵盖了作者攻读硕士和博士学位阶段的发现和成果，也得到了重庆教委科技重点项目（KJ2D-K202304002）、2023年重庆开放大学（重庆工商职业学院）科研项目（2023BS22-002）、重庆工商职业学院科研团队（KYTD202306）、巴渝学者计划的大力支持，在此深表感谢。

希望本书能为广大交通运输工程专业学生及从事沥青性能研究的从业者提供帮助和参考。书中如有疏漏和错误之处，请各位同行和学者批评指正。

作 者

2024年1月

目 录 Contents

第1章 绪　论 ·· 001
　1.1　道路沥青改性剂 ·· 001
　1.2　粉体类改性剂的研究进展 ·································· 004
　1.3　超细粉体改性剂的研究进展 ································ 010

第2章 粉体改性剂特性 ·· 014
　2.1　物理特性 ·· 014
　2.2　化学特性 ·· 028
　2.3　结构特性 ·· 032
　2.4　本章小结 ·· 041

第3章 粉体改性沥青制备方法与均匀性研究 ······················ 043
　3.1　粉体在沥青中的分散方案 ·································· 043
　3.2　粉体在沥青中的分散均匀性评价方法 ························ 048
　3.3　均匀性评价分析 ·· 054
　3.4　本章小结 ·· 065

第4章 粉体改性沥青的流变性能 ·································· 067
　4.1　粉体改性沥青的基础性能 ·································· 068
　4.2　基于频率扫描试验的高温流变性能 ·························· 074
　4.3　基于多应力重复蠕变恢复试验（MSCR）的高温流变性能 ······· 092
　4.4　基于温度扫描试验的高温流变性能 ·························· 098
　4.5　低温弯曲梁流变性能（BBR）试验 ··························· 103
　4.6　影响粉体改性沥青性能的粉体特征性质分析 ·················· 114
　4.7　本章小结 ·· 118

第 5 章　粉体改性沥青疲劳性能·············120
5.1　改性疲劳性能试验方法·············120
5.2　疲劳性能判别方法·············123
5.3　基于耗散能法的疲劳性能·············132
5.4　基于损伤力学的 S-VECD 模型的疲劳性能·············145
5.5　粉体改性沥青特性与比表面积相关性·············152
5.6　本章小结·············156

第 6 章　粉体改性沥青的微观结构作用机理·············158
6.1　粉胶界面交互作用·············158
6.2　基于表面能的黏附性能·············161
6.3　基于 AFM 的胶凝材料微观结构特征·············174
6.4　粉体改性沥青的高温稳定性·············198
6.5　本章小结·············200

第 7 章　粉体改性沥青混合料的路用性能·············202
7.1　材料性能与配合比设计·············202
7.2　粉体改性沥青混合料水稳定性·············206
7.3　粉体改性沥青混合料高温性能·············210
7.4　粉体改性沥青混合料低温性能·············214
7.5　粉体改性沥青混合料疲劳性能·············221
7.6　本章小结·············231

第 8 章　粉体改性沥青混合料耐久性能·············232
8.1　粉体改性沥青混合料长期抗水损性能·············232
8.2　粉体改性沥青混合料长期老化性能·············234
8.3　粉体掺加方式对混合料性能的影响·············239
8.4　本章小结·············241

参考文献·············242

第 1 章
PART ONE

绪　论

近年来，中国公路的建设进入了快速发展时期。截至 2022 年末，全国四级及以上等级公路里程达到了 516.25 万千米，其中，高速公路总里程达到了 17.73 万千米。与水泥混凝土路面相比，沥青路面具有行车舒适、易于维护等优点，我国高等级公路中 90%以上都是沥青混凝土路面。但是随着交通量的持续增长，车辆的大型化、交通渠化等现象越来越突出，特别是在我国南方部分地区，受到年均气温高、降雨量大的影响，使得沥青路面在多种因素作用下更容易发生车辙、开裂等病害，大幅缩短路面的使用寿命，增加路面维护成本，甚至威胁到行车安全。在这种情况下，人们对沥青路面性能提出了更高的要求。路面结构和路面材料是影响沥青路面性能最为重要的两个因素。因此，为了有效提高沥青路面使用性能，延长路面的使用寿命，科研人员在路面结构和路面材料方面做了大量的研究：一方面，优化路面结构，提出柔性基层路面、混合式基层路面和复合式基层路面等新型路面结构；另一方面，提高路面材料性能，如优化沥青混合料配比设计、改善沥青性能等。为了改善沥青性能，虽然沥青生产厂家不断尝试革新生产工艺，生产更为优质的沥青，但使用效果仍不太令人满意。因此需要其他更有效的手段来改善沥青性质，以此满足交通发展的需求。

1.1　道路沥青改性剂

石油沥青是地下开采原油制备过程中的一种产品，通常呈黑色，为黏稠状液体或者半固体状态，它是由不同化合物组成的混合物质，对其进行元素分析可以得到其主要成分为 C、H 元素，约占总量的 95%；另外还含有 Na、Ca、Ni、S、N、O 等微量元素，以氧化物和盐化合物的形式存在，总量不超过沥青的 5%[1]。

而对于道路工程中的石油沥青，众多学者常采用四组分法进行分析，即沥青是由四种物质形态不同的混合物组成，分别是饱和分、芳香分、胶质和沥青质。另外，四组分理论还对其进行了混合状态解释：沥青质是被分散物质，饱和分和芳香分组分的油分是分散物质，沥青质与饱和分、芳香分亲和性较差，但四组分中的胶质却能与其他三种物质有较好的亲和性，因此，形成了沥青质被胶质包裹，分散于饱和分和芳香分中成为常温下稳定状态的胶体。这种胶体结果随着成分不同呈现出两种结构形式：当芳香分、饱和分和胶质含量较高时，沥青的流动性大、温度敏感性高、黏附性小，这种结构被称为溶胶结构；而当沥青质含量较高，沥青流动性变小、塑性变差、温度敏感性降低时，则称为凝胶结构[2]，道路工程中常用的沥青为凝胶结构。

沥青材料在公路工程中的应用可以追溯到公元前 3 000 年，先后在埃及的尼罗河、印度的恒河、中国的黄河和长江流域发现了石油矿藏，并开发制备出沥青制品，直到公元前 18 世纪前半期，古巴比伦王国汉穆拉比王才铺筑了第一条沥青路面，但随后沥青在路面中的施工工艺却未被流传，随后到 19 世纪初，沥青才重新在路面中应用并被大家广泛接受和推广[2]。

我国道路工程路面的发展历程和经济发展密不可分，纵观发展历史，主要是由于路面材料的变革而引起的路面变化。一共经历了三个重要变革时期，第一个是简易路面的发展时期，主要以砂石铺筑为主；第二个是采用渣油对砂石路面的表面进行处治而形成的简易复合路面时期；第三个是以沥青混合料和沥青稳定碎石进行铺筑的现代高性能沥青路面，这一时期也是我国经济和高速公路飞速发展的时期，开始于 20 世纪 80 年代，其中以北京—天津的高速公路为契机，在今后的高等级公路建设中，沥青混凝土路面结构逐渐被广泛采用。但随着我国经济持续发展，车辆轴载量连年攀升，交通渠化现象日益凸显，特别是在重庆、云南、贵州、广西等地区，受到高温多雨气候的影响，沥青路面的耐久性面临严峻的考验，同时还伴随着疲劳开裂、水稳定性差等病害出现，使其寿命往往大幅低于设计寿命[3,4]。

沥青路面的性能主要由沥青混合料中的材料性能起决定性作用，混合料中主要由黏附材料沥青和骨架支撑集料两类材料组成，其中起黏附作用的沥青起关键性作用。沥青属于黏弹性材料，受温度改变，其性能变化差异性较大，例如沥青在夏季高温条件下表现出易变形、易流动特点，路面容易产生永久变形；而在冬季低温条件下沥青变硬变脆、易开裂，这些特点在沥青路面使用过程中都表现不同的病害[5,6]。另外，沥青混合料中沥青材料与集料的黏附性差也一直是沥青路面水损坏的重要因素。然而，目前采用普通工艺从石油中获取的普通沥青无法满足在高等级沥青路面中的使用，因此，就需要对普通沥青进行性能提升，添加改性剂为常用的沥青性能提升方法[7-10]。

道路行业在沥青中添加的改性剂主要有粉体类改性剂和有机改性剂两种[11-14]。目前，国内外对沥青改性通常采用有机改性剂，其中以 SBS、SBR 等聚合物的改性性能最为突出，表现在高温下的抗变性能力以及耐老化性能[15]。但有机改性剂也具有制备工艺繁琐、费用高等缺点。

在沥青中添加粉体颗粒进行沥青性能提升通常称为改性，改性剂与沥青不发生明显的化学反应，只利用其自身物理特性进行沥青性能提升，常用的粉体类改性剂有：炭黑、纤维、硅藻土、水泥、消石灰、硅灰、层状硅酸盐、纳米碳酸钙等。在众多的改性剂中，消石灰和水泥常被用作提高水稳定性的改性剂[16,17]，相关的性能研究和制备方法技术也相继提出；近年，有关学者也对硅灰、硅藻土作为改性剂进行了研究[18-20]，取得了较好的改性效果。

然而，目前对于粉体类改性剂的研究工作主要集中在其类型、掺量、掺加方式等参数在沥青及其混合料宏观力学性能方面的影响，且属于散点式研究，并未从粉体类改性剂的自身形貌特征、物理化学特性研究改性沥青微观结构、力学性能以及吸附能力的变化，解释无机类粉体改性剂的作用机理，并且粉体类材料自身特性在沥青及其混合料中的性能影响程度还存在不确定性。

1.2 粉体类改性剂的研究进展

粉体类改性剂在沥青材料中应用最多的主要有消石灰、水泥两类材料，随着工业废渣的广泛应用，硅灰、粉煤灰、矿渣等材料也逐渐应用到沥青改性中。

1.2.1 氢氧化钙在沥青及其混合料中的研究现状

氢氧化钙俗称消石灰，通常被作为沥青混合料中的抗剥落剂使用，其对沥青水稳定性的提升已经得到了认可，常采用替换矿粉的方式制备混合料。

李剑等[21]采用消石灰替代部分矿粉进行混合料制备，并对混合料进行短期和长期室内老化，以模拟施工现场混合料老化和沥青路面使用过程中的长期老化，再通过冻融劈裂研究分析其水稳定性。王旭东等[22]也采用消石灰对混合料中的矿粉进行替代，替代范围在4%以内，并进行了有水和无水车辙试验。杨文烽等[23]对消石灰在沥青混合料中的添加方式进行全新的探索，将消石灰制备为液体消石灰浆，对粗集料进行消石灰浆预处理后再进行混合料拌和。马英新[24]则采用干拌和湿拌两种消石灰掺入方式进行混合料制备，并采用冻融循环和浸水劈裂试验对经过短期和长期老化后的试件进行了水稳定性研究。柳浩等[25]对掺加消石灰和矿粉后沥青胶浆的动态黏弹性能试验进行比较，发现消石灰沥青胶浆的永久变形能、断裂能和低温性能均好于矿粉胶浆。朱凯等[26]对消石灰在沥青中的反应速率和燃烧率进行了试验研究。游庆龙等[27]、王金刚等[11]研究了消石灰、炭黑、矿粉在不同温度下、不同掺量下沥青胶浆的锥入度、黏度以及蠕变等指标的变化规律。郑晓光等[28]为了研究消石灰的抗水损害能力，将不同掺量下的消石灰沥青混合料和抗剥落剂沥青混合料进行对比，并对两者抗水损害性能、永久变形性能和抗疲劳性能进行了对比分析，验证了消石灰对沥青混合料改性的可行性。韩守杰等[29]为了研究纳米SiO_2和消石灰在沥青路面中的性能影响规律，采用替代部分矿粉的方法进行混合料拌和，并通过冻融劈裂试验、间接拉伸疲劳试验以及动态模量试验进行了混合料性能分析。

近年来,国外部分学者对消石灰在沥青中的黏附力、黏附功以及其自身形貌特征的影响规律进行了研究。其中,Francisco 等[30]以占矿料总质量 0.5%~3%的消石灰代替矿粉,采用应力控制模式下的疲劳试验进行了疲劳性能研究。Sahar 等[31]将消石灰、粉煤灰等粉体材料与基质沥青物理共混,温度为 160 °C,剪切时间为 45 min,剪切速率为 5 000 r/min,进行粉体改性沥青制备。Little 等[32]对熟石灰改性沥青采用动态剪切流变仪、动态机械分析仪和弯曲梁流变仪进行流变试验,发现熟石灰作为填料,在从低温到高温的广泛温度范围内显著影响微裂纹的损伤、微损伤愈合以及胶浆和混合料中的塑性和黏弹性流动速率和水平。Rieksts 等[33]研究了花岗岩矿粉、水泥、消石灰矿物填料的性能,采用动态剪切流变仪的多应力蠕变恢复试验方法,对反复剪切应力下的沥青胶浆进行了试验,结果表明,消石灰填料具有最佳的影响效果。Movilla-Quesada 等[34]对消石灰和水泥沥青胶浆的形状和性质进行了研究分析,发现水泥形状颗粒对沥青的模量提高起决定性作用,而消石灰对沥青的黏附性起决定性作用。Micaelo 等[35]、Rodrigo 等[36]通过 DSR 流变仪研究了粉体填料种类和掺量对沥青胶浆的疲劳性能影响,发现随着掺量的增加,抗疲劳性能显著增加。Liao 等[37]采用动态剪切流变仪(DSR)进行了振动试验和轮距疲劳试验,发现粉体填料颗粒在基质沥青中的分布也影响着沥青胶浆以及混合料的整体疲劳寿命,这种现象主要表现在疲劳损伤过程中产生的微裂缝会被细小的填料障碍物阻挡,这些填料会阻断裂缝的发展。

另外,部分学者对消石灰的纳米材料也进行了性能研究。Behbahani[38]采用纳米熟石灰(NHL)作为沥青结合料改性剂和抗剥落剂对沥青进行改性,结果表明,CMA 中的饱和混合物在较低的冻融循环中,具有最高的间接拉伸强度(ITS)和疲劳寿命,而 NaCl 饱和试样在较高的循环次数下具有较高的疲劳寿命,CMA 饱和样品具有最大的 TSR 和 NFR。Han 等[39]、Aboelkasim 等[40]建立了基于纳米消石灰表面能沥青黏附评价模型,并采用该模型对消石灰改性沥青表面进行了评价分析。

1.2.2 水泥在沥青及其混合料中的研究现状

水泥在沥青及其混合料中的应用主要是作为抗剥落剂进行水稳定性提升、在乳化沥青中发生水化反应提升乳化沥青性能或者替换矿粉提高沥青混合料高温性能。周亮[41]采用不同掺量的消石灰、水泥替换混合料中矿粉，并通过车辙因子、135 ℃黏度和软化点等指标对改性沥青胶浆的高温性能和施工和易性进行了研究分析。张吉哲等[42]选用水泥对赤泥沥青胶浆进行增强改性，通过沥青质量检测仪（QCT）、界面拉拔仪（PosiTest AT-A）等试验研究了原状赤泥以及改性赤泥对沥青胶浆流变学行为与界面黏附性的影响。王民等[43]采用4%以内的水泥对沥青混合料中的矿粉进行替代，并采用两种沥青混合料配比进行了室内车辙试验，以验证水泥对不同类型沥青混合料的影响效果。颜可珍等[44]采用水泥替代部分矿粉后对其混合料进行冻融循环试验并采用超声波方法进行评价。李丽娟等[45]、郑晓光等[46]为了提高细集料与沥青之间的黏附性，采用水泥、消石灰、液体抗剥落剂等方式对沥青进行改性。王振军、杜少文[47-50]等对水泥在乳化沥青中的作用进行了深入分析，并对其改性机理和微观形貌进行了研究。邹桂莲等[51]采用动态剪切流变仪对水泥、矿粉、纤维掺入的沥青胶浆进行温度扫描，发现不同类型的填料和掺量对沥青胶浆的流变性能影响显著。刘丽等[52]采用动态剪切流变试验、锥入度试验和黏度试验分析了四种填料类型、四种粉胶比对沥青胶浆高温性能的影响，并提出了评价沥青胶浆高温性能的指标。雷小磊等[53]为了分析水泥改性沥青的性能，采用六种粉胶比制备水泥沥青胶浆和矿粉胶浆，进行了基础性能、流变性能、弯曲流变性能测试。许新权[54]等同样采用消石灰和水泥替代部分矿粉，采用布氏黏度试验、动态剪切流变仪、弯曲梁流变仪对不同粉胶比的沥青胶浆进行性能研究分析。

国外针对水泥的研究也常作为不同填料的对比材料或作为剥落剂进行流变性能、疲劳性能或者水稳定性的分析。

其中，Mazzoni[55]等研究了水泥、消石灰和玄武岩对沥青胶浆的流变性能和疲劳性能的影响。Peng等[56]、Antunes等[57]、Zheng等[58]分析了生石灰、熟石灰、水泥、石灰岩粉以及玄武岩粉的形状特性、物理性质和化学成分对沥青胶浆性能的影响,结果表明,不同填料的尺寸、形状及表面纹理特征有明显区别,填料的形状特征和物理性质与沥青胶浆软化点有较强相关性,而化学成分与其无明显相关。Mwanza 等[59]对不同掺量的石灰石粉和硅酸盐水泥沥青胶浆的基本性能进行了分析,发现沥青胶浆的针入度与延度随着矿料掺量的增加而线性降低,软化点与表观黏度随着掺量的增加而增加。此外,Xing 等[60]研究发现在相同体积掺量下,粉体填料粒径越小,胶浆的疲劳性能越好,即胶浆的弹性性能越好,主要是由于粉体填料颗粒越小而吸附沥青越多所引起的。Lesueur 等[61]提出一种基于压力老化的老化方法,定量分析填料对沥青老化性能的影响,以软化点为评价指标,发现熟石灰降低了沥青的老化速度,而生石灰和水泥对老化的抑制作用较弱,普通矿粉对老化没有抑制作用。在填料特征性质研究方面,Robert 等[62]分析了矿物组分与粒度分布对石灰岩矿粉与白云石矿粉性能的影响,发现随着矿粉粒径的减小,其比表面积呈现反比例变化,但其亲水系数却呈正比例减小。Barra 等[63]分析了石灰岩矿粉与花岗岩矿粉自身性质对沥青胶浆三大指标和黏附性的影响,结果表明与填料的尺寸相比,其形状、表面纹理、比表面积及矿物组分对胶浆性能影响更加显著。Dan 等[64]分析了填料细观尺度性能对沥青胶浆低温黏聚力的影响,采用颗粒图像分析系统对填料细观级配、长径比、圆度进行了测试,采用自由压渗透水试验对细观尺度空隙特性进行了测试,对三种不同矿料沥青胶浆的低温拉伸黏聚力进行测试,发现矿粉细观特性的不同使得沥青胶浆低温黏聚力不同,由细观级配、长径比、比表面积、圆度可得到其空隙特性与沥青中自由沥青和结构沥青比例,进而可得到这些参数对沥青低温黏聚力的影响。

1.2.3 其他改性剂在沥青及其混合料中的研究现状

除常用的消石灰和水泥改性剂外,粉体类沥青改性剂还包括硅藻土[65]、矿质填料、炭黑[66]等,国内外都有较为广泛的研究。硅藻土是一种非金属矿物[67],是由硅藻遗骸与软泥固结而成的沉积岩提纯而来,具有与沥青相容性好、黏附性强的特点,除了能够作为沥青填料以外,还可以作为沥青改性剂使用[68,69]。鲍燕妮[70]通过差示扫描测量热分析（DSC）等微观试验研究发现，硅藻土与基质沥青有良好的相容性，可形成稳定整体，且硅藻土的加入能提升沥青的高温稳定性，同时，硅藻土改性沥青的低温性能也有提升，沥青的抗老化能力也得到了一定改善。硅藻土与沥青之间仅是简单的物理共混，并无化学反应的发生，硅藻土的多孔结构能有效吸附沥青，与沥青形成稳定的整体，能够提升沥青的抗剪切性能。刘大梁等[71]通过沥青的物理性能试验、混合料的马歇尔试验、车辙试验、低温弯曲试验等一系列室内研究，对 DE-99 I 型和 II 型两种硅藻土改性沥青和沥青混合料进行了性能测试，并通过扫描电镜等微观方法对沥青的改性机理进行了分析研究，结果表明，硅藻土作为沥青改性剂使用可以大幅度地提升沥青及沥青混合料的高温性能。

将炭黑作为沥青改性剂使用，对沥青的高温抗变形能力和低温抗裂性都有改善作用[72]。刘峰[73]改变沥青的配置温度、炭黑掺量、炭黑品类等改性因素，通过针入度指数、黏度、残留针入度比、残留延度比、老化指数等主要性能指标，对沥青老化前后的性能进行了多指标比较和分析，结果表明，炭黑对沥青的感温性、高温稳定性、抗老化性能的改性效果和转子型号、转速、保温时间、剪切时间等因素均存在一定的关系，当配置温度为 130~150 ℃、N660 炭黑的掺量为 5%时，沥青的延性和抗老化性能等指标均能达到较好的状态。

除了硅藻土、炭黑等常规改性剂和纳米类改性剂外，近年来也有一些学者将稻壳、皮革、磷渣等工农业废渣，通过再燃烧、粉磨等方式处理后，用作沥青改性剂。易守传等[74]将磷渣粉体经过粉磨、酒精溶解、与 TM-P 混合磁力搅拌、过滤等流程表面处理后，调整其掺量，与常见的 SBS、SBR、EVA 复配，制得复合改性沥青，并通过 SHRP 试验、常规路用性能试验对改性沥青及沥青混合料的性能进行了分析，试验结果表明，磷渣粉体的加入能够明显提升普通沥青和常规改性沥青的抗老化性能、高温性能，但对低温性能有一定程度的负面影响，且当复配的改性剂不同时，改性效果有一定差别。王楹[75]利用生物质发电厂的残余灰烬，经实验室重新煅烧、粉磨后，制备得到生物质灰改性沥青，生物质灰改性沥青的低温性能有一定降低，高温性能有所提高，对温度的敏感性降低，且老化能力更好，综合各项指标，5%掺量的生物质灰改性沥青性能最优。

也有学者根据路面环境实际需要，通过化工合成等方式，自制粉体改性剂，也取得了较好的效果。王朝辉等[76]自制了 WEAM-1 和 WEAM-2 两种粉体类改性剂，采用了干拌、湿拌和代替矿粉三种拌和工艺制备改性沥青混合料，并通过马歇尔指标、高温性能、低温性能、水稳定性等路用性能试验评价了三种方法的优劣，试验结果表明，干拌法和湿拌法各有优劣，但这两种方法混合料的路用性能均优于代替矿粉法。这一研究证明粉体在混合料拌和过程中的掺入方式会在很大程度上影响混合料的路用性能。

近年部分学者将工业废弃物硅灰应用到沥青路面中，作为沥青性能的改性剂使用。其中，杨松[77]研究了硅灰作为沥青改性剂的最佳掺量和掺入方式，发现硅灰可以有效改善沥青的高温性能和疲劳寿命，同时对其水稳定性也有一定提升。罗梓轩[78]则是将硅灰与 SBS 改性沥青进行物理共混，发现硅灰不同掺量下改性沥青的基础性能有明显变化，且随着掺量增加高温性能和水稳定性有明显提升。尹晓波[18]选取了不同区域的 4 种硅灰，通过对硅灰自身物理特性研究发现影响其改性沥青性能的主要特征为比表面积，且随着比表面积增加，高温性能越好。商文龙[79]采用红外光谱（FTIR）、扫描电镜（SEM）和动态剪切流变仪（DSR）分析了硅灰改性沥青在老化前后的流变特性和微观结构变化情况。冯慧敏[20]发现硅灰可以有效的改善沥青的高温性能，提高基质沥青的复数模量 G^*，并且在 6%范围内，随着掺量的增加，复数剪切模量和车辙因子指标均逐渐增加。罗振帅[80]对硅灰不同掺量在钢纤维混凝土中的基本性能进行了测试，并分析了不同条件下的水泥基体表面形貌特征和孔隙结构。李菁若等[81]则是对水泥、硅灰、粉煤灰以及焚烧灰制备的复合改性沥青混合料进行了水稳定性分析，并揭示了其影响机理。

国外关于硅灰的研究相对国内较早，主要在沥青混合料中的抗老化、冷再生等领域进行了深入研究。Zhu 等[82]研究了硅灰含量对硅灰/苯乙烯-丁二烯-苯乙烯复合改性沥青流变性能的影响，发现硅灰含量为 6%时，沥青的松弛度最高，表明在此配合比下，沥青的低温抗裂性最好，此外，在所有样品中，该样品的羰基指数值表现出最小的增量，并且该沥青样品具有最强的短期耐老化性。Al-Zarjawi 等[83]对硅灰压实改性冷沥青乳液混合料（CAEMs）进行了多项试验，如马歇尔稳定性试验、密度、空隙率、间接抗拉强度等，发现使用硅灰可改善冷拌混合料的马歇尔稳定性（100%），与传统混合物（不含添加剂）相比，具有更高的抗拉强度（219%），并且对抗冻融有积极影响。Larbi 等[84]通过使用硅粉（SF）作为矿物掺合料来提高 RAP 混凝土的抗压强度，试验结果表明，SF 提高了 RAP 混凝土和普通混凝土的抗压强度。Fini 等[85]对不同掺量的纳米二氧化硅沥青进行老化，采用扫描电子显微镜（SEM）、Superpave 试验和傅里叶变换红外光谱（FTIR）试验研究，结果表明，在沥青结合料中引入纳米二氧化硅可以改善沥青结合料的流变性能和抗氧化老化性能。

1.3 超细粉体改性剂的研究进展

随着粉体类改性剂的研究加深和纳米新型材料的出现，超细粉体类材料也逐渐进入道路行业，大量的研究人员开展了相关研究。

1.3.1 超细粉体材料简介

20 世纪 70 年代，日本科学家提出了超细粉体颗粒，从而引起了全球科学家对超细粒子的制备工艺、性质和应用进行研究。进入 21 世纪，随着超细粉体颗粒的科学价值和使用途径逐渐被众多学者研究和应用（特别是纳米材料的诞生），人们普遍认为纳米技术会成为未来最重要的领域之一[86,87]，主要是其已经逐渐渗透到电子、航天、化工、医疗、新能源等多个领域，且在这些行业扮演着至关重要的角色[88]。国外关于超细粉体和纳米技术的开发应用已经相对成熟，而我国在其应用和制备技术上起步较晚。

近 10 年，超细粉体在食品、化妆、日用行业逐渐被广泛应用，这主要得益于其制备工艺日趋成熟。目前，我国关于超细粉体的应用，主要集中在作为填料、添加剂以及复合材料的基础材料；添加工艺上，各个领域对其粒度分布、成分纯度、环保效应的要求不尽相同。超细粉体作为一种新材料,随着经济和工业发展,会越来越多的应用到新型产品和技术上。

1.3.2 超细粉体特性

物体细度越细,其表面分子和原子排列的均匀性就会发生越大的变化,与普通块体的物质表面相比,会产生特殊的表面效应、小粒径效应、量子特性和量子隧道特性,这就使其在应用过程中表现出与相同成分但不同尺寸的物质更为优异的表面特性,特别是表面吸附效应。

1. 亚微米材料的特性

亚微米材料一般定义为粒径小于 1 μm 的超细材料,与普通尺寸的微米级粉体颗粒相比,虽未表现出极大的性能差异,但由于其粒径小于 1 μm,表现出具有较大的表面能量、容易吸附其他物质、表面活性较大等特点[89]。例如,涂料、油漆中的添加剂成分颗粒如果经过超细化处理,使其表面活性更大,其制备的材料的黏附性更好,表面光泽度更亮,耐久性更长;水泥颗粒的细度越小,遇水发生的水化反应更加充分,强度越高;常见的炸药细度更细,其爆炸或者燃烧释放的能量就越高,这些都是超细粉体所表现出不同于普通粉体材料的特性。但超细材料由于其表面能量较大,单个颗粒保持稳定状态不易,因此,其往往会发生颗粒之间的团聚现象,这一现象往往将超细粉体所具备的特性降低,表现出较差的材料应用效果。为了充分利用超细粉体材料的表面效应,就需要采取必要的措施对其进行分散,确保其处于单个、均匀分散的稳定状态。

2. 纳米材料的特性

纳米(nm)是一种长度计量单位,为 10^{-9} m,4 个原子的直径与 1 纳米大致相同。纳米级别的材料是指材料粒径在 1~100 nm 的超细粉体材料,其粒径分布略大于原子族群,但小于普通粉体,粒径介于两者之间。对于纳米材料,其属性既不同于普通粉体,也不同于单粒原子体,表现出全新的材料特性,其化学和物理特性均不同于普通块状材料。这主要是由于材料粒径进入纳米尺寸后,使材料的电荷能量级或能带结构的尺寸依赖性发生破坏;同时粒径减小还会使粉体表面的原子比例发生不均匀分布,导致粉体活性变大,稳定性降低。因此,纳米材料会产生许多普通粉体材料不具备的特性[90,91]。

(1)小尺寸特性。当超细粉体粒径小于或等于光波波长、传导电子波长或者超导相干波长时,粉体周期性的边界条件就会被破坏,表面原子数量就会随着粒径减小而减少,从而使其磁性、化学特性、催化性质、光吸收性质发生较大变化,产生出材料新特性。这种纳米材料特征被称为小尺寸特性。例如,纳米材料粒径越小,吸收光能力越强,磁性逐渐转变为无序状态。

(2)表面特性。表面特性主要是纳米颗粒表面的原子与普通材料表面总原子数的比例,这一比例随着颗粒尺寸的减小逐渐增大,从而引起材料特性的变化,具体的纳米材料尺寸与原子数之间的关系如表1-1所示。

表1-1 纳米微粒与原子数之间的关系

纳米微粒尺寸/nm	包含的总原子数	表面原子所占比例/%
10	3×10^4	20
4	4×10^3	40
2	2.5×10^2	80
1	30	99

纳米粉体尺寸越小,表面原子的数量越多,表面原子就缺少相邻原子,从而产生越来越多的空位结合键,使材料表现出较强的空位键结合能力,这就大幅增强了材料活性、表面能,极易与其他原子结合。例如,纳米级别金属钠粒子在空气中会燃烧,这是由于在空气中会吸附气体,并发生反应。

(3)量子尺寸特性。块体材料的量能带通常是连续、无跳跃的,而纳米尺寸材料的能带却被验证具有分立的能级,通常称为能级量子化,该分立能级之间的间隔随着材料尺寸的减小而增大,当能级差距大于静电能量、热能量以及磁性能量时就会产生与普通材料截然不同的特殊性能。这被称作材料的量子尺寸特性,例如纳米材料颗粒具有更高的光学性能和超强的催化特性。

（4）宏观量子隧道特性。超细粒子可以穿越势垒的能力通常被称为隧道特性，纳米尺寸的粉体具有极强的磁化特性，可以穿越宏观体系下的势垒而发生特定的变化，通常被称为纳米宏观量子隧道特性。

通过以上分析可以得出，纳米材料性能优越，具有常规粉体（>50 μm）不具有的超常性能，但纳米材料往往具有制备工艺复杂、费用昂贵、储存性差等缺点。目前，随着粉体颗粒制备技术的日益提升，介于常规粉体和纳米材料（<100 nm）之间粒径的超细粉体越来越多的应用在我们生活中。例如，将超细三氧化二铝烧结制成的材料，广泛用于特种模具行业及轴瓦和耐磨件的内衬中；超细的赤磷具有低燃点特性，因此其可以作为高性能助燃剂使用；超细粉体也应用广泛，例如硫磺加工研磨后可以配置在农药中，使药品的均匀性更好，不易沉淀离析。可以看出，目前常用超细粉体的性能表现优于常规粉体，但其价格却远远低于纳米材料。

本书将选择普通常规粒度粉体和两种不同细度的粉体颗粒，研究粒径细度变化对沥青性能改性方面的影响作用，希望能开发出价格低廉、性能优越的沥青改性剂。

第 2 章
PART TWO

粉体改性剂特性

粉体颗粒常被用作沥青路面性能改性的添加剂，其物理化学性质对沥青以及沥青混合料性能有至关重要的影响作用。消石灰和水泥作为沥青混合料中常用添加的改性剂，主要作为抗剥落剂使用；硅灰具有质量轻、空隙多、粒度细、比表面积大等特点，对沥青混合料的高温性能有较高提升[18, 20, 68, 92, 93]。因此，需要通过 X 射线衍射试验（XRD）和电感耦合放射光谱分析仪分析粉体的矿物化学特性，比表面积仪（BET）、粒子粒度激光仪和扫描电镜（SEM）分析其物理特性和微观空隙结构，为研究其在沥青及沥青混合料中改性机理分析提供基础。本章以消石灰、水泥、工业废渣硅灰为例，其余粉体类材料研究方法可参照执行。其中，消石灰选自重庆地区，水泥为浙江地区所产，硅灰为四川成都地区生产。

2.1 物理特性

典型材料的选取：消石灰为重庆长鹏化工有限公司生产、水泥为浙江三狮集团特种水泥有限公司生产、硅灰为四川朗天资源综合利用有限责任公司生产。粉体颗粒在沥青中主要由颗粒吸附作用而提升沥青性能。根据 1.3 节分析，粒径越小，粉体颗粒的比表面积越大、表面能越大，会表现出不同的超细粉体颗粒特性。为此，每类粉体选择 3 种不同粒径（比表面积）进行物理性能测试，在实际产品购买中不同粒径（比表面积）常用目数代表，因此需对购买的 3 种不同目数的粉体进行具体的粒径和比表面积参数测试。为确保试验的准确性，不同目数的粉体颗粒均在相同厂家购买，水泥和消石灰分别是：200 ~ 300 目（M1）、400 ~ 500 目（M2）、800 ~ 1 000 目（M3）。硅灰是工业炼制硅金属和铁硅时产生的大量挥发性很强的含硅元素气体回收获得的,该气体在回收仓中与常温空气接触预冷且氧化后变为超细粉体颗粒状物体。因此,其颗粒粒径为常规粉体的1/20,典型硅灰材料选择:2 000~3 000目(M1)、5 000~6 000目(M2)、10 000~11 000目(M3)。3类9种粉体的外观和基础参数如图2-1和表2-1所示。

(a)消石灰

(b)水泥

(c)硅灰

图2-1 3种粉体颗粒外观

表2-1 3种粉体颗粒参数

种类	代号	粒径/目
消石灰	HL-M1	200~300
	HL-M2	400~500
	HL-M3	800~1 000
水泥	PL-M1	200~300
	PL-M2	400~500
	PL-M3	800~1 000
硅灰	GH-M1	2 000~3 000
	GH-M2	5 000~6 000
	GH-M3	10 000~11 000

2.1.1 密　度

沥青中添加无机类粉体的稳定性至关重要，而稳定性与粉体的密度大小密切相关，一般密度有堆积密度和真实密度两类。两类密度的测量方法不同，真实密度一般采用气体置换法测量其体积，再采用质量与体积比获得密度；堆积密度是采用量筒测定其体积再获得其密度。

堆积密度通常又被称为松密度，在计算密度时所采用的体积包括物体本身、物体表面孔隙以及堆砌颗粒之间的空隙；一般颗粒粒径越小，堆积密度就越小，颗粒之间的空隙总体积大；它是反应颗粒堆砌状态的材料性质，在沥青材料中添加剂堆积密度越小，其对沥青填充越充分。

真实密度是物体质量与真实体积（真实体积不包含开口孔隙和闭口孔隙）之间的比值，它是物体最基本的物理参数，对粉体材料测定两种密度，测试结果如表 2-2 所示。

表 2-2　不同粉体实测密度

种类	代号	堆积密度/（g/cm^3）	真密度/（g/cm^3）
硅灰	GH-M1	0.32	2.131
	GH-M2	0.27	
	GH-M3	0.18	
水泥	PL-M1	0.83	2.982
	PL-M2	0.63	
	PL-M3	0.52	
消石灰	HL-M1	0.63	2.394
	HL-M2	0.55	
	HL-M3	0.45	

从表 2-2 中可以看出，选择的 3 类 9 种粉体中硅灰和消石灰质量较轻，堆积密度小。因此，单位质量所呈现出的体积就越大，其中包含的微小颗粒数量就越多，总体的比表面积就越大，与沥青接触面积就越大，能提高两者之间的界面交互面积，增加沥青黏附性。同时，轻质粉体颗粒在与沥青拌和后，储存和运输中也不容易产生离析现象，在混合料生产中会大大降低工艺的复杂性，提供沥青路面的施工效率和质量。

2.1.2 粒　度

粒度指标通常被用来表征粉体颗粒粒径大小，在粉体加工过程中，粉体一般难以加工为单一粒径颗粒，往往粒径是分布在一个区间范围内，我们常称为粒度分布范围。而对于粒度范围的具体控制指标可以采用 D_{10}、D_{50}、D_{90} 三个参数进行控制，它们所表述的意义是小于该粒径的粉体颗粒占总粉体质量的 10%、50%、90%，D_{50} 通常也被称为中值粒径。

1. 测试方法

目前，国内外关于测定粉体类物体粒度分布的主要方法不仅有直接测量的粒度激光仪、沉降式粒度分析仪，还有利用各类光学显微镜直接观察而获取粒径的方法。

本书选择应用较为普遍、技术成熟的激光粒度分析仪进行测试。该仪器的测试原理是粉体在遇到仪器发出的激光时会产生光散射成像，从而测定粉体的粒径分布。激光具有单色性，且不易分散，在空气中可以照射到较远的距离而不发生散射。因此，在激光被粉体颗粒遮挡时，激光会发生部分折射，与仪器发射的激光形成一定的夹角 θ，如图 2-2 所示。通过试验验证，形成的折射角度与粉体颗粒粒径有关，当遇到粉体粒径变大时，折射角度就变小；粒径变小时，角度 θ 就变大；另外，通过长期的研究还发现折射激光的强弱还与粉体颗粒数量有密切关系，基于以上发现，再利用 Mie（米氏）散射理论对折射光进行点信号处理分析，就可以获得粉体颗粒的粒度分布范围。

根据瑞利散射定律：

$$I \propto D^6/\lambda^4 \quad (2.1)$$

式中：I——折射激光强度；

　　　D——粉体颗粒直径；

　　　λ——激光波长度。

经过试验测试验证，粉体颗粒直径如果增加 10 倍，折射激光的强度就会增加 10^6 倍。

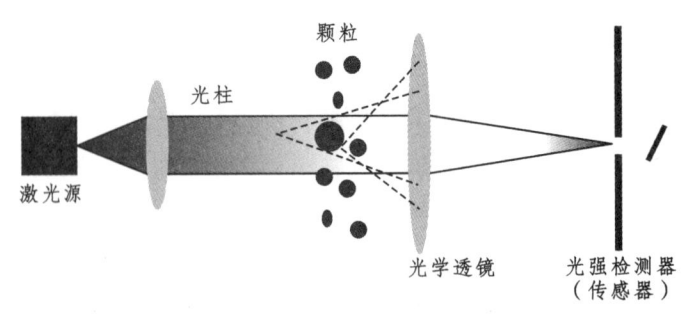

图 2-2　粒子粒度激光仪散射原理

2. 验结果与评价

采用 Bettersize2000LD 激光粒度分布仪（见图 2-3）对 9 种粉体颗粒的粒度分布进行测试，测试的结果如图 2-4 和表 2-3 所示。

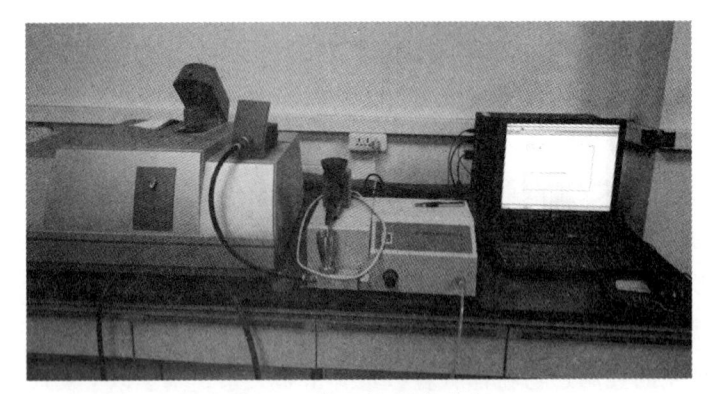

图 2-3　粒子粒度激光仪

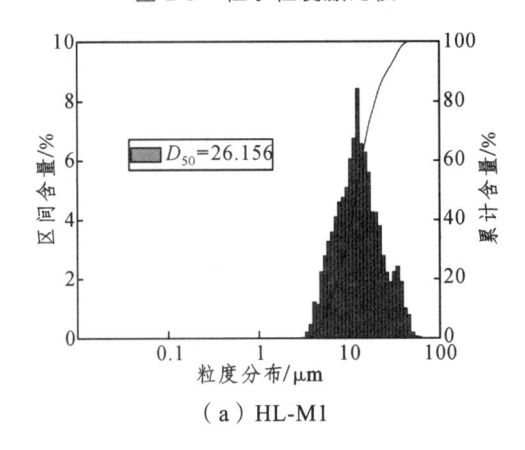

（a）HL-M1

(b) HL-M2

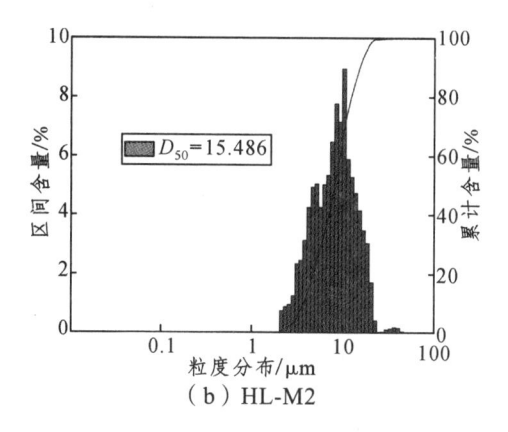

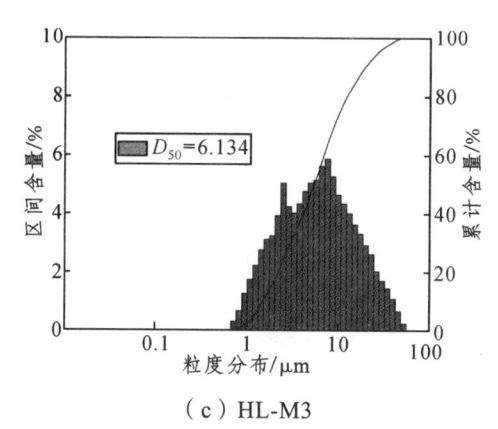

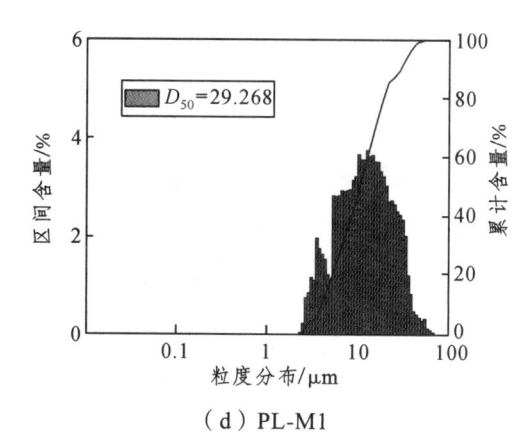

(c) HL-M3

(d) PL-M1

（e）PL-M2

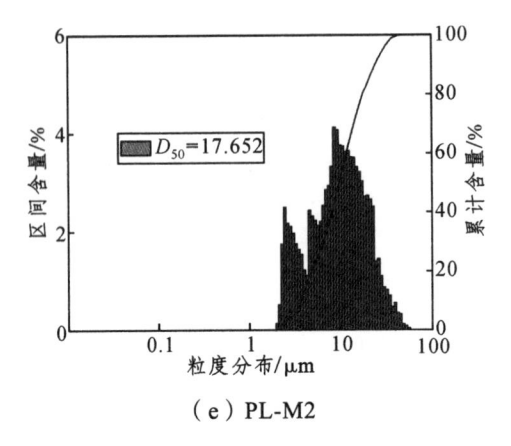

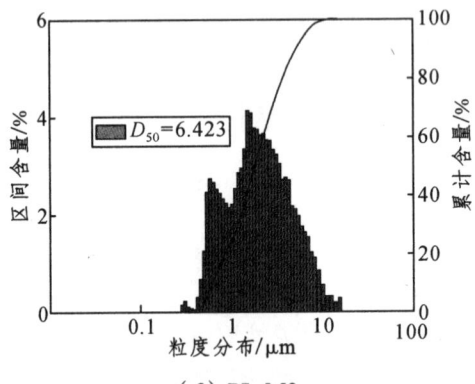

（f）PL-M3

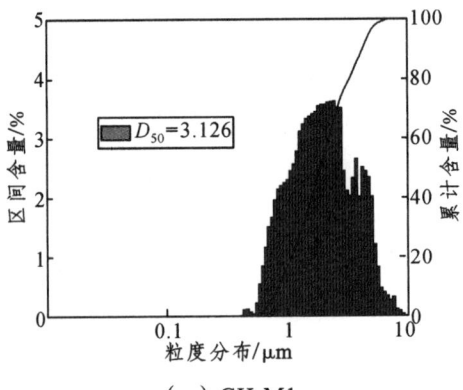

（g）GH-M1

（h）GH-M2

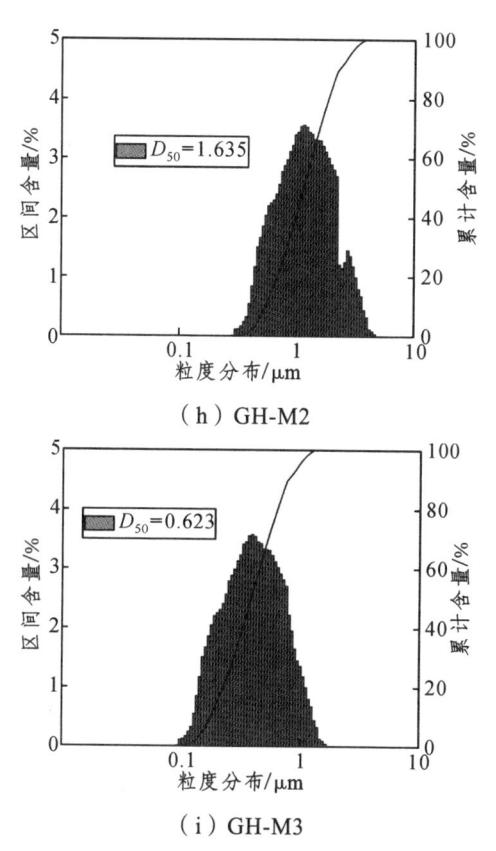

（i）GH-M3

图 2-4 同粉体颗粒粒径分布

表 2-3 不同粉体颗粒粒度参数

代号	D_{10}/μm	D_{50}/μm	D_{90}/μm	粗细程度
HL-M1	18.221	26.156	59.523	粗
HL-M2	8.156	15.486	42.335	粗
HL-M3	2.389	6.134	21.336	细
PL-M1	14.358	29.268	63.123	粗
PL-M2	7.235	17.652	44.325	粗
PL-M3	2.798	6.423	19.558	细
GH-M1	1.596	3.126	6.135	超细
GH-M2	0.635	1.635	4.112	超细
GH-M3	0.252	0.623	1.236	超细

分析图 2-4 和表 2-3 可得：

（1）消石灰、水泥的目数一致，但实测粒度分布有一定差别，这与工厂加工仪器、加工工艺和材料属性有一定关系。

（2）从图中可以看出，消石灰粒度分布范围相较水泥集中，粒度分布符合正态分布；两者 M1 型主要集中在 14～63 μm，M3 型主要集中在 2～21 μm；硅灰总体粒度分布在 0.2～6 μm。

（3）水泥存在多个波峰，而且粒度分布区间较大，这与矿物成分有一定关系，水泥矿物含量种类较多，不同的矿物质在性质有很大区别，加工过程中很难确保输出粒度均匀的颗粒。

根据粒度分布获取的比表面积值中可以看出，比表面积大小与中位粒径的分布规律一致，随着粒径减小，比表面积增大，相同目数范围内，消石灰和水泥比表面积也表现出较大的差异。

2.1.3 比表面积

比表面积是粉体颗粒影响沥青性能的重要性指标之一，它的大小直接影响沥青与粉体颗粒表面之间的吸附质量。根据相关文献研究，虽然粉体类改性剂在沥青混合料中的质量比很小，但其比表面积对沥青的吸附量占总混合料矿物吸附的 65% 以上[94,95]。另外，由于不同的粉体颗粒表面形貌特征、孔隙分布不同，在粒度分布范围相同的情况下，粉体颗粒的比表面积也有可能存在较大的差别，这也就是往往不同种类粉体在粒径基本一致情况下性能却表现出较大差别的原因，因此，就需要对选取的粉体进行比表面积测试，获取其基本参数。

1. 测试方法

吸附法和激光透射法常被用来测试微小颗粒的比表面积，下面对两种测试方法的原理进行简单介绍。

（1）BET 吸附法。

BET 吸附法通常是将界面面积已知的氮气分子通过需要测试的粉体颗粒表面，让其吸附在粉体颗粒表面，再测试单层分子的吸附量，最后计算出粉体颗粒的比表面积。常用的单层吸附分子量计算方法有 BET、Langmuir 和 Feundich 等方法[96]，目前研究较为常用的测试方法为 BET 方法，BET 吸附等温计算公式为

$$\frac{P}{V(P_0-P)} = \frac{1}{V_mK} + \frac{K-1}{V_mK} \cdot \frac{P}{P_0} \tag{2.2}$$

式中：P——吸附气体的压力；

P_0——吸附气体的饱和蒸气压；

V——吸附量；

V_m——单分子层吸附量；

K——与吸附热有关的常数。

以 $\frac{P}{V(P_0-P)}$ 对 $\frac{P}{P_0}$ 绘制直线，计算获取直线的斜率 c 和截距 d，就可以求得单分子层吸附量 V_m 值，再结合吸附气体的截面积 a，利用式（2.3）求得粉体比表面积参数 S_w。

$$S_w = V_m \frac{Na}{WV_0} \tag{2.3}$$

式中：V_0——气体的摩尔体积，22.4 L/mol；

W——测试样品质量，g；

N——阿费加德罗（Avogadro）常数，6.022×10^{23}。

由于氮气（N_2）属于惰性气体，因此，测定比表面积选择低温下的氮气，测定温度一般设定为 -195.8 ℃，其中 $a = 16.2 \times 0.162$ nm^2，式（2.3）可以化简为

$$S_w = 4.36V_m/W \tag{2.4}$$

（2）透射法。

透射法采用的是将流体增加压力通过粉体，测定流体通过过程中的参数而计算粉体比表面积的计算方法。测试过程中假设测定时间为 t，通过的长度为 L、截面面积为 A 的粉体层，通过研究发现流量 Q 和压力 ΔP 满足达西法则：

$$\frac{Q}{At} = B\frac{\Delta P}{\eta L} \tag{2.5}$$

式中：η——流体的黏度系数；

B——透射度系数。

柯增尼（Kozeny）导出了粉体比表面积与透射度 B 的关系式：

$$B = \frac{g}{kS_V^2} \times \frac{\varepsilon^s}{(1-s)^2} \tag{2.6}$$

式中：g——重力加速度；

ε——粉体的孔隙率；

S_V——单位容积粉体的比表面积；

K——Kozeny 常数，一般定为 5。

由式（2.5）和式（2.6）导出得到

$$S_V = \rho S_w = \frac{\sqrt{\varepsilon^s}}{1-\varepsilon}\sqrt{\frac{g\Delta PAt}{S\eta LQ}} \tag{2.7}$$

式中：S_w——粉体颗粒比表面积；

ρ——粉体颗粒的密度。

从式（2.7）中可见，只要测定 Q、ΔP 和试验时间 t，就能求得试样粉体的比表面积 S_w，式（2.7）为透射法测定比表面积的基本公式，也被称为柯增尼-卡曼公式。

透射法根据装置不同可分为气体透射法和液体透射法两种，常用方法是液体透射法。

粉体颗粒比表面积运用 BET 氮气吸附测试法，采用麦克 ASAP2460

比表面积测试仪进行粉体颗粒比表面积测定,装置如图 2-5 所示。

图 2-5　比表面积测试仪

2. 试验结果与分析

对 9 种粉体颗粒进行比表面积测试,测试结果如表 2-4 所示。

表 2-4　不同粉体颗粒比表面积测试结果

代号	BET 测试结果/(m^2/g)
HL-M1	0.783 6
HL-M2	2.095 6
HL-M3	4.937 4
PL-M1	0.385 2
PL-M2	0.893 2
PL-M3	1.790 4
GH-M1	9.790 1
GH-M2	15.346 8
GH-M3	25.767 2

对表 2-4 进行分析可以得出：

（1）不同类型的粉体颗粒中 GH-M3 比表面积最大，为 25.767 2 m²/g；PL-M1 的比表面积最小，为 0.385 2 cm²/g。粒度分布差异不大的 PL-M1 和 HL-M1 在比表面积上却表现出了较大的差异，这说明粒度分布不是唯一影响比表面积的因素，应该还与颗粒表面形貌特征、孔隙结构有一定关系。

（2）比表面积的大小会直接影响沥青与粉体颗粒之间交互的面积，比表面积大的交互面积就大，交互作用力就大，有助于改善沥青的高温性能。可以预测，相较于常用的 M1 型粉体，M2、M3 型粉体在高温性能、黏附性均会优于 M1 型粉体。

2.1.4 亲水系数

粉体颗粒在沥青中的改性作用与水的影响有关，沥青路面长期受雨水影响，改性剂亲水系数越小，其自身被水从沥青中剥落或者替换出来的几率就越小，沥青的黏附性就越强，拌和的沥青混合料就拥有较好的抗水损坏性能，同时也可以增强沥青及其混合料的高温稳定性能。

1. 测试方法

为了评价 9 种不同粉体颗粒的亲水系数特性，试验方案参照《公路工程集料试验规程》（JTG E42—2005）中的 T353-2000 测试方法进行测定。

亲水系数按式（2.8）计算：

$$\eta = \frac{V_\text{B}}{V_\text{H}} \quad (2.8)$$

式中：η——亲水系数；

V_B——水中沉淀物体积；

V_H——煤油中沉淀物体积。

2. 试验结果与评价

测试结果如表 2-5 所示，测试过程如图 2-6 所示。

图 2-6 亲水系数测试过程

表 2-5 不同粉体颗粒亲水试验结果

代号	亲水系数（η）
HL-M1	0.72
HL-M2	0.74
HL-M3	0.83
PL-M1	0.57
PL-M2	0.58
PL-M3	0.84
GH-M1	0.51
GH-M2	0.55
GH-M3	0.63

分析表 2-5 可以得出：

（1）不同类型的粉体颗粒亲水系数测试结果差异性较大，相同细度下消石灰的亲水系数均要大于水泥，硅灰的亲水系数最小，这与消石灰和水泥常作为抗水损坏的剥落剂在沥青混合料中使用的经验不一致，其主要原因是水泥和消石灰均属于碱性物质，与进入沥青混合料中的水分发生反应，生成不溶于水的水化物，依次密实了混合料孔隙，减少了水分进入，发生破坏，因此其在混合料中抗水能力较强。

（2）三种粉体的亲水系数均与粉体粒径的大小呈反比例关系，与比表面积呈正比例关系，这主要是粒径越小，比表面积越大，水-粉体交互面积增加，从而使粉体膨胀更大，造成亲水系数增大。

（3）硅灰的亲水系数均小于水泥和消石灰，说明亲水系数的大小不仅与颗粒粒径、比表面积有关，还可能与矿物颗粒自身形貌特征、矿物组分有关。

2.2 化学特性

粉体的矿物组成与沥青之间的物理化学反应也会成为沥青及其混合料性能变化的重要影响因素。因此，对9种粉体颗粒的矿物组成进行化学分析确定成分和含量是研究其改性机理的重要步骤。由于不同细度的粉体产自一个产地，矿物特性应一致。因此，本节仅对3类M1型粉体进行矿物特性测试。

2.2.1 化学元素

1. 试验方法

选用等离子电感耦合发光谱仪器对3类粉体的化学元素种类和含量进行测定，该仪器既可以同时测定多种元素，还可以对元素的精确含量进行确定，在实验室对液体、固体、气体等多种形态物质的元素及其含量测定应用普遍[97]。

该仪器（OES）通常是由取样装置、单色系统、检测装置、光源系统以及信号处理系统5个部分组成，其中光源系统一般采用电感耦合等离子体（ICP），所以常被简称为ICP-OES（见图2-7）。光源系统通常由3个子系统组成，分别为进样装置、炬管和供气装置、超感应圈和频率发射器；它的工作过程为激发光源、分散光源、进行检测3个步骤，具体如下：

（1）等离子体激发光源使物质气化，进一步电解为原子或者离子状态，从而使其在光源中发光。

（2）对原子或离子被激发出来的光源按光谱波长进行排列组合。

（3）利用电器件对排列出来的光谱进行检测，根据波长和波的强弱确定物质的种类和含量。

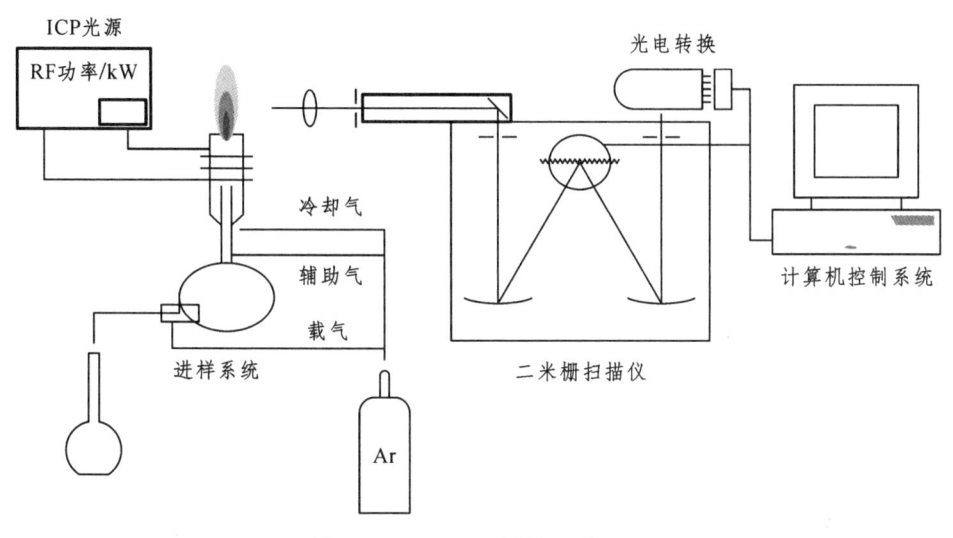

图 2-7　ICP-OES 结构示意

2. 试验结果与分析

不同类型的粉体颗粒元素及含量试验结果如表 2-6 所示。

表 2-6　三种粉体的化学元素组成

元素类型	HL-M1/%	PL-M1/%	GH-M1/%
Ca	23.56	36.32	2.33
Si	0.23	11.28	45.66
Al	0.74	18.25	0.25
Fe	0.32	11.35	1.45
Mg	0.33	0.56	0.33
K	0.12	0.32	0.03
Na	0.05	0.21	0.28
S	0	0.11	0

续表

元素类型	HL-M1/%	PL-M1/%	GH-M1/%
Mn	0	0.06	0.25
Ti	0	0.12	0.055
P	0	0.06	0.02
Zn	0	0.02	0.01
Zr	0	0.02	0.01

对表 2-6 进行分析，不同的粉体种类化学元素差异较大，消石灰中主要含 Ca 元素，水泥中主要为 Ca、Al、Fe、Si 等元素，硅灰中主要为 Si 元素和少量的 Ca 元素。化学元素种类和含量的不同必然导致粉体颗粒与沥青之间的物理化学反应不同，改性沥青及混合料的性能就会存在较大的差异。

2.2.2 元素存在形态

粉体的化学元素会影响其与沥青之间的化学反应能力，但作为粉体改性剂，粉体与沥青之间的化学反应较小，影响能力有限。而沥青与粉体的晶体结构确有很大的关系，越稳定的粉体晶体结构在其与沥青界面交互中越不明显。为了分析对比不同粉体的晶体结构组成，对不同粉体颗粒进行 X 光谱衍射试验（XRD），试验结果如图 2-8 所示。

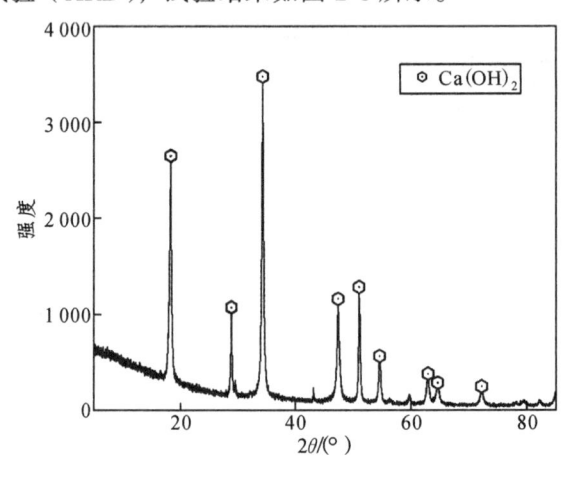

（a）消石灰

（b）水泥

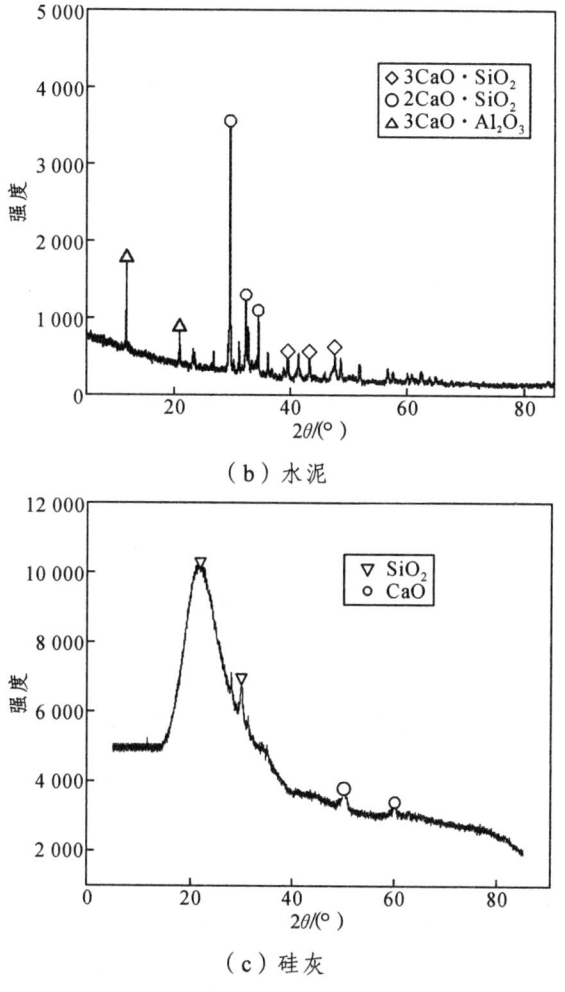

（c）硅灰

图 2-8 不同类型粉体的 XRD 衍射图谱

对以上粉体的 X 光衍射图谱进行试验分析可以得出：

（1）消石灰的结晶相主要为 $Ca(OH)_2$，为强碱性，属于活性添加剂，与沥青中的酸性基团容易发生吸附反应。

（2）硅灰中含有大量的 SiO_2 和 Al_2O_3 等结晶体，属于碱性物质，稳定性较好，不与水发生任何反应。

（3）水泥的主要结晶结构为 C_3S、C_2S、C_3A，其遇水消解后，pH 可以超过 10，属于碱性化合物。

2.3 结构特性

2.3.1 表面特性

国内外相关学者通过长期的研究发现，粉体颗粒的形状、表面纹路、表面孔隙以及棱角规则度对其在沥青中的性能有显著影响[36,37,98]。而颗粒的表面直接与沥青接触，表面特性就决定着黏附沥青的含量以及产生的交互作用力；另外，粉体颗粒的表面特性与沥青的流变性能和疲劳性能也有较高的相关性。因此，为了评价分析不同粉体颗粒的表面特性，采用扫描电镜（SEM）对3类粉体颗粒的表面形貌特征进行透射，完成深入分析。电镜透射结果如图2-9所示。

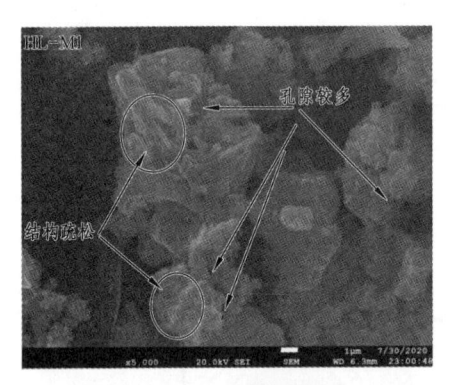

（a）消石灰外观形貌　　　　（b）水泥外观形貌

（c）硅灰外观形貌

图2-9　粉体颗粒表面形貌

分析图 2-9 可以得出：

（1）由于熟石灰是生石灰与水反应生成的产物，因此，颗粒形貌外观为一种疏松的状态，表面存在较多孔隙，由图 2-9（a）可以看出，熟石灰形成的外貌有较多的褶皱构造，这些是生石灰与水反应过程形成的团状结构物。

（2）水泥是将石灰石、黏土、铁矿粉等矿物材料通过磨细、煅烧等加工后获取的，由图 2-9（b）可以看出，水泥颗粒形状多样（球状、块状、针片状），棱角分明，表面粗糙，与混合料中的粗集料表面特征相似。

（3）硅灰为工业废弃物，颗粒形状以圆形为主，由图 2-9（c）可以看出粒径尺寸多为 1 μm 左右，与水泥和消石灰相比，粒径最小。

2.3.2 微观空隙结构特征

根据国内外学者多年研究成果，粉体颗粒的微观孔隙结构在沥青与粉体交互中起到决定性的作用[99-103]。因此，为了分析 3 类不同粉体的表面孔隙结构分布特征，采用氮气吸附试验对粉体进行微观结构孔隙分析，根据吸附-脱附试验曲线可以确定不同粉体的微观孔隙分布。

1. 氮气吸附试验原理

目前对粉体固体测定孔隙的方法以氮气吸附法为主，它实际与测定物体比表面积方法类似，利用的是氮气低温下的吸附原理。氮气受压成为液体状态下，吸附在固体表面的总量与承受的压力 $P'(P/P_0)$ 有关，当压力在 0.05~0.35 时，氮气在物体上的吸附总量与压力 P' 满足 BET 公式；但当 P' 超过 0.4 时，压力增加，在物体孔隙内部就会产生毛细凝聚力，此时压力 P' 就可以称为判断孔隙分布的依据。

在物体表面的孔隙中，由于氮气的吸附力可以在较低压力 P 下形成一个凹陷的液面，当形成的液面约饱和时需要的压力就越大，将饱和状态下液面需要的压力定义为 P_0；物体表面孔隙有大有小，当孔隙越小时，液面的半径就越小，需要液面饱和的压力也就越小，当孔隙直径增大时，就需要高压才能形成饱和液面，这就是毛细凝聚现象。由此可知，发生毛细凝聚时，物体表面氮气吸附量就会急剧增加，这是由于氮气在压力作用下进入孔隙所致，另外，当所有孔隙均达到氮气饱和状态时，P/P_0值达到最大为 1。与其加压是一样，当降低压力时，大孔隙中的液氮首先气化脱附出来，随着压力逐渐降低，各个小孔隙中的液氮也逐渐被脱附出来。

假定物体表面孔隙均为圆形孔隙，按直径大小将物体表面孔隙划分为不同区间，根据前述分析，不同孔隙大小对应的压力值不同，在吸附和脱附过程中随着压力变化与孔隙大小存在一定的关系，该关系被称为开尔文方程：

$$r_k = -0.414/\ln(P/P_0) \tag{2.9}$$

式中：r_k为孔隙半径，与P/P_0压力比值密切相关，当压力满足一定条件下，该半径孔隙内就会产生毛细凝聚现象，也就说该压力是r_k产生凝聚的临界值，但在发生凝聚前，氮气已经吸附孔隙表面一层薄膜，其吸附的层厚 t 与压力值也具有一定的关系，见式（2.10）：

$$t = 0.354/[-5/\ln(P/P_0)]^{1/3} \tag{2.10}$$

因此，对一定压力下实际产生凝聚现象的孔隙直径可以表述为

$$r_p = r_k + t \tag{2.11}$$

从以上理论可以得出，只要在不同的氮气压力下，测出对应孔隙脱附出来的氮气总量，就可以计算出孔隙的容积，具体的计算方法如下：

（1）假设氮气压力从最大P_0降低到P_1，对应的脱附出氮气的孔隙尺寸从r_0到r_1，并通过氮气压力的下降求出氮气脱出总量，就可以求得对应的孔径r_0与r_1之间孔隙的体积。

（2）氮气压力如果从P_1降低至P_2时，脱附出来的氮气总量就会包含两个部分，一部分是孔径r_1到r_2的孔隙脱附出来的气体，另外一部分是上一半径（$r_0 \sim r_1$）孔隙内残留的表面附着氮气量，通过实验计算就可以得到孔隙尺寸$r_1 \sim r_2$的孔体积。

按照以上方法就可以计算得到不同孔区域的孔体积。具体计算公式如式（2.12）所示。

$$\Delta V_{pi} = (r_{pi}/r_{ci})^2 [\Delta V_{ci} - 2\Delta t_i \sum_{j=1}^{i-1} \Delta V_{pi}/r_{pj}] \qquad (2.12)$$

式中：ΔV_{pi}——某个空间的孔体积；

ΔV_{ci}——测试获得某个压力区间脱附出来的氮气总量；

$\Delta t_i \sum_{j=1}^{i-1} \Delta V_{pi}/r_{pj}$——大于最大孔隙直径 r_{pi} 产生的脱附氮气总量，它的孔隙粒径不在区间范围内；

$(r_{pi}/r_{ci})^2$——r_c 与 r_p 之间的转换系数。

2. 吸附-脱附曲线

测试温度依然选择 $-195.85\ ^\circ\text{C}$，仪器选择与测定比表面积相同的麦克 ASAP2460 型比表面积仪（图 2-5）获取粉体的低温吸脱附曲线，试验结果如图 2-10 所示。

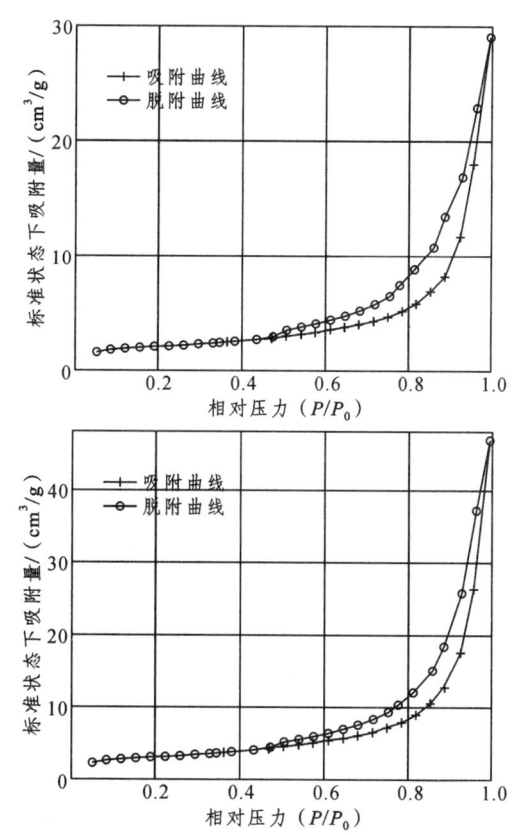

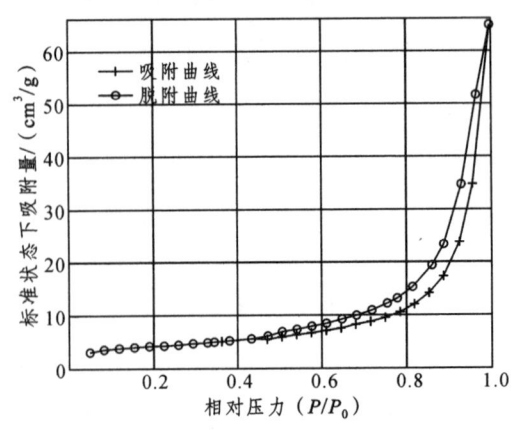

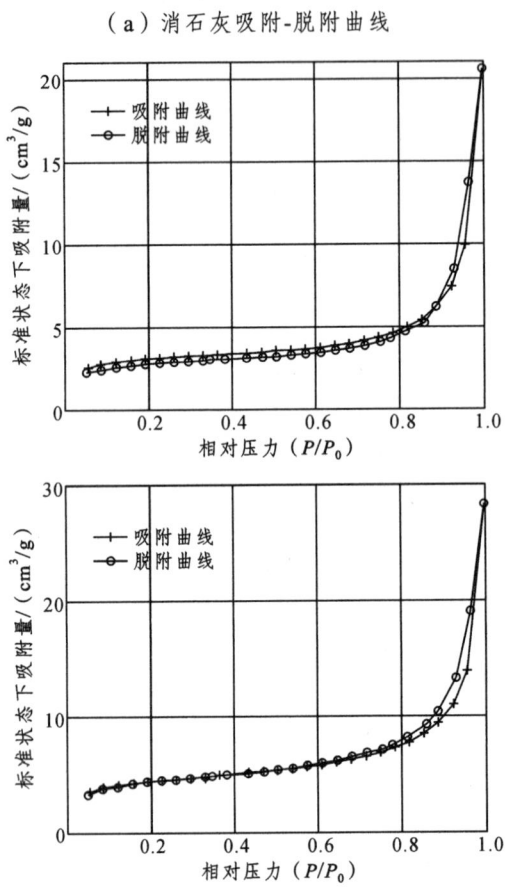

（a）消石灰吸附-脱附曲线

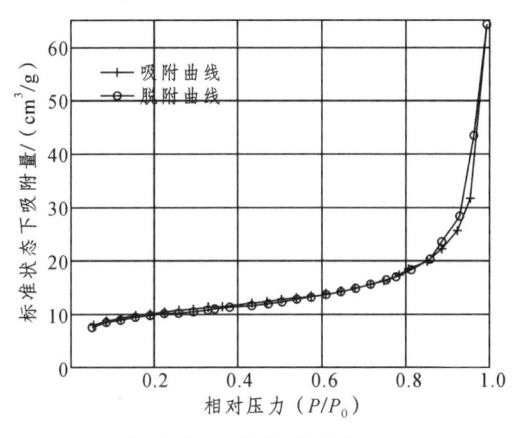

（b）水泥吸附-脱附曲线

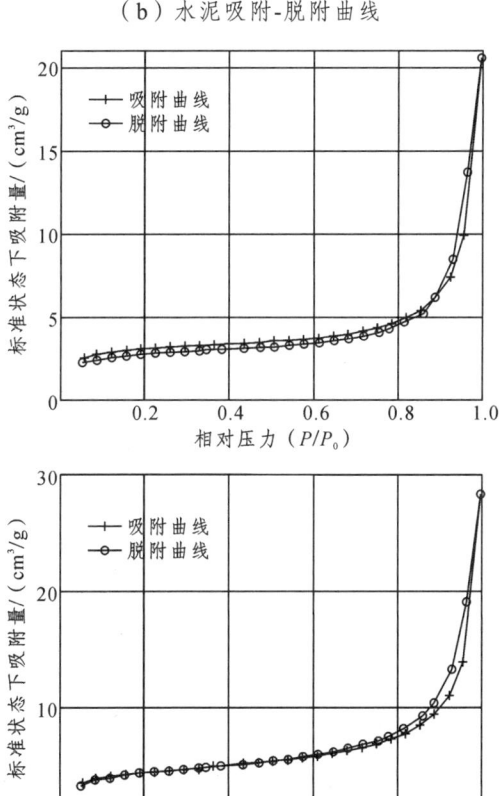

（c）硅灰吸附-脱附曲线

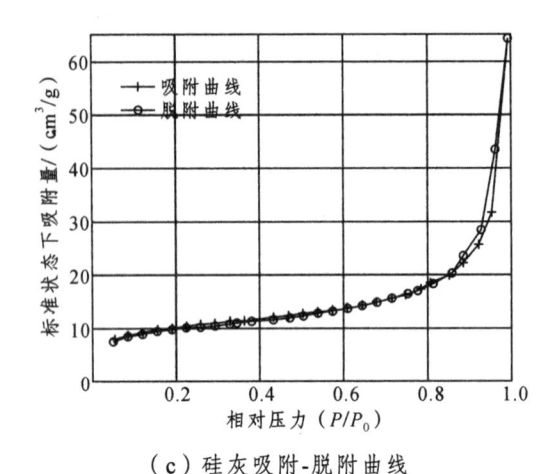

图 2-10　不同粉体颗粒氮气吸附-脱附曲线

从图 2-10 可以看出：

（1）在低压区，不同类型的粉体对于氮气的吸附量都较少，且是一种相对于横轴呈凸形的曲线，增长缓慢，表明几种粉体中微小孔隙结构数量均较少。

（2）消石灰和水泥的吸附-脱附曲线在中高压区出现了较大的滞后环，该现象表明消石灰和水泥的内部空隙特征为狭长形缝隙孔，该孔隙在相对压力大于 0.4 之后出现，说明该孔隙并不是颗粒堆叠形成的空隙结构不同，属于层状间隙孔。

（3）同种粉体不同细度下，较小颗粒的氮气吸附量较大，这与细度越小，裸露出来的面积越大，外部孔隙越多，毛细管凝聚液氮越多相关。

（4）相同压力条件下，发现粉体颗粒中消石灰的吸附氮气量最大，水泥最小，这与上节扫描电镜分析中微观形貌一致，消石灰结构疏松，表面孔隙较多，造成吸附量最大。

（5）硅灰的氮气吸附量与消石灰接近，但硅灰中的滞后环在低压区就已经出现，这说明其孔隙结构主要是颗粒堆叠形成的孔隙结构，并不是粉体自身的层状间隙孔。

3. 总孔容

为了比较 3 类粉体的微观孔隙容积，将不同类型粉体的吸附-脱附孔容积试验结果列于表 2-7。

表 2-7　粉体颗粒吸附-脱附孔容积　　　　　单位：cm³/g

类型	BJH 氮气吸附孔体积	BJH 氮气脱附孔体积
PL-M1	0.002 916	0.002 971
PL-M2	0.004 132	0.004 211
PL-M3	0.006 826	0.006 800
GH-M1	0.028 562	0.029 402
GH-M2	0.056 356	0.056 982
GH-M3	0.090 257	0.091 091
HL-M1	0.034 632	0.034 999
HL-M2	0.043 134	0.049 871
HL-M3	0.061 358	0.064 588

根据表 2-7 可以得出：

（1）硅灰和消石灰的孔容积最大，微观结构最为发达，但结合扫描电镜的形貌图，硅灰表面并没有较为明显的孔隙，因此，推测硅灰孔隙为堆积孔隙，并不是粉体颗粒本身孔隙。

（2）水泥的孔容积较小，这与前面吸附-脱附曲线分析一致，两者均为岩石磨耗所加工而成，表面粗糙，但孔隙较少，从而导致孔容积值较小。

（3）随着粒径减小，每种材料都表现出孔容积增大的趋势。颗粒粒径减小，比表面积增加，表面孔隙同时也增加，从而导致孔容积增加。

4. 孔隙分布

按照孔径尺寸对材料微观孔隙进行分类，如表 2-8 所示。

表 2-8　孔径尺寸分类标准

孔隙类型	孔径/nm
大孔	>50
介孔	2～50
微孔	<2

为了进一步明确不同粉体的空隙结构尺寸，以不同类型粉体的平均孔径表征材料的代表型孔径尺寸，如表 2-9 所示。

表 2-9　粉体颗粒平均孔径

类型	BJH 吸附/nm
PL-M1	14.207 8
PL-M2	11.386 6
PL-M3	11.358 9
GH-M1	28.343 6
GH-M2	22.369 7
GH-M3	20.623 6
HL-M1	35.861 2
HL-M2	28.724 9
HL-M3	25.487 8

从表 2-9 中可以得出，所有粉体的孔径尺寸主要分布在 10～35 nm，属于介孔范围，其中硅灰和石灰的平均孔径尺寸最大，约为水泥平均孔径的 2-3 倍。

为了更加直观地分析不同类型粉体的微观空隙分布规律，分别以 2 nm、10 nm 和 50 nm 为临界点，对不同区间的吸附孔容积所占比例进行统计，结果如表 2-10 所示。

表 2-10　粉体孔容积分布　　　　单位：%

类型	>50 nm	10～50 nm	2～10 nm
PL-M1	51.97	42.03	5.99
PL-M2	45.38	39.58	15.04
PL-M3	37.45	43.18	19.36
GH-M1	63.72	26.82	9.46
GH-M2	60.28	31.22	8.50
GH-M3	57.19	34.74	8.06
HL-M1	75.26	24.16	0.53
HL-M2	68.39	29.55	2.06
HL-M3	65.35	31.38	3.27

分析以上数据可以得出：除 PL-M2 和 PL-M3 粉体外，不同类型的粉体孔隙结构中所占比例较大的是孔径大于 50 nm 的大孔，占比均大于 50%；硅灰和消石灰表现出大孔占比最多，水泥大孔占比较小，而 PL-M2 和 PL-M2 粉体微孔占比较大。

2.4 本章小结

本章针对 3 种粉体 3 个细度下共计 9 种粉体添加剂进行了物理特性、矿物特性和微观空隙结构特性分析，全面测试评价了粉体性质的差异性，基于物化性能原理确定了 3 种粉体颗粒不同细度作为沥青改性剂的适用性。主要研究结论如下：

（1）系统测试了粉体的密度、粒度、比表面积和亲水系数等物理性能参数，结果表明所选的 3 种粉体在物理特性方面有其特殊性差异，可以作为沥青改性剂使用。

① 硅灰和消石灰密度均小于水泥，在改性沥青制备和储存过程中不易发生离析。与水泥相比，消石灰和硅灰作为改性剂使用时能更好保持改性沥青的均匀性。

② 同种粉体不同目数的粒度有一定差异，粉体粒径的减小意味着相同质量的粉体颗粒增多，在与沥青交互作用时作为沥青疲劳开裂的障碍物阻断沥青裂缝的概率就越大。因此，粒度越小的粉体更有利于沥青疲劳性能的发挥。

③ 比表面积测试中：硅灰 > 消石灰 > 水泥，比表面积越大，使得粉体与沥青充分接触，增强了粉体与沥青的黏结力。因此，比表面积是粉体作为沥青改性剂的有利条件。

④ 亲水系数测试中：消石灰 > 水泥 > 硅灰，亲水系数的大小决定了粉体改性沥青在沥青混合料中的抗水损害能力，从实测数据得出，硅灰的抗水损害能力最强，消石灰的抗水损害能力低于水泥。

（2）采用电感耦合放射光谱分析法和 XRD 衍射试验方法对 3 种粉体的化学元素组成及主要元素存在形态进行了深入分析，从物质组成角度评价了 3 种粉体作为沥青改性剂的适应性。

① 粉体中均存在过渡性金属元素，如 Si、Al、Fe、Mg、K、Na 等，化学元素种类与含量的差异必然会影响其与沥青之间的物理化学反应，导致粉体改性沥青在性能上存在差异。

② 硅灰、水泥、消石灰中含有大量的 SiO_2、Al_2O_3、$Ca(OH)_2$ 等氧化物以及其他碱性氧化物，有利于与沥青酸性基团发生反应，提高沥青的黏附性。

（3）采用扫描电镜和氮吸附法对粉体的表面特性及微观空隙结构特性进行了深入分析，从微观结构组成角度明确了粉体作为沥青改性剂的可行性。

① 与水泥相比，消石灰结构空隙多，结构疏松，硅灰颗粒粒径最小，两者的形貌特殊性会影响其与沥青相互作用的效果，从而使改性沥青混合料的性能发生变化。

② 相同类型粉体，颗粒粒径变小，不仅会使相同质量或体积下粉体颗粒数量增加，还会引起比表面积的增加，导致表面的孔隙孔也增多，从而使其吸附沥青数量增多，形成结构沥青比例增加，提升改性沥青高温性能。

第 3 章
PART THREE

粉体改性沥青制备方法与均匀性研究

随着对粉体材料研究的日趋深入,近年来粉体在沥青中的改性应用研究中呈现活跃势头,并向更多的应用领域扩展[104]。但粒度小于微米材料的超细粉体类材料存在不易分散,特别是在黏弹性材料(如沥青)中极易成团,导致其超细材料特性的属性丢失,失去了材料应用价值。根据众多学者研究发现,沥青材料内部的均匀性决定了材料的质量和特性,并对发生破坏的沥青类材料检测,证明破坏截面主要发生在材料不均匀部位或者受力集中部位[105, 106]。因此,在进行超细类粉体材料研究前首先需要将其均匀分散于沥青中。

3.1 粉体在沥青中的分散方案

3.1.1 粉体分散机理与方法

1. 粉体颗粒团聚机理

超细粉体的团聚与其表面特性密不可分[107, 108],主要与以下三个方面相关:① 粉体粒子粒径越小,其表面积就越大,表现出的表面能量就越大;② 粒径越小,表面原子越多,空位化学键就越多;③ 部分粒子(如 $CaCO_3$)在空气中易水解,表现出碱性,相互之间可以通过羟基和配位水分子生成化学团聚。因此可以看出超细粉体粒子之间的作用能量有别于常规粉体。因此,在超细类粉体颗粒之间存在普通粉体不具有的势能,通常称为纳米作用势能(W_n)[109],通俗讲就是微小颗粒之间的吸引力,它可以分为:微粒之间的静电作用力、表面原子不均匀的吸附力和超细粉体的量子隧道特性。

纳米作用能就是超细粉体团聚的内在因素，要想使粉体得到更好的分散，就必须减小纳米作用能，在进行粉体分散处理时，粉体表面的势能可以分为3种：吸附层聚合物保护空间势能（W_p）、静电作用势能（W_r）、溶剂作用膜势能（W_s）。在团聚状态下，粉体表面能满足 $W_n>W_s+W_r+W_p$ 要求，而当 $W_n<W_s+W_r+W_p$ 时，粉体就处于易分散状态。因此，要想粉体处于易分散状态，就必须增大粉体表面的三种势能：（1）通过超强高分子分散剂吸附在微粒表面，产生势能保护作用；（2）增大粉体粒子表面电位值，增强粉体粒子的静电排斥作用力；（3）改变粉体粒子表面结构，提高溶剂作用膜的厚度和强度，使其排斥作用加强。

2. 超细粉体分散方法

图3-1为颗粒相互作用势能图。从图中可知，横轴为粉体颗粒之间距离，随着距离减小，吸引能和斥能同时增大，过程中有2个波谷、1个波峰，波峰是粉体颗粒必须要化解的活化能，第1个波谷处往往发生的粉体颗粒团聚为不可逆团聚，称为硬团聚，一般需要化学方法才能进行分散，第2个波谷处发生的团聚具有可逆性，通常可以通过物理方法进行分散[105]。

（1）物理分散。

①高速剪切分散：高速剪切通常被称为机械搅拌分散，是最为简单常用的分散方法，主要是借助机械的高速剪切或者碰撞作用使粉体颗粒表面势能降低以达到颗粒分散于介质中的目的[104]。

②超声波分散：该分散方法主要是利用高频振动产生的物理势能将粉体颗粒振散，它可以有效地减弱粉体颗粒之间的纳米势能，防止粉体颗粒团聚，但超声波分散应避免过热条件下分散，由于热能和振动产生的机械能会使粉体颗粒发生多次碰撞，产生热团聚。因此，应该选择最低限度的超声模式进行分散。

（2）化学分散。

化学分散一般是对粉体颗粒添加表面处理化学试剂使其产生反应，改变粉体表面的电荷势能，从而减小颗粒之间吸附力而达到分散的目的，化学分散常用的方法包括：

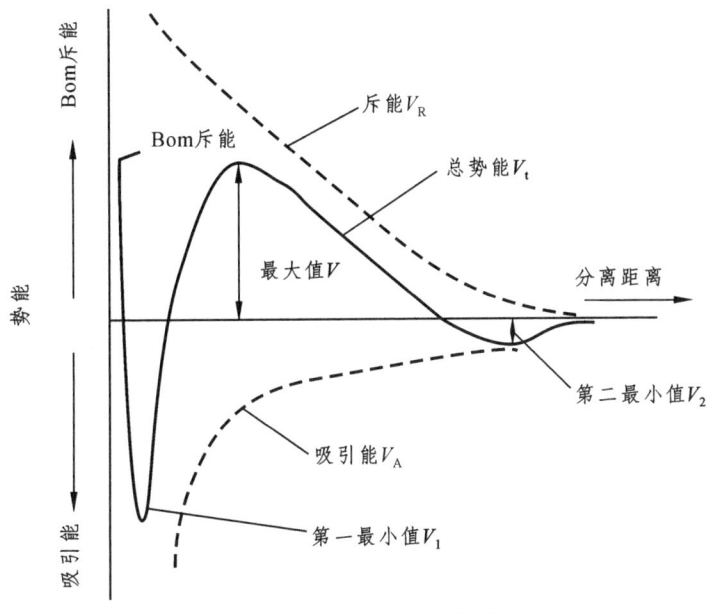

图 3-1 颗粒相互作用势能

① 表面包覆改性法[108]。将粉体粒子采用硅烷偶联剂、钛酸酯、铝酸酯偶联剂等化学试剂浸泡处理后,添加到分散介质中,经过处理的粉体粒子被试剂包裹,减小了表面纳米势能,同时还增加了在分散介质中的可溶性,从而表现出较好的分散状态。

② 酯化反应法。该种方法主要针对金属氧化物,金属氧化物与醇类液体的化学反应一般称为酯化反应,进行处理后的金属氧化物一般改变其亲水特性,降低其亲水系数,这种表面修饰方法已经应用到多种金属氧化物的处理中。

③ 表面接枝改性法。利用粉体粒子表面基团与有机类的基团化学键可以结合反应的原理,形成有机的接枝基团化合物,形成的有机基团在有机介质中溶解性往往较高,因此就可以增强粉体粒子在有机物质中的溶解分散性能。

综上所述,由于所选最细粉体为硅灰 10 000 目,粒径主要小于 1 μm,

属于微纳米级别，颗粒团聚主要为软团聚，物理分散即可使粉体在沥青中均匀分散；化学分散均需要改变粉体颗粒表面特性，从而影响粉体作为沥青改性剂其自身特性在沥青中的性能影响，且化学分散一般使用方法比较复杂，在施工过程中的准确性上难以统一把握。因此，选择物理分散中的超声波分散与高速剪切复合分散方法进行改性沥青的制备。

3.1.2 超声波风压高速剪切分散仪

本书设计发明了一种新型超细粉体分散仪器——超声波风压高速剪切分散仪，基本思路是在原有的高速剪切仪上加装了一个能用于盛放改性剂的盛料箱，盛料箱内设有将盛放的改性剂搅动以形成扬尘的扬尘机具，盛料箱具有超声波振动作用，可以利用超声波震动降低分子之间的分子力。另外，盛料箱及输送管上还设置有用于将盛料箱内的空气经由输送管吹至盛料筒内的送风机具，盛料箱的出气口与沥青搅拌装置用输送管相连，能直接将改性剂持续加入搅拌装置里。具体的结构设计图如图3-2所示。

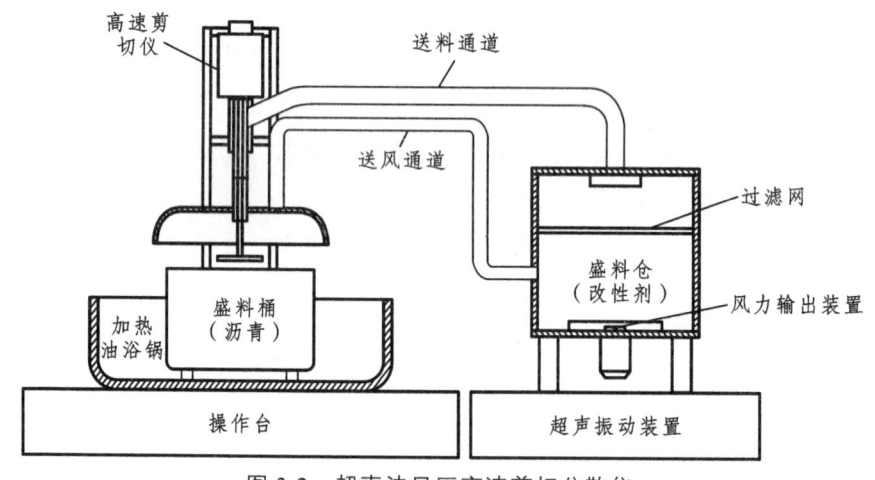

图3-2 超声波风压高速剪切分散仪

工作流程：

（1）左侧为高速剪切装置，右侧为超声波风力分散装置，中间连接部分为送料通道。

（2）首先打开高速剪切部分的油浴锅加热装置进行保温，确定温度达到拌和温度。

（3）沥青盛料桶放入沥青进行沥青保温，确保沥青与油浴锅设定稳定基本达到平衡。

（4）盛料仓放入粉体改性剂，打开超声波分散仪，在超声震动和风力作用下对粉体进行复合分散。

（5）在送风通道和送料通道循环情况下，将悬浮于空气中的粉体输入到高速剪切部分，在重力作用下下落至沥青试样表面。

（6）剪切仪在粉体下落过程中进行高速剪切，可以获得均匀的粉体改性沥青。

3.1.3 粉体改性沥青制备

将无机类粉体改性剂与基质沥青混合，采用特定参数进行搅拌而得的沥青结合料通常称为粉体改性沥青。因此，改性沥青均采用超声波风压高速剪切分散仪进行剪切制备，但由于选择3种粉体3种粒径进行改性沥青的制备，不同粉体粒度和种类在拌和过程中的温度、时间和搅拌速度一致的情况下可能均匀性不一致。因此，设计采用不同条件进行改性沥青拌和试验，再利用数字图像技术进行均匀性分析，确定不同粉体改性沥青的剪切参数。具体制备工艺如下，具体制备工艺参数见表3-1。

（1）首先将基质沥青与粉体分别放置于150 ℃烘箱中保温2 h；

（2）将油浴锅温度分别控制在150 ℃、160 ℃、170 ℃，再保温15 min；

（3）保温完成后，将沥青与粉体按一定比例（10%）逐渐加入剪切仪器中，首先开启超声波震动装置，打开风力系统，打开入料开关；

（4）最后将送料口打开，让风力系统送悬浮粉体颗粒进入沥青搅拌装置内，自由落体于高温沥青表面，利用剪切刀片将其均匀分散于沥青中，控制剪切速度分别为3 000 r/min、4 000 r/min、5 000 r/min，剪切时间分别为20 min、30 min、40 min。

表 3-1 粉体改性沥青制备工艺参数

设计因素	水平		
	1	2	3
（A）温度/°C	150	160	170
（B）时间/min	20	30	40
（C）转速/(r/min)	3 000	4 000	5 000

根据表 3-1 设计为 3 因素水平试验，试验次数共计 27 次，但该种方法针对多种粉体进行室内试验工作量巨大。为此，采用正交试验对试验次数进行优化，优化后试验参数如表 3-2 所示。

表 3-2 粉体改性沥青制备正交试验参数

序号	水平组合	试验条件		
		温度/°C	时间/min	转速/(r/min)
1	A1B1C1	150	20	3 000
2	A1B2C2	150	30	4 000
3	A1B3C3	150	40	5 000
4	A2B1C2	160	20	4 000
5	A2B2C3	160	30	5 000
6	A2B3C1	160	40	3 000
7	A3B1C3	170	20	5 000
8	A3B2C1	170	30	3 000
9	A3B3C2	170	40	4 000

3.2 粉体在沥青中的分散均匀性评价方法

3.2.1 均匀性分析方法

目前，对于粉体颗粒在沥青中的均匀性效果检测方法主要有：仪器透视法、化学分析法、特定元素追踪法。

1. 化学分析法

该种方法主要是在粉体粒子溶解于沥青中后，选取定量的改性沥青利用化学试剂进行处理，再计算其中粉体含量来判定总含量的均匀性。该种方法操作简单、成本较低、数据较为可靠，但只能判定含量的相对均匀性，并不能测定其在沥青中是否均匀性分布。

2. 元素追踪法[109]

元素追踪法是基于扫描电镜开发的射线能谱探索元素法，该方法是在 SEM 观察物理形貌特征时对其表面元素探测分析。添加剂样品原子内部受电子光束激发，使其外部电子散射出具有原子特征的 X 射线光谱，再通过射线光谱仪对散射光谱进行接收分析，判定不同区域的元素分布和含量等信息。因此，X 射线能谱仪（EDS）不仅可以判定粉体颗粒的分布位置，还可以定量计算扫描区域内的元素含量[110]。图 3-3 为消石灰改性沥青的 Ca 元素分布图。但该技术在扫描过程中只能扫描样品表面元素分布，粉体颗粒在沥青表面分布较少，扫描到的粉体分布并不能代表粉体在沥青内部分布均匀，因此，本方法对试样制备要求较高。

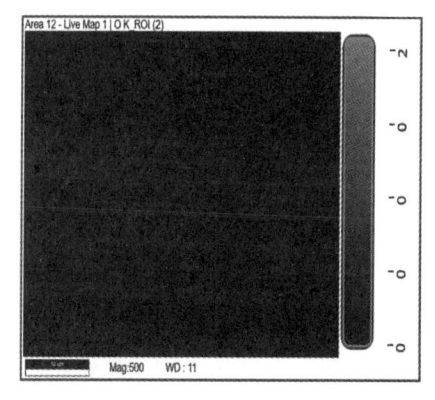

图 3-3 消石灰改性沥青的 Ca 元素分布情况

3. 数字图像分析法

图像处理法是一种可视化研究方法，这种方法的操作包括三个环节：① 制备截面试样，将粉体改性沥青滴布在载玻片上，并进行烘箱加热，获得薄膜型试样；② 获取图像，通过成像设备对薄膜试样拍照获取图像；③ 图像分析，最后采用特定图像处理软件对图像进行灰度值、滤波、直方图等步骤处理获取二值图像。这种方法的关键点在于截面图像的获取，对现有图像采集方法分析，其中荧光显微镜图像采集技术应用较为广泛。荧光显微镜探测粉体改性剂在沥青中的均匀性是利用粉体改性剂与沥青在荧光照射下显现出不同的色差的原理，主要是无机类粉体大多呈现出白色，有机物沥青一般不显示颜色，从而可以明显观察到试样中粉体颗粒的分布情况。

通过对化学分析法、元素追踪法和数字图像法对比发现，化学分析法往往需要添加不同化学试剂，容易影响改性沥青自身性能，而元素追踪法对样品的制样要求较高，且只能对样品表面分布的改性剂进行分布检测，不能对粉体内部分布进行定性、定量分析。

因此，选择采用荧光显微镜进行图像采集，再利用 MATLAB 图像处理模块对获取的图像进行二值灰度、直方图、图像滤波、图像增强、图像的阈值分割、图像的形态学处理、颗粒的分水岭分割等步骤加工处理，最后利用二值图像进行粉体颗粒数理统计，分析其分布均匀性。

3.2.2　数字图像采集方法

1. 试样制备

改性沥青制备按 3.1.3 节进行，荧光显微镜的载玻片试样制备具体步骤如下：

（1）将剪切均匀并加热熔融的粉体改性沥青，采用玻璃棒滴布在**载玻片**上，盖上盖玻片（图 3-4）。

（2）将盖玻片和载玻片一起放入 110 ℃烘箱进行保温，待试样流淌均匀形成薄膜，且无气泡时即可取出。

（3）将试样放置在试样盒内，室温冷却 2 h 以上，及时密封，勿让盖玻片受到污染影响图像采集。

2. 图像采集

采用上海康光学仪器有限公司生产的 CK-1000 型荧光显微镜（见图 3-5）对不同剪切条件下的不同粉体改性沥青进行图像采集，采集的部分图像（硅灰 M3 型粉体），如表 3-3 所示。

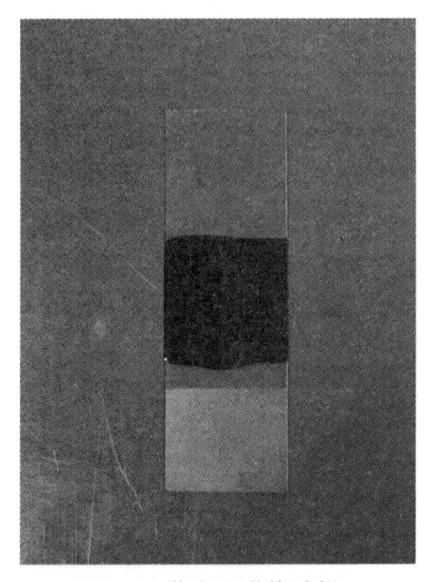

图 3-4 荧光显微镜试样　　图 3-5 荧光显微镜

3. 计算方法构建

将荧光显微镜采集的图像在 Maltab 图像处理软件进行灰度化处理，获得二值图像（见表 3-3），将采集的图像划分为 5×5 共计 25 个区域（见图 3-6）。再利用 MALTAB 图像统计分析函数统计每个区域中的粉体颗粒面积占比，对 25 个区域的面积占比统计，并分析面积占比的方差系数来确定粉体颗粒在图像中的均匀性。

表 3-3　硅灰 M3 型粉体荧光图像与灰度图像

水平组合	荧光显微图像	处理后灰度图像
A1B1C1		
A1B2C2		
A1B3C3		
A2B1C2		

续表

水平组合	荧光显微图像	处理后灰度图像
A2B2C3		
A2B3C1		
A3B1C3		
A3B2C1		
A3B3C2		

图 3-6 二值图像区域划分示意

3.3 均匀性评价分析

3.3.1 数字图像下粉体均匀性

对粉体改性沥青的载玻片试样进行拍照，再进行灰度图像处理，根据处理后的图像就可以获得 25 个分区域的粉体颗粒分布数据。因图像上划分的区域大小是统一的，为了评价图像上粉体颗粒的分布均匀性，再将每个区域上的粉体颗粒看做样本数据，所有区域的粉体颗粒面积占比组成就是一个样本集合，那么，样本数据的起伏变化就反应了不同区域粉体颗粒数量相差的程度。采用荧光显微镜利用 400 倍镜头进行图像采集，对每个试样拍照 3 个区域进行平行试验，平行试验误差控制在均值的 10% 以内，否则重新进行试验，表 3-4 为硅灰一次试验的结果。

表 3-4 硅灰改性沥青粉体颗粒面积占比　　　　单位：%

水平组合	序号	1	2	3	4	5
A1B1C1	1	5.8	8.9	9.1	6.9	6.6
	2	6.6	8.5	8.2	8.3	5.6
	3	7.5	8.8	12.3	8.2	8.5
	4	6.9	9.5	11.2	7.3	4.8
	5	7.2	12.5	5.9	7.3	7.3

续表

水平组合	序号	1	2	3	4	5
A1B2C2	1	5.9	6.7	6.9	6.6	5.4
	2	7.8	8.5	9.1	8.1	8.3
	3	8.5	8.4	12.1	8.8	7.8
	4	7.6	8.8	9.9	9.5	6.5
	5	5.9	7.0	8.9	7.9	8.1
A1B3C3	1	5.8	8.8	8.3	7.0	5.9
	2	7.2	9.1	8.2	8.5	7.5
	3	7.6	9.9	10.5	8.8	7
	4	6.1	7.9	8.9	9.2	6.8
	5	6.5	7.7	8.1	7.2	7.4
A2B1C2	1	4.5	12	8.9	8.1	7.6
	2	7.0	8.5	10	9.2	8.3
	3	7.5	7.9	9.1	8.2	6.5
	4	6.1	8.2	7.5	7.4	6.7
	5	5.5	7.1	7.2	5.9	5.9
A2B2C3	1	7.7	7.1	6.8	5.9	5.6
	2	6.5	8.4	10	7.3	7.4
	3	7.3	10.6	8.0	7.3	7.2
	4	6.8	8.4	8.4	8.1	9.3
	5	6.4	8.6	9.1	6.1	4.6
A2B3C1	1	5.9	8.3	7.4	6.1	5.2
	2	5.5	9.4	7.4	7.5	5.6
	3	8.2	10.4	8.2	7.4	7.3
	4	7.5	8.2	9.3	7.1	6.6
	5	5.5	7.9	7.0	5.9	4.7
A3B1C3	1	8.3	9	6.1	7.8	6.9
	2	10.2	8.7	7.8	7.3	5.9
	3	6.8	6.8	8.2	7.5	6.9
	4	7.6	8.5	7.5	7.9	7.3
	5	8.4	5.5	8.1	5.9	5.6
A3B2C1	1	6.6	10.5	9.0	8.1	8.2
	2	7.1	8.3	7.3	6.7	7.2

续表

水平组合	序号	1	2	3	4	5
A3B2C1	3	9.1	7.6	8.9	7.0	9.2
	4	7.1	5.5	8.6	6.5	7.1
	5	5.6	5.9	7.7	7.6	5.4
A3B3C2	1	6.2	8.4	9.9	6.9	8.2
	2	7.5	6.8	8.3	9.0	5.8
	3	7.8	7.4	8.2	6.5	7.2
	4	5.8	7.6	7.5	8.5	5.6
	5	6.9	7.1	7.5	5.5	7.5

3.3.2 粉体颗粒的占比面积

质量为 100 mg 的粉体改性沥青在 30 mm×30 mm 的载玻片上的分布状态随着试样不同而不同，在试样中获得的粉体颗粒因所取拍摄位置不同而不同，且一个拍摄位置界面上不同区域的粉体颗粒占比面积也存在差异。由表 3-4 可以看出，每个区域的粉体颗粒数量都不一样。因此，粉体颗粒在图像划分的小区域内占有数量是一个变化数值，其值的变动会随着试样不同、划分方式不同、拍摄角度不同而发生变化，可以看出每个区域内的粉体颗粒数量具有一定的随机性。

对于具有随机性的数据可以采用概率分布函数、自相关函数、功能密度函数和均方值、方差或标准差进行统计表述。其中，均方值可以表述数据分布的强度，均值表述的是数据变化的中心位置，方差表述的是数据在随机过程距离中心值的偏移距离；概率分布函数一般可以表述随机数据的振幅范围内的指标特性；另外两种函数则适用于对区域和频率轴谱的分布特性进行分析。

为了分析粉体颗粒在图像中的面积占比变化规律，并结合划分区域的粉体面积占比比例，以占比 1%为一个区间，将粉体颗粒在各个区域中的占比数分为 n 组（n 随着界面的区域不同而不同），分别统计图像中每个对应粉体占比分组的比例，对同一试样进行 3 次采样计算均值以消除误差，以硅灰粉体颗粒为例，结果如图 3-7 所示。

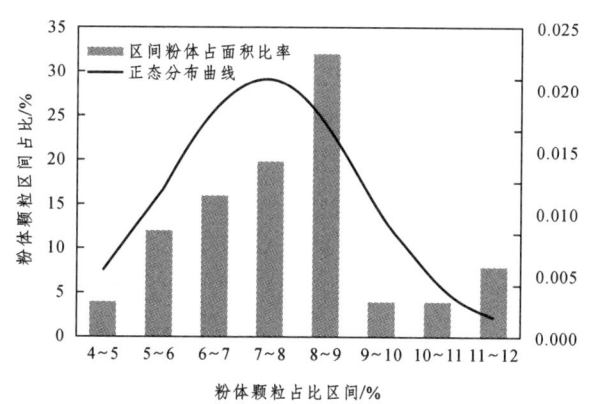

（a）A1B1C1

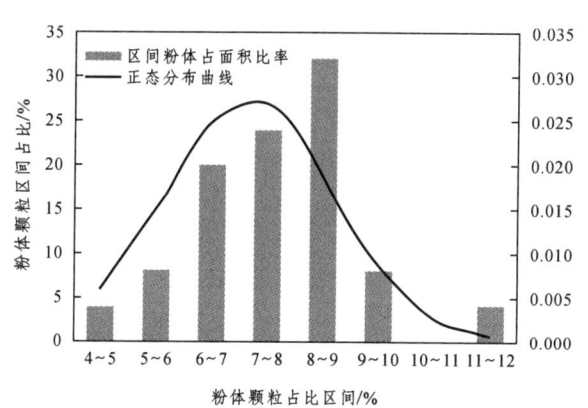

（b）A1B2C2

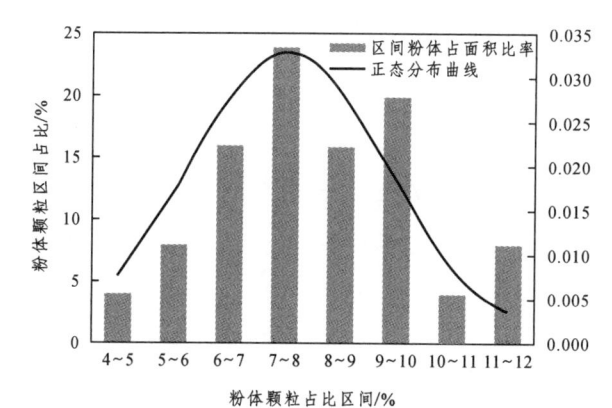

（c）A1B3C3

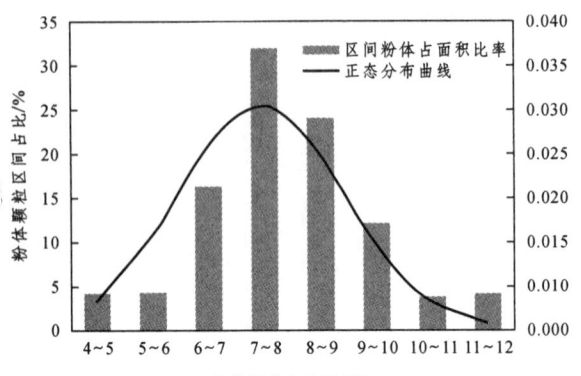

（d）A2B1C2

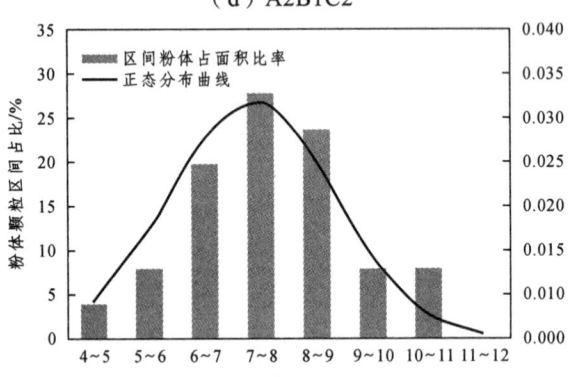

（e）A2B2C3

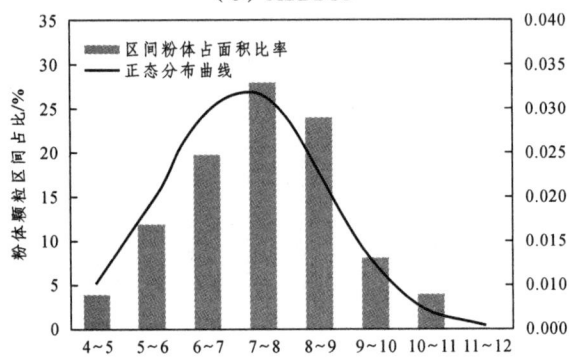

（f）A2B3C1

（g）A3B1C3

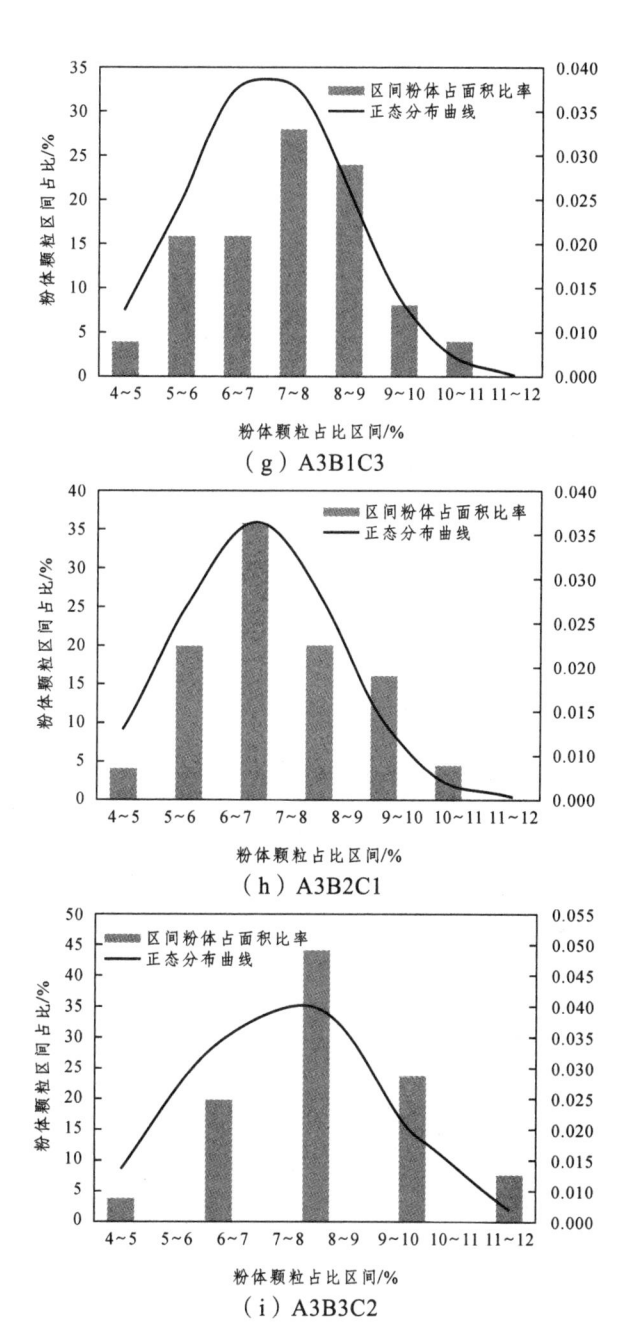

（h）A3B2C1

（i）A3B3C2

图 3-7 硅灰粉体颗粒区间面积占比概率分布

其他粉体颗粒的试样界面各个分组的分布概率直方图与图 3-7 类似，其规律均为中间分布比率大，两端分布比率小，基本符合标准正态分布。再将基于粉体颗粒占比的分布曲线绘制于柱状图中，可以明显看出柱状图与正太分布曲线规律一致。因此，根据正态分布理论和模型，标准差 σ 表征的是数据正太分布的幅度值，σ 值越大，数据的正太分布曲线峰值越低，缺陷越平；相反情况下，曲线峰值越突出，曲线越陡。而模型中期望值表征的是数据的概率密度，可以评判各个区域粉体分布的特点，也就是标准差越小、期望值越大，粉体颗粒的分布就越均匀，其物理意义为各个区域的粉体数量趋于均值，即各个区域的面积占比机会相等。

均方值一般表征变量的强度强弱[111]，对于图像中粉体颗粒数量组成的变量，表示为每个区域粉体占比的平均值，用式（3.1）计算获得。

$$\varphi_x^2 = \lim_{n \to \infty} \frac{1}{n} \int_0^n x^2 \int_0^n x^2(i) \mathrm{d}n \tag{3.1}$$

均方值的平方根 φ_x 称为均方根。

一般的物理数据可看作两种状态的量值之和，即不随区域变化的分量称为静态分量，随区域变化的波动分量称为动态分量。静态分量可以用平均值来描述，此均值是所有值的简单平均，其计算公式如下：

$$\bar{x} = \sum_{i=1}^{n} x_i / n \tag{3.2}$$

式中：i——界面上区域编号；

n——界面上区域总数量。

方差一般是均值的简单均方值，可以用来描述动态的分量，其计算公式如下：

$$\sigma^2 = \lim_{n \to \infty} \frac{1}{n} \int_0^n (x_i - \bar{x})^2 \mathrm{d}n \tag{3.3}$$

方差的正平方根 σ 为标准差。

平均值一般可以表述为各个数据离中心集合程度，而这种聚集程度在相同均值下会有强弱之分，主要受各个数据之间的差异大小影响，数据之间的差异越大，这种集中程度就弱，数据差异小，这种集中程度就越强。因此，要想对一个数据库全方位的表述，除了对该数据库的集中程度分析外，还需要分析数据的差异程度对数据集中程度的影响，一般把这种数据的差异性称为离散程度，它是描述一个数据库中各组数据离中心均值距离的程度，通常采用平均差、极差或者离散系数来表征。

根据上文分析得出，方差值会受到数据库中数据差异程度和均值两个指标的影响。因此，单纯应用方差来表征数据的平均水平难以全面体现出数据的离散程度。而离散系数是按标准差或方差与平均值的比例计算获得，它不仅可以弱化变量差异对整体数据离散程度的影响，还可以反映数据相对变化程度和离散强度。因此，选择离散系数 C_v 评价均匀性。

$$C_v = \sigma / \bar{x} \tag{3.4}$$

对于相同质量、相同粒径的粉体颗粒，其在改性沥青试样中的数量原则上应该一致，假如粉体颗粒在沥青试件中均匀分布，则相同粒径的粉体在沥青试样界面上各区域的粉体平均面积占比数量应相等。

假设所有粉体颗粒在沥青中呈现单颗粒、无团结、完全均匀分布状态，且均为球状，若粉体平均半径为 r（表2-3中 $D_{50}/2$），改性沥青质量为 m，粉体掺量比例为10%，粉体密度为 p，假设在 $l \times l$ 面积中粉体改性沥青试样中粉体呈现单层均匀分布。单位面积的粉体平均数量 $\bar{x}'$ 可按式（3.5）计算。

$$\bar{x}' = \left[\left(\frac{0.1m}{p} \bigg/ \frac{4\pi r^3}{3} \right) \times (\pi r^2) \right] / (l \times l) \tag{3.5}$$

考虑各试件截面各区域实测粉体颗粒平均数量占比 $\bar{x}$ 与理想状态下的粉体颗粒平均数量占比 $\bar{x}'$ 之间的差别，对式（3.4）进行修正，得到相对离散系数 C_v'，即

$$C_v' = C_v / (\bar{x} / \bar{x}') = \frac{\sigma}{\bar{x}} \times \frac{\bar{x}'}{\bar{x}} \tag{3.6}$$

根据式（3.2）~式（3.6）计算界面各个区域内粉体颗粒的相关指标，结果见表3-5。

表 3-5 不同粉体颗粒均匀性分布评价指标

试样型号	制备试样水平	粉体面积平均占比 实测值 $\bar{x}$	理论值 $\bar{x}'$	标准差 σ	相对离散系数 C_v'
HL-M1	A1B1C1	7.99	10.41	1.92	0.314
	A1B2C2	7.96		1.45	0.239
	A1B3C3	7.83		1.21	0.205
	A2B1C2	7.64		1.57	0.281
	A2B2C3	7.56		1.38	0.253
	A2B3C1	7.18		1.42	0.287
	A3B1C3	7.46		1.14	0.213
	A3B2C1	7.51		1.28	0.237
	A3B3C2	7.34		1.09	0.211
HL-M2	A1B1C1	11.19	17.41	2.42	0.337
	A1B2C2	12.16		2.15	0.253
	A1B3C3	13.04		2.28	0.234
	A2B1C2	11.44		2.07	0.275
	A2B2C3	12.14		2.08	0.246
	A2B3C1	11.76		2.15	0.271
	A3B1C3	12.27		1.94	0.224
	A3B2C1	12.71		2.36	0.252
	A3B3C2	12.54		2.19	0.242
HL-M3	A1B1C1	21.59	34.80	5.38	0.402
	A1B2C2	22.56		4.71	0.322
	A1B3C3	23.44		3.83	0.243
	A2B1C2	21.84		4.22	0.308
	A2B2C3	22.54		4.04	0.277
	A2B3C1	21.60		4.11	0.291
	A3B1C3	22.67		3.49	0.237
	A3B2C1	23.11		4.32	0.281
	A3B3C2	22.94		3.74	0.247

续表

试样型号	制备试样水平	粉体面积平均占比 实测值 $\bar{x}$	粉体面积平均占比 理论值 $\overline{x'}$	标准差 σ	相对离散系数 C_v'
GH-M1	A1B1C1	7.10	8.56	2.03	0.345
	A1B2C2	7.07		1.56	0.268
	A1B3C3	6.95		1.32	0.235
	A2B1C2	6.74		1.67	0.316
	A2B2C3	6.66		1.49	0.288
	A2B3C1	6.29		1.53	0.331
	A3B1C3	6.57		1.25	0.248
	A3B2C1	6.62		1.39	0.272
	A3B3C2	6.45		1.20	0.247
GH-M2	A1B1C1	10.04	13.52	3.33	0.447
	A1B2C2	11.01		3.06	0.342
	A1B3C3	11.87		3.19	0.305
	A2B1C2	10.28		2.98	0.381
	A2B2C3	11.21		2.99	0.322
	A2B3C1	10.63		3.06	0.366
	A3B1C3	11.11		2.45	0.266
	A3B2C1	11.56		3.27	0.331
	A3B3C2	11.39		3.09	0.322
GH-M3	A1B1C1	19.70	27.22	6.49	0.455
	A1B2C2	20.67		5.82	0.371
	A1B3C3	21.55		4.95	0.291
	A2B1C2	19.94		5.34	0.365
	A2B2C3	20.87		5.15	0.322
	A2B3C1	20.29		5.22	0.345
	A3B1C3	20.77		4.61	0.291
	A3B2C1	21.22		5.43	0.328
	A3B3C2	21.05		4.85	0.298

从表 3-5 中可见,不同细度下硅灰和消石灰粉体在沥青中的相对离散系数存在一致的规律:温度、剪切时间、转速对匀性系数均有较大影响,随着影响因素水平的增加,相对离散系数 C'_v 逐渐减小,对 HL-M1 和 GH-M1 型粉体的相对离散数据分析,数值较小的参数有 A1B3C3 < A3B3C2 < A3B1C3,因此,选用 A1B3C3 作为 HL-M1 和 GH-M1 粉体制备改性沥青条件参数;分析消石灰和硅灰另外 2 种细度下的相对离散系数,均为 A3B1C3 条件下最小,因此选用其作为制备改性沥青条件参数。因此,水泥的制备条件也参照以上 2 种粉体的制备条件,具体参数如表 3-6 所示。

表 3-6 粉体改性沥青制备参数

序号	种类	参数水平	温度/°C	时间/min	转速/(r/min)
1	HL-M1	A1B3C3	150	40	5 000
2	HL-M2	A3B1C3	170	20	5 000
3	HL-M3	A3B1C3	170	20	5 000
4	GH-M1	A1B3C3	150	40	5 000
5	GH-M2	A3B1C3	170	20	5 000
6	GH-M3	A3B1C3	170	20	5 000
4	PL-M1	A1B3C3	150	40	5 000
5	PL-M2	A3B1C3	170	20	5 000
6	PL-M3	A3B1C3	170	20	5 000

3.3.3 分散仪分散效果

采用表 3-6 确定的改性沥青制备参数,利用传统高速剪切仪进行人工粉体添加,手动搅拌,再进行高速剪切的传统方法制备,最后进行荧光显微镜图像采集分析,并按相对离散系数 C'_v 进行评价,将其结果及表 3-5 中采用分散仪获得的相对离散系数一并绘制于图 3-8 中。

图 3-8 两种仪器分散效果对比

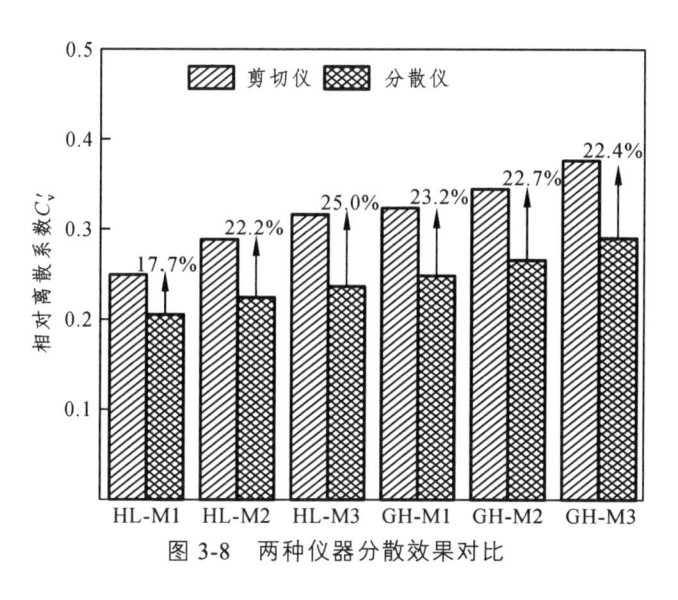

从图中可以看出，自主开发的分散仪制备的改性沥青相对离散系数 C'_v 明显小于传统剪切仪制备的改性沥青，说明分散仪制备的沥青均匀性较好，其中硅灰粉体提升效果明显，最大的 GH-M1 型粉体提升效果超过 23%，消石灰提升效果也均超过 17%。这主要是由于复合分散方法贡献了较大作用：粉体进入沥青前在盛料仓进行了超声波分散，超强高频率可以削弱分子间的作用力，让其进入风力系统前进行了首次分散；其次，采用的风力分散方法相比传统手动直接"倒入"，在沥青表面不会堆砌成块，且在风压加料过程中，分散仪一直在进行高速剪切，比传统加料过程中手动搅拌的方法高效且技术参数更好掌控，此时进行了二次分散。因此，新型分散仪相比传统剪切仪分散效果更好，参数控制更加精确，试验可重现性高。

3.4 本章小结

本章采用自主设计开发的超声波风压高速剪切分散仪进行粉体改性沥青制备，采用载玻片制备荧光显微镜试样，对试样进行荧光显微镜图像采集，再通过 MATLAB 软件对图像处理得到粉体颗粒在沥青中的分布数据。主要得到以下结论：

（1）确定了粉体改性沥青制备的三因素三水平的制样条件，并利用正交设计对试验参数进行优化，确定了每种粉体下 9 组试验方案。

（2）通过荧光显微镜对粉体改性沥青进行图像采样，并对图像进行灰度化处理，清晰地获得了粉体颗粒在沥青中的分布情况。

（3）通过粉体分散试样方案，对粉体改性沥青试样灰度图像中粉体颗粒面积占比进行统计分析，结果显示界面各个区域粉体占比数量呈正态分布，并采用相对离散系数 C_v' 对粉体在沥青中的分布均匀性进行了评价，最终确定了不同粉体制备改性沥青的试验参数方案。

（4）采用相对离散系数 C_v' 评价传统高速剪切仪与自主设计的分散仪，结果显示分散仪制备的沥青均匀性较好，C_v' 明显减小，最高的 GH-M1 型粉体提高超过 23%。

第4章
PART FOUR

粉体改性沥青的流变性能

沥青是一种具有弹性、黏性和塑性的流变性材料，在高温时软化呈流体，低温硬化变脆呈固体。而路面尤其是高等级路面要求所采用的沥青在高温时不易软化产生车辙，在低温时不易硬化导致开裂。然而单一的石油沥青受其生产工艺与母体原油性质所限，很难满足上述流变性要求。沥青材料的性能是受温度及负载作用时间影响的，并不是不变的常数。因此，路面设计、路面内的应力应变分析、理论计算等仍停留在理论上，如若付诸实际应用，还必须从研究沥青材料的性质入手。

从国内外研究情况来看，以流变学理论为基础，开展对沥青及沥青混合料流变特性的研究，是材料科学发展的一个趋势。从法国、瑞士、荷兰等国的情况来看，大约 70%~80% 的研究工作是以流变学为基本理论，从理论上探讨其力学特性与试验性能。SHRP 研究结果认为，材料的流变特性可以用在恒定的温度或恒定的频率或载荷时间条件下复数模量和相位角随频率的变化表示。我国在这方面起步较晚，且研究工作没有连续性，缺乏系统的数据积累。沥青材料主要为石油沥青，在公路建设中有着重要的应用，但它的流变性能及流变模型，在世界范围内的认识不尽详细。

截至目前，国内外研究流变学的途径一般有两种：

一种是用流体力学中的数学方式建立起一些方程式（如运动方程和连续方程等）来描述体系的流变性，而不去追究其内在原因。

一种是将观察到的体系的力学行为与物体的内部结构联系起来，并建立相应的关系式或指标说明这一关系。

一般情况下，研究沥青都采用第二种途径。而沥青的流变性主要是沥青的流动性和黏弹性。

而沥青结合料是沥青混合料中的重要组成部分，其性能直接影响集料之间黏结性能与沥青路面的施工和易性，如何改善沥青结合料的性能从而使得沥青混合料具有更加优良的服务性能及耐久性能一直是道路工程中的研究重点。粉体改性沥青由沥青单质与粉体改性剂组合而成，其性能与沥青及粉体的性质直接相关。目前，研究人员主要通过在单质沥青中添加改性剂改善单质沥青的高低温性能与耐久性能，进而提升沥青结合料与沥青混合料的路用性能，在这一方向已经取得了大量研究成果[112-116]。而在改性剂性质与沥青性能之间的关系研究方面，虽然已开展了大量研究，但是多集中在对传统矿粉掺量与沥青性能的关系研究以及一些新型填料作为沥青的改性剂的研究，对于不同种类粉体改性剂自身性质与沥青性能之间关系的研究并不系统，且对超细粉体的粒径（比表面积）变化与性能影响的研究较少。因此，有必要进一步分析不同种类粉体自身性质、粒径变化等参数与沥青性能之间的关系，明晰粉体影响改性沥青性能的特征参数，从而对不同粉体改性剂在沥青路面中的应用给出指导。

基于以上思路，本章对粉体性质与改性沥青性能之间的关系进行研究。首先，从粉体的掺量与改性沥青性能关系方面，分析不同掺量、不同细度下三种粉体对改性沥青的基本性能和流变性能的影响规律；然后，对同一掺量时硅灰、水泥、消石灰改性沥青和三种细度熟石灰改性沥青性能进行对比，并借助灰色关联分析方法对影响改性沥青性能的粉体性质进行影响程度排序，从而明晰粉体的特征参数。

4.1 粉体改性沥青的基础性能

沥青的三大指标是评价其基本性能的常用方法，另外有研究人员提出，采用测力延度可以更加全面地评价沥青或胶浆的低温抗拉性能。因此，选取软化点、针入度和测力延度指标对粉体改性沥青的性能影响规律进行研究。

4.1.1 软化点

沥青软化点是指沥青试件受热软化而下垂时的温度。不同沥青有不同的软化点，软化点可以反映沥青的黏度、高温稳定性及感温性。工程用沥青的软化点不能太低或太高，否则夏季融化，冬季脆裂且不易施工。

软化点的高低可以反映沥青的高温性能，一般沥青的软化点越高，其对应的高温性能也越好。对粉体改性沥青的软化点进行测试，将9种粉体改性沥青不同掺量下的软化点变化趋势绘制于图4-1中。

由图4-1可以看出，粉体掺量的改变与改性沥青软化点指标呈正比变化，且在7.5%以内呈线性增大趋势，掺量超过7.5%后增长趋势放缓。软化点为沥青受热时软化的温度，软化点值越大，沥青在高温条件下越不易变形，高温性能越优异，软化点越高，其高温稳定性能越好。因此，掺入粉体有助于提升沥青的高温稳定性，使其高温抗变形能力得到一定改善。

对比三种M1型粉体改性沥青可以发现，硅灰对沥青的软化点指标影响最大，消石灰次之，水泥最小；另外，从细度上看，相同材料下，粒径越小，对沥青的影响效果越大，这主要是由于其粒径越小，表面能量越大，相同质量下颗粒越多，表面积越大，吸附量和吸附能力均增大，促使改性沥青黏性增大。

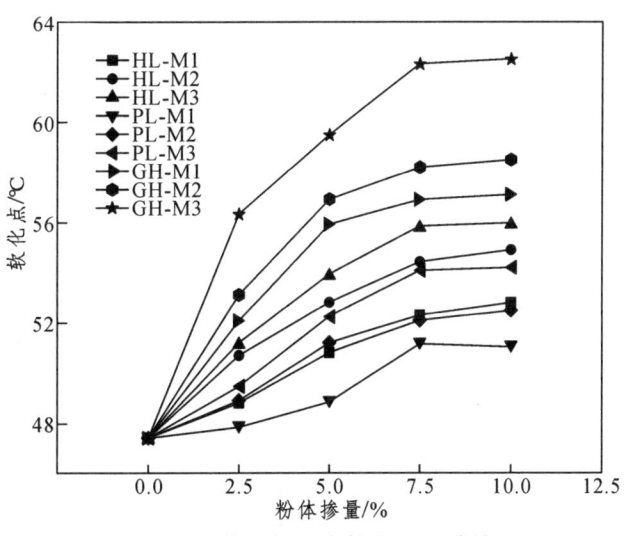

图4-1 粉体改性沥青软化点测试结果

4.1.2 针入度

沥青针入度是沥青的主要质量指标之一，表示沥青软硬程度和稠度、抵抗剪切破坏的能力，可以反映一定条件下沥青的相对黏度。在 25 ℃ 和 5 s 内，100 g 的荷重下，标准圆锥体垂直穿入沥青试样的深度为针入度，单位为 0.1 mm。

针入度表示沥青在一定温度下的黏度，一般情况下，测定的针入度值越大，表示沥青越软，针入度值越小，表示沥青越硬。采用针入度仪对粉体改性沥青 25 ℃ 时针入度指标进行测试，得到 9 种粉体改性沥青的针入度随掺量变化的曲线如图 4-2 所示。

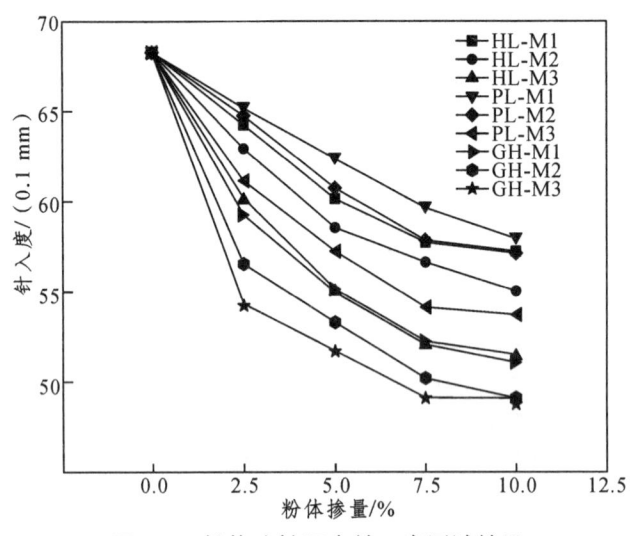

图 4-2 粉体改性沥青针入度测试结果

由图 4-2 可知，针入度指标与粉体掺量呈反比例关系（掺量越大，针入度越小），且随着掺量的增加，降低的趋势减缓。针入度为钢针在特定温度沥青中扎入 5 s 时的深度，反映了沥青的黏稠性。因此，掺入粉体对沥青的黏稠性有改善作用，有助于提升其与集料之间的黏结作用。同时，随着粉体细度减小，沥青的针入度逐渐降低，且随着细度减小、比表面积的增加，降低的趋势越大。因此，说明粉体细度减小对沥青的黏稠性有改善作用，从而能提升其与集料之间的黏结作用。另外，三种类型的粉体针入度与基质沥青相比均有所降低，且影响幅度依次排序为：硅灰 > 消石灰 > 水泥，说明硅灰对沥青黏度的影响最大，主要是由于其较小的颗粒粒径和较大的比表面积，吸附了较多沥青油分所致。

4.1.3 测力延度

沥青的测力延度通过测力延度仪进行测试，试件模具与沥青弹性恢复模具一样，为一字模，试验温度为 5 ℃，拉伸速度为 10 mm/min。在试验过程中测力延度仪同时记录试件的拉伸长度与拉力值，通过进一步处理即可得到试件在拉伸过程中力和位移曲线，典型的试验结果曲线如图 4-3 所示。在试验过程中由于力传感器的精度限制，当力小于 0.5 N 时无法被测出，因此在拉伸后期会存在一段力值为 0 但是试件并未断裂的阶段。为了全面地评价沥青在拉伸过程中的性能，选取最大拉力（F_{max}）、拉伸长度（D_{0N}）以及变形能（J）为评价指标。最大拉力为拉伸过程中力传感器记录的最大力，拉伸长度为力传感器显示为 0 N 时的长度，变形能为试件拉伸过程中所耗费的能量，可通过力和位移曲线的面积得到，计算公式见式（4.1）。测力延度试验结果如图 4-4 所示。

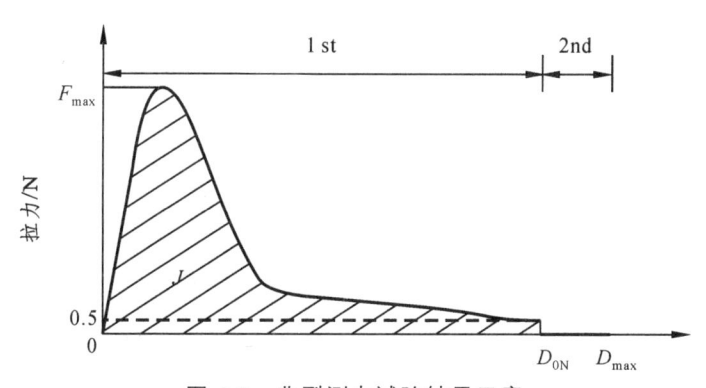

图 4-3 典型测力试验结果示意

$$J = \int_0^{D_{0N}} F(x) \mathrm{d}x \tag{4.1}$$

式中：$F(x)$——图 4-3 中力随位移变化的函数；

x——位移值。

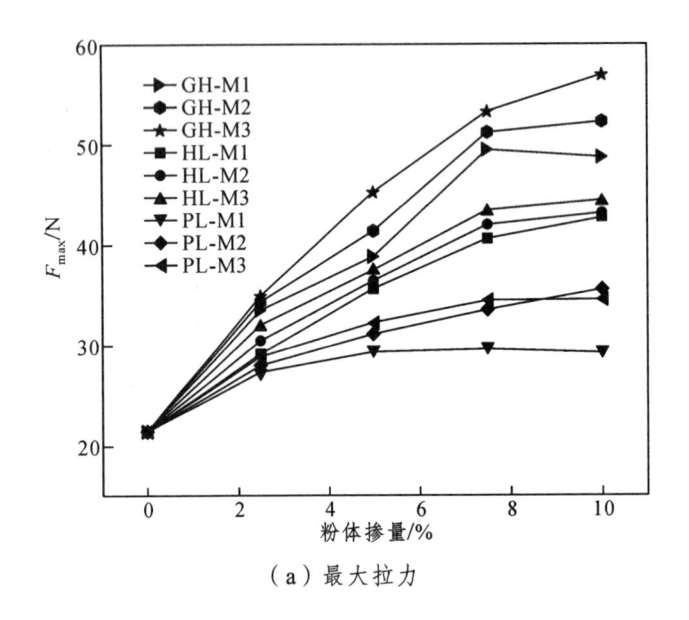

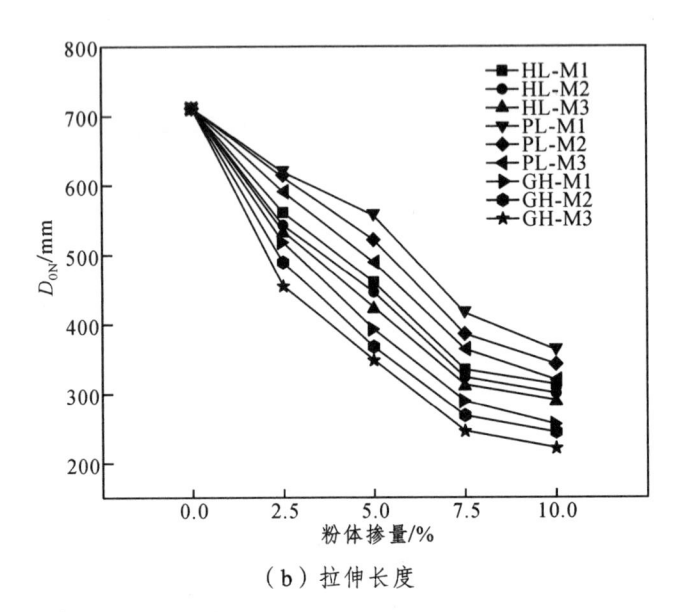

（a）最大拉力

（b）拉伸长度

（c）变形能

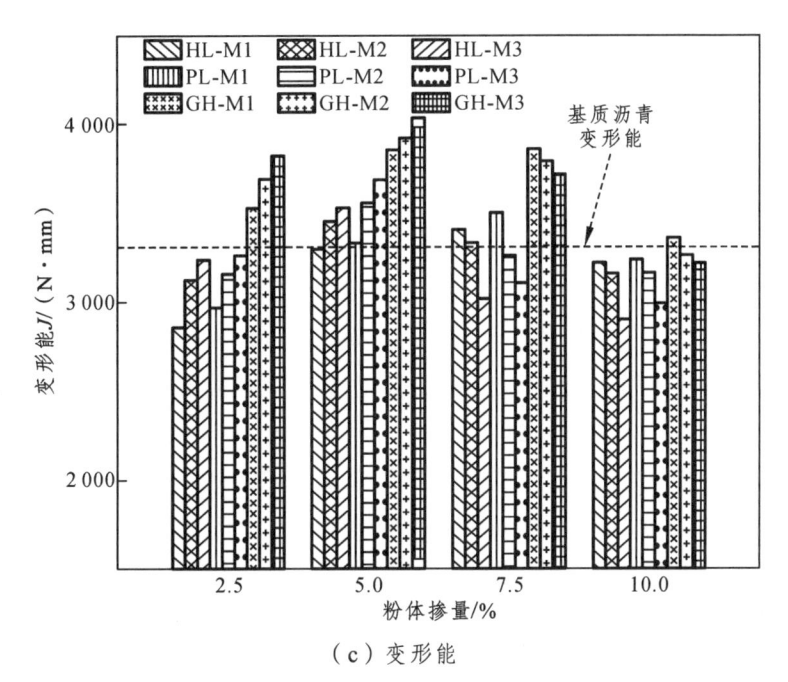

图 4-4 测力延度试验结果

由图 4-4（a）可知，改性沥青的最大拉力随着粉体掺量的增加而增大，且细度越小，粉体 F_{max} 越大，三种粉体中硅灰的最大拉力最大，消石灰次之，水泥最小。最大拉力反映了沥青试件在拉伸过程中能够承受的最大拉伸荷载，是沥青黏聚力的表征。因此，从该指标看，掺入粉体有助于提升沥青自身的黏聚力，粒径越小，比表面积越大，黏聚力越大，其抗拉伸破坏能力越强。

图 4-4（b）是最大拉伸长度 D_{0N} 随粉体掺量的变化趋势，拉伸长度反映了沥青在低温条件下变形能力，D_{0N} 值越大，沥青的柔性越好，低温下抗断裂性能越强。因此，从拉伸长度看，粉体改性沥青在低温下的抗拉伸能力减弱了，降低了抗拉伸破坏能力，且细度越小，拉伸长度越短，三种材料中硅灰拉伸长度最短、消石灰次之、水泥最长。因此，从最大拉力与拉伸长度两个指标的分析得到了截然相反的两个结论，单独根据最大拉力或是拉伸长度中的某一个指标来评价沥青的抗拉伸破坏能力并不明确。

而变形能为沥青在拉伸过程中从拉伸开始到力值为 0 时所吸收的能

量，结合了力和变形两个指标，因此可综合反映粉体改性沥青的低温抗拉伸破坏能力。图 4-4（c）变形能随掺量变化的柱状图，可以看出：改性沥青的变形能表现出随掺量的变化先增大、再减小的规律。因此，掺入适量的粉体有助于改善沥青的低温抗拉伸破坏能力，而当粉体掺量过高时，由于其低温下拉伸极易断裂，变形能力大幅降低，导致整体抗拉伸破坏能力下降。

另外，对比三种粉体改性沥青的变形能可以发现硅灰对沥青抗拉伸破坏能力的提升作用要明显优于消石灰和水泥，这是由于硅灰粒径极小，表面势能巨大，其吸附沥青的能量大于消石灰和水泥，从而使改性沥青的黏聚力最大，抗拉伸破坏能力最好；另外，对比相同材料不同细度的变形能发现，2.5%、5.0%掺量下细度越小，变形能越大，但 7.5%以上却呈现出相反的规律，这主要可能是随着粉体掺量增大，加之粒径越小，颗粒增多，吸附量成倍增加所致，使沥青逐渐被吸附掉的自由沥青超过沥青所含有的自由沥青，沥青柔韧性降低，造成变形能随着粒径减小而降低。

4.2 基于频率扫描试验的高温流变性能

4.2.1 频率扫描试验方法的应用

1. 仪器使用原理

采用动态剪切流变仪（DSR）来研究粉体改性沥青的流变力学特性，这一仪器（图 4-5）及其相关研究方法已经被广泛应用于沥青流变性能试验研究中，其频率扫描模式被广大学者公认为测定沥青黏弹性力学性能的主要研究手段。在某一特定温度下，采用变化的加载频率对试样进行动态剪切以获得沥青线黏弹性范围内的动态力学指标。因此，也采用该模式进行粉体改性沥青的多种温度下的黏弹性参数测定，扫描频率选择 0.1～100 rad/s，试验温度选择 30 ℃、40 ℃、50 ℃、60 ℃ 共 4 个高温范围。

该仪器的工作原理为：沥青样品置于上下平行板之间，在试验过程中，下板固定不动，上板来回扭动对沥青形成剪切破坏，如图 4-6 所示，上板由开始的 A 点启动转入 B 点，再回转 A 点，到 C 点，再回到 A 点为一个周期。在沥青路面实际经过车辆荷载作用过程中，路面材料的受力点状态为压—拉—压的往复循环过程，与该仪器加载过程中沥青受力过程相近。因此，为了更好地模拟路面真实受力状况，采用该仪器的动态剪切频率模式，进行不同温度下的动态力学行为分析。

图 4-5　动态剪切流变仪

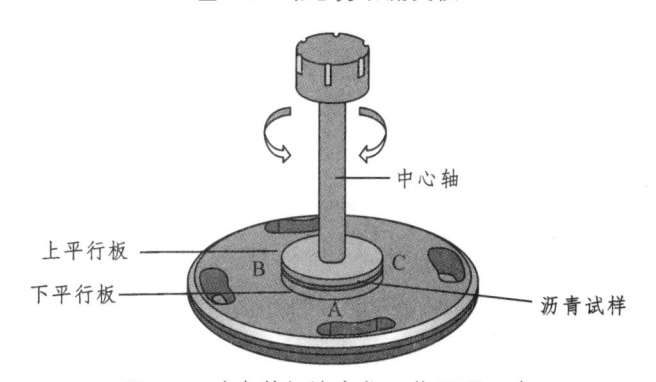

图 4-6　动态剪切流变仪工作原理示意

材料的动态力学行为通常为材料在变化应力加载下的应变变化，动态剪切流变仪的试验通常是施加变化应力，变化应力为正弦变化应力，具体可以用式（4.2）表示：

$$\tau_0(t) = \tau_0 \sin(\omega t) \qquad (4.2)$$

式中：τ_0——应力幅值；

ω——角速度。

沥青试样在正弦交变应力作用下作出的应变响应随材料的性质而变化，对于处于线黏弹性范围内，平衡状态下，自变量应力和因变量应变均按正弦形式变化，但两者频率不同，应变往往相较于应力滞后一个相位角 δ，如图 4-7 所示，即

$$\gamma(t) = \gamma_0 \sin(\omega t - \delta) \qquad (4.3)$$

式中：γ_0——应力幅值；

ω——角频率；

δ——相位角。

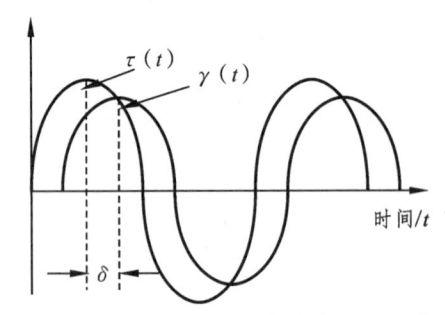

图 4-7 交变作用下应力应变关系示意

低温条件下，沥青一般符合胡克定律，受到荷载作用后可以全部恢复。在动态剪切应力作用下，应变和应力无滞后相位角；但在高温条件下，沥青材料表现出黏性液体状态，荷载作用后，其恢复变形能力往往缺失，不能自主恢复变形，这一定律服从黏性体的牛顿定律，即在周期应用作用下，应力作用与生产应变响应不同步，一般相差 $\pi/2$，这时可以认为相位角 $\delta = \pi/2$。因此，在实际沥青道路使用过程中，温度变化不定，荷载作用时往往是介于胡克定律和牛顿定律之间，即常说的黏弹性材料，相位角 δ 则介于 $0 \sim \pi/2$。

对沥青施加正弦交变应变，如式（4.4）所示：

$$\gamma(t) = \gamma_0 \sin(\omega t) \tag{4.4}$$

加载试样的应变相应往往滞后应力一个相位角,可以用式(4.5)表示:

$$\tau_0(t) = \tau_0 \sin(\omega t + \delta) \tag{4.5}$$

应力与应变的比值被称为剪切模量,但根据前述分析,应力与应变相差一个相位角,因此计算获得模量为复数形式,通常也被称为复数剪切模量,应力和应变的公式可以表述为

$$\gamma(t) = \gamma_0 e^{i\omega t} \tag{4.6}$$

$$\tau_0(t) = \tau_0 e^{i(\omega t + \delta)} \tag{4.7}$$

定义复数剪切模量为

$$G^* = \frac{\tau(t)}{\gamma(t)} = \frac{\tau_0}{\gamma_0} e^{i\delta} = \frac{\tau_0}{\gamma_0}(\cos\delta + i\sin\delta) \tag{4.8}$$

$$G^* = |G^*|(\cos\delta + i\sin\delta) = G' + iG'' \tag{4.9}$$

$$G' = \frac{\tau_0}{\gamma_0}\cos\delta \tag{4.10}$$

$$G'' = \frac{\tau_0}{\gamma_0}\sin\delta \tag{4.11}$$

$$|G^*| = \sqrt{G'^2 + G''^2} \tag{4.12}$$

式中:G'——存储剪切模量,物理意义为材料受变形而获得的能量;

G''——损失剪切模量,物理意义为材料变形过程释放出的能量;

G^*——绝对复数剪切模量。

2. 试样制作方法

将基质沥青与粉体按第 3 章的制备方法进行制备,3 个掺量分别是 2.5%、5%、7.5%。高速剪切均匀后将沥青缓慢注入直径为 25 mm 或 8 mm 的硅树脂模具中,如图 4-8(a)所示,静置 3 min,直至沥青冷却成固态,再将沥青试样从硅树脂模具取出置于预先准备好的玻璃垫板上,如图 4-8(b)所示,为后续 DSR 进行的一系列动态流变性能试验做准备。

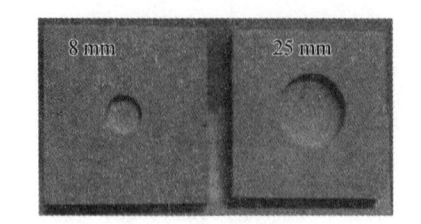

（a）试样制作模具　　　　　（b）浇注好的改性沥青试样

图 4-8　粉体改性沥青试样制作

4.2.2　复数模量与相位角指标

根据粉体改性沥青基本性能试验分析，在粉体掺量关于测力延度结果中，粉体掺量存在最佳掺量，当掺量超过 7.5% 时改性沥青劲度增大，变形能力减弱。因此，本节选择 HL-M1 型粉体 7.5% 以内 3 个掺量作为代表，研究掺量对粉体改性的影响规律，每种粉体依然选择 3 种细度。

1. 复数模量变化规律

选取消石灰改性沥青作为代表，研究复数模量变化规律，试验结果如图 4-9 所示。

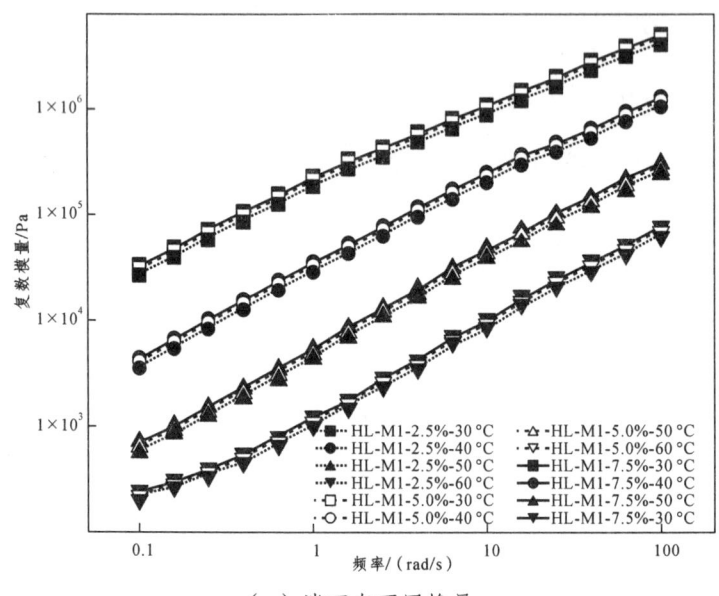

（a）消石灰不同掺量

(b）消石灰不同细度

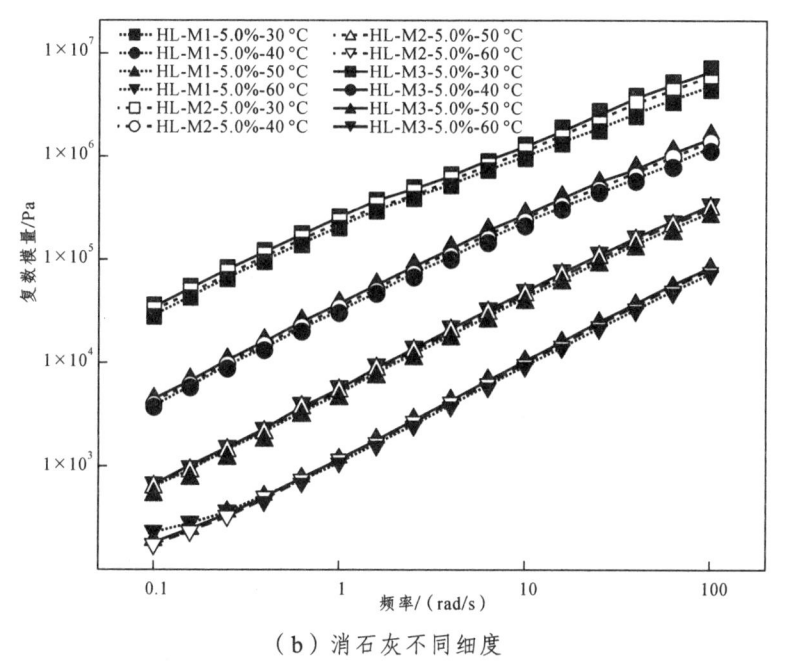

图 4-9 消石灰改性沥青复数模量曲线

由图 4-9（a）可知，不同掺量的消石灰粉体改性沥青的复数模量在不同温度下，与剪切频率呈正比例关系，但频率相同条件下，复数模量随着温度的增加而减小，这与材料的黏弹性有关，温度越大，沥青越软，模量越小；另外，从图中可以看出相同温度下 3 种掺量对复数模量有影响，但影响不大，图中表现为曲线间距较小。

图 4-9（b）为消石灰粉体改性沥青不同细度下的复数模量曲线，同样具有随着温度的增大，复数模量降低，随着频率增加，复数模量增大的规律，但从曲线间距也可以看出，低温下复数模量曲线之间的间距明显大于高温下，说明温度越低，粉体粒径对沥青的改性性能越好。

图 4-10 为 3 种粉体改性沥青与基质沥青的复数模量在 4 种温度下的变化趋势，可以看出随着频率的增加，模量逐渐增加；但在频率一致下，温度越高，复数模量则越低；对比基质沥青与掺加了粉体的改性沥青，发现粉体的加入明显增加了沥青复数模量，3 种粉体的改性表现出硅灰对复数

模量影响最大,从图中可以看出硅灰间距最大,消石灰次之,水泥最小。

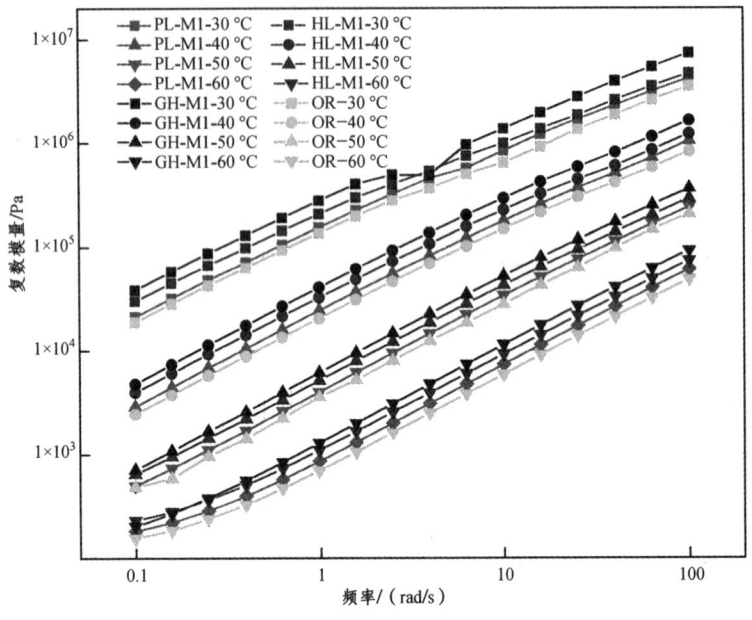

图 4-10 不同类型改性沥青复数模量曲线

2. 相位角变化规律

图 4-11 为不同类型粉体改性沥青 30 ℃和 40 ℃下相位角曲线,可以看出基质沥青与 3 种粉体改性沥青的趋势类似,在低温下相位角随着频率的增加逐渐减小,但在另外 2 个温度下,相位角出现先小幅度增大,再一直减小的变化规律;在加载频率一致下,对比 4 种沥青,发现相位角的大小顺序为:硅灰＞消石灰＞水泥＞基质,说明 4 种沥青中,硅灰粉体改性沥青表现出较高的弹性成分,基质沥青弹性成分最低。

图 4-12 为消石灰粉体改性沥青的相位角曲线。图 4-12(a)中不同掺量下的粉体改性沥青曲线规律一致,相位角与加载频率呈反比例关系;另外,粉体掺量的增加会使相位角减小,这说明粉体掺量会改变沥青的黏弹性性能;图 4-12(b)中可以看出随着细度的增加相位角也随之减小,随着温度增加,相位角增大。对比图 4-12(a)和图 4-12(b)可以发现,细度的增加对相位角的影响明显大于掺量的影响,表现出曲线间距差异。

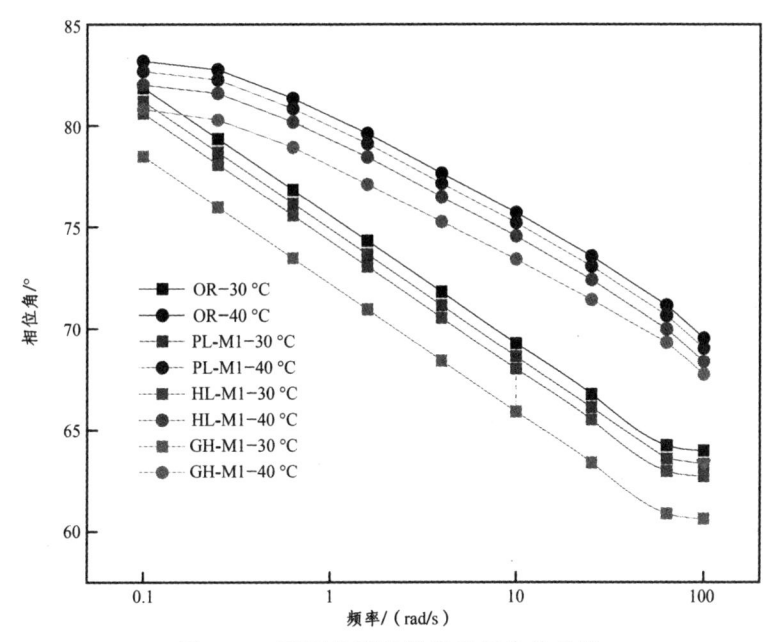

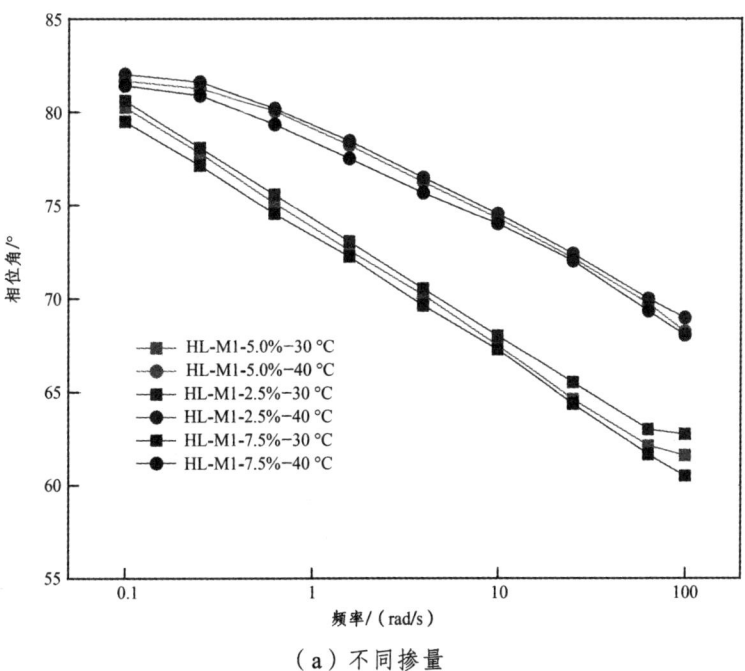

图 4-11 不同类型改性沥青相位角曲线

（a）不同掺量

（b）不同细度

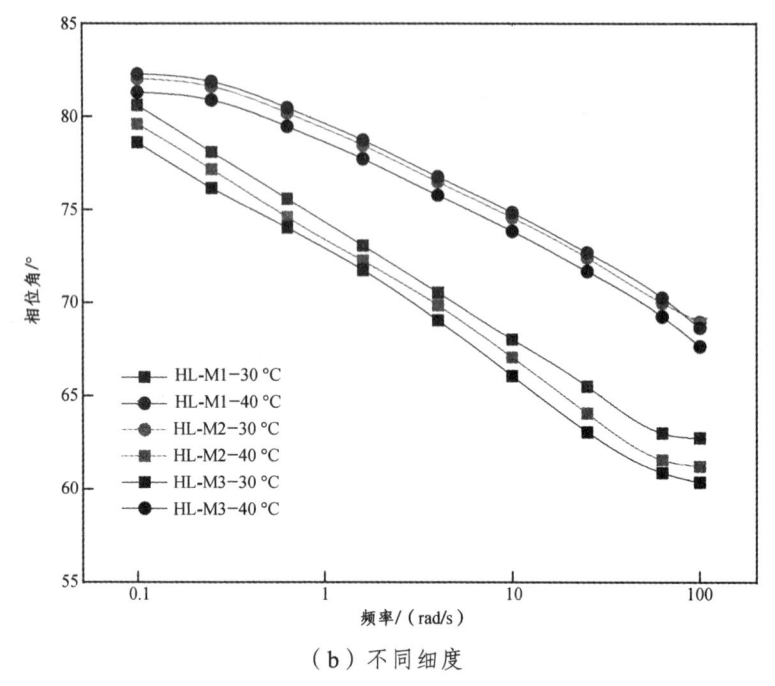

图 4-12 消石灰改性沥青相位角曲线

通过以上分析可知，在不同温度条件作用下，沥青的黏弹特性随加载时间变化而呈现出不同特征。它的黏弹力学性能依赖于加载时间和加载温度两个影响因素。对于沥青这类黏弹性物质，高温-重荷载产生的力学响应也可以在低频-轻荷载条件下获得，即沥青在高温短时间下的作用相当于在低温长时间下的作用，这就是黏弹性沥青材料的时温等效原理[117, 118]。

利用时温等效原理，可以为沥青的试验研究提供极大的方便。对于沥青材料黏弹特性的研究，通过改变试验温度来测定沥青的黏弹特征函数比改变试验的观测时间更为有效。研究表明，时间条件相同下，多种温度下测定沥青材料特征曲线表现出类似的规律，利用上述时温等效原理可以将其他温度下的特征曲线与指定温度下的特征曲线叠合，获得频率范围更为广泛的特征曲线，例如，在动态剪切流变仪频率扫描时间下的复数模量 G^* 可以用式（4.13）表述：

$$G^*(f, T_0) = G^*(\alpha_T f, T) \tag{4.13}$$

式中：T_0——指定温度；

T——其他温度；

α_T——曲线移动距离。

通过上述公式，利用时温等效原理，将动态剪切流变仪对沥青试验获得的不同温度下频率扫描特征曲线进行平移，获得指定温度下的沥青黏弹性特征主曲线，就可以更加容易地获取宽频宽温条件下的沥青黏弹性变化规律。

4.2.3 复数模量与相位角主曲线指标

1. 复数模量变化规律

利用时温等效原理，对动态频率扫描试验结果拟合获得各基准温度的移位因子 $\lg[\alpha(T)]$，具体参数见表 4-1。将其他 3 种温度下的曲线按位移因子数值向指定（40 ℃）曲线上平移，获得模量和相位角主曲线（见图 4-13）。

表 4-1 CAM 模型主曲线模量位移因子

	试验温度/℃	掺量/%	30 ℃	40 ℃	50 ℃	60 ℃
位移因子 $\lg[\alpha(T)]$	OR	—	0.807	0	−0.825	−1.533
	HL-M1	2.5	0.915	0	−0.845	−1.599
		5.0	0.945	0	−0.854	−1.608
		7.5	0.965	0	−0.855	−1.592
	HL-M2	5.0	0.975	0	−0.877	−1.719
	HL-M3		0.972	0	−0.888	−1.930
	PL-M1		0.835	0	−0.823	−1.551
	PL-M2		0.885	0	0.859	−1.612
	PL-M3		0.892	0	0.867	−1.623
	GH-M1		1.201	0	−0.890	−2.115
	GH-M2		1.251	0	−1.112	−2.412
	GH-M3		1.310	0	−1.223	−2.659

（a）不同掺量下曲线

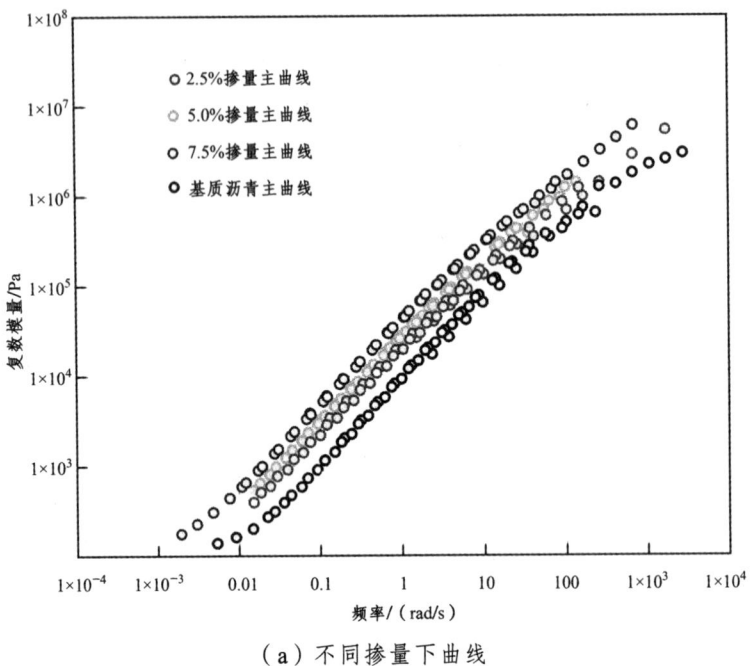

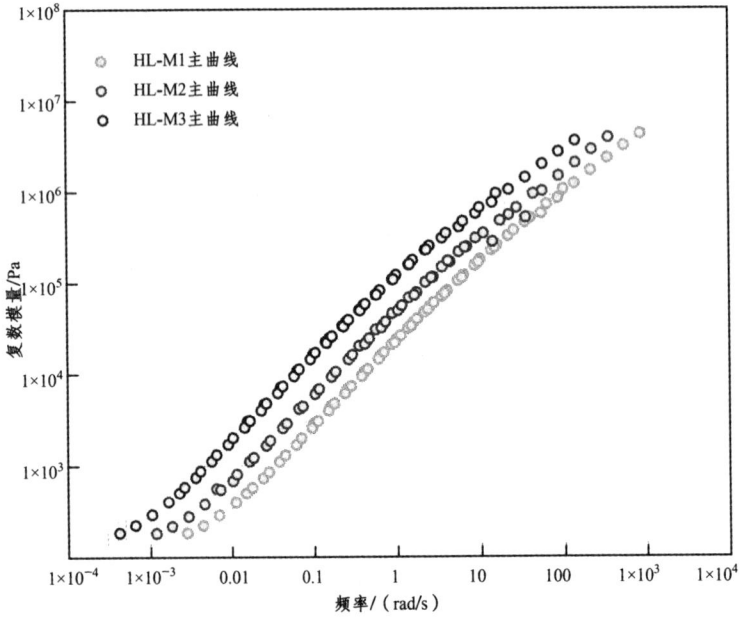

（b）不同细度下主曲线

（c）不同类型下主曲线

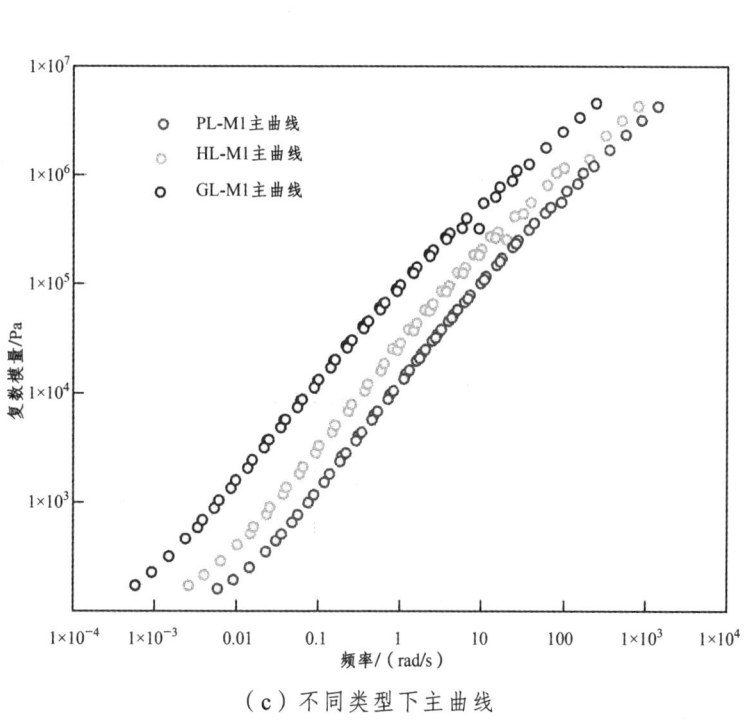

图 4-13 粉体改性沥青 40 ℃主曲线

由图 4-13（a）可知：（1）基质沥青与掺入消石灰的粉体改性沥青复数模量主曲线变化规律基本一致，频率增大，复数模量增加，但基质沥青在高频率下的复数模量增长明显缓慢，添加消石灰粉体的沥青在高频率下增长趋势强劲。（2）加入粉体后，加载频率相同条件下，掺量增加，复数模量增大，但增加幅度逐渐减缓，2.5%掺量相较基质沥青模量增加幅度明显大于 7.5%掺量较 5%掺量的增幅，即表现在主曲线上可以看出随着掺量的增加曲线之间的间距逐渐减小。

由图 4-13（b）可知：（1）三种不同细度的粉体改性沥青随着频率的变化趋势一致，随着频率的增加，相位角先有微小的增加再逐渐降低。从相位角主曲线中可以看出高温低频下粉体改性沥青的相位角在 80°左右。（2）随着粉体细度的减小，在相同频率下相位角逐渐减小，这主要是因为质量相同的粉体颗粒，细度越细，颗粒越多，比表面积越大，吸附轻质油分越多，沥青弹性增强越大，表现出相位角越小。

由图 4-13（c）可知：①不同类型的粉体改性沥青复数模量主曲线变化规律基本一致，随着频率的增加，复数模量逐渐增加。②相同频率下，硅灰粉体改性沥青复数模量最大，消石灰次之，水泥最小，这也与 3 种粉体改性沥青的比表面积规律一致，随着比表面积增加，复数模量增加。③3 种不同类型的改性沥青复数模量主曲线间距不一致，硅灰粉体改性沥青的间距明显大于消石灰与水泥之间的间距，说明相同掺量下硅灰粉体改性沥青的复数模量影响最大，且在低频率下间距更大，影响效果更加明显。

2. 相位角变化规律

同样，利用时温等效原理，对动态频率扫描试验结果拟合获得各基准温度的移位因子 $\lg[\alpha(T)]$，具体参数如表 4-2 所示。将其他 3 种温度下的曲线按位移因子数值向指定（40 ℃）曲线上平移，获得模量和相位角主曲线（见图 4-14）。

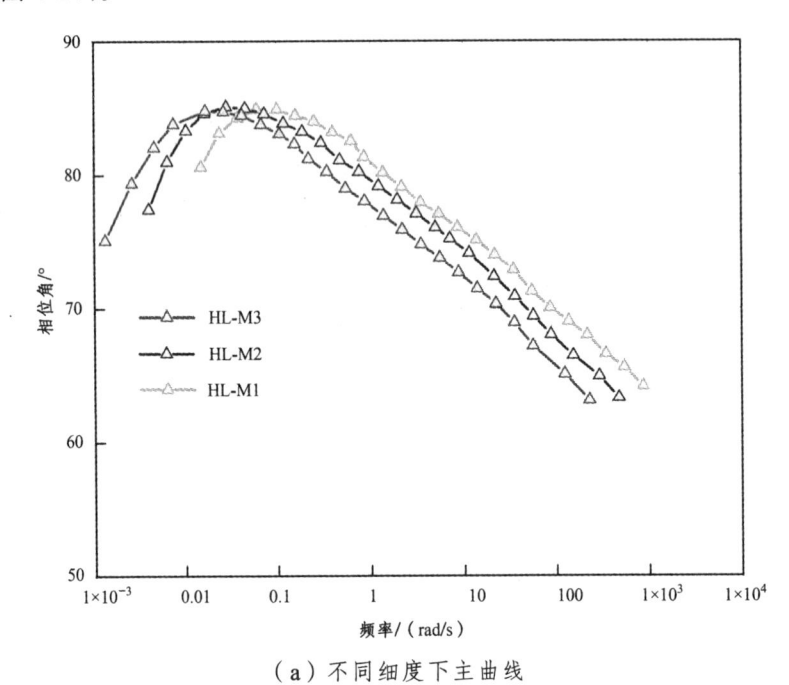

（a）不同细度下主曲线

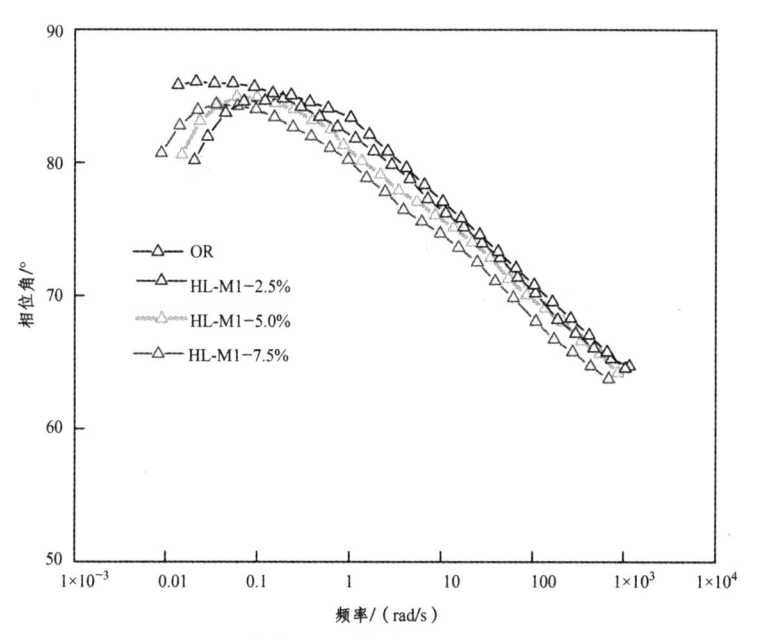

（b）不同掺量下主曲线

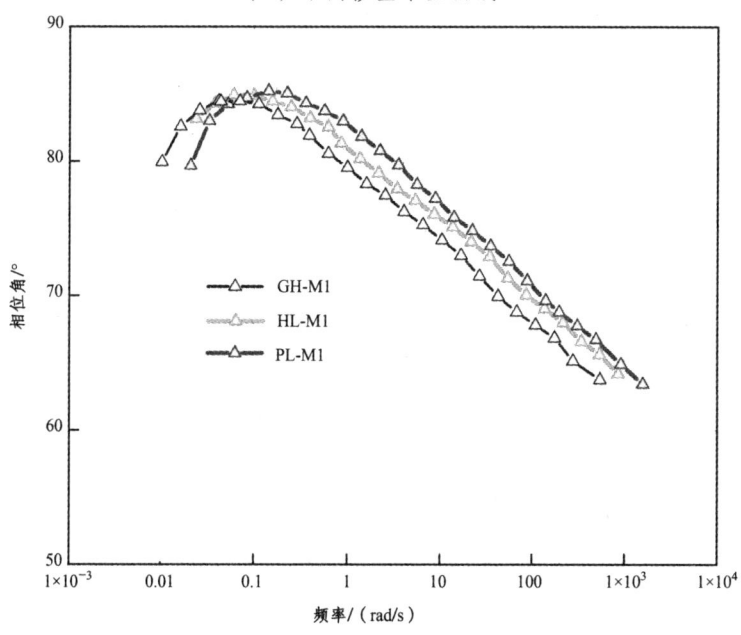

（c）不同类型下主曲线

图 4-14　粉体改性沥青 40 ℃相位角主曲线

表 4-2　CAM 模型主曲线相位角位移因子

试验温度/ °C		掺量/%	30 °C	40 °C	50 °C	60 °C
位移因子 $\lg[\alpha(T)]$	OR	—	0.777	0	−0.725	−1.333
	HL-M1	2.5	0.905	0	−0.813	−1.514
		5.0	0.925	0	−0.824	−1.588
		7.5	0.968	0	−0.862	−1.562
	HL-M2	5.0	1.235	0	−0.933	−2.153
	HL-M3		1.315	0	−0.985	−2.356
	PL-M1		0.825	0	−0.823	−1.553
	PL-M2		0.936	0	0.888	−1.622
	PL-M3		0.992	0	0.945	−1.653
	GH-M1		1.501	0	−1.390	−2.115
	GH-M2		1.851	0	−1.632	−2.813
	GH-M3		2.310	0	−2.223	−3.629

由图 4-14（a）可知：①不同细度下消石灰粉体改性沥青复数模量主曲线变化规律基本一致，随着频率的增加，复数模量逐渐增加。②相同频率下，随着细度的减小、比表面积的增加，复数模量增加。③3 种不同细度下的消石灰沥青模量主曲线间距基本一致，即模量和细度呈比例增加，这说明 3 种不同细度的粉体颗粒在沥青中均起到有效吸附沥青的作用。

由图 4-14（b）可知：①基质沥青与粉体改性沥青随着频率的变化趋势一致，随着频率的增加，相位角先有微小的增加在逐渐降低。从相位角主曲线中可以看出基质沥青的极限值约为 85°，且掺量越高，相位角极值越小。②相位角与粉体改性剂掺量呈反比例关系，掺量增加，相位角减小，主要是由于粉体颗粒的加入，吸附轻质油分后，沥青弹性增强，表现出相位角减小。③相位角主曲线之间的间隔距离与模量主曲线之间的间隔趋势类似，基质沥青与粉体改性沥青的间隔最大，但随着掺量的增加，间隔并不呈正比例增加，这与粉体颗粒表面有效吸附效率有关。

由图 4-14（c）可知：①三种不同类型的粉体改性沥青随着频率的变化趋势基本一致，随着频率的增加，相位角先有微小的增加再逐渐降低。从相位角主曲线中可以看出高温低频下硅灰的相位角最小，约为 75°，消石灰和水泥的相位角均约为 80°。②相同频率下，相位角的趋势为水泥最大、消石灰次之、硅灰最小。这主要与粉体颗粒自身的物理化学特性有关，在第 2 章分析中，消石灰颗粒结构疏松，表面孔隙最大，氮气吸附量最多，与水泥相比，消石灰吸附沥青较多；硅灰由于其生产特性，颗粒密度小、比表面积大、表面活性原子多，从而吸附更多的自由沥青转变为结构沥青，增强了弹性成分，表现出相位角减小。

4.2.4 基于 CAM 的改性沥青黏弹性模型

为了进一步地了解研究沥青在宽频宽温范围内的黏弹性能变化规律，可以借助流变模型对沥青黏弹行为进行数学描述。目前，关于沥青材料的流变特性的模型有 CASB 模型、CA 模型、2S2P1D 模型、广义 Sigmoidal 模型等[119]。其中 Zeng 和 Bahia 等在 20 世纪初提出的 CAM 改进模型是目前应用较为广泛的数学模型，其不仅适合普通沥青，还适用于沥青混合料和改性沥青[120]。因此，采用 CAM 模型对粉体改性沥青的流变特性进行分析研究。

CAM 改进数学模型用式（4.14）表述复数剪切模量的计算：

$$G^* = G_e^* + \frac{G_g^* - G_e^*}{[1+(f_c/f')^k]^{m_e/k}} \quad (4.14)$$

式中：G_e^*——频率趋于 0 或高温时的剪切模量 G^*，对于沥青材料，$G_e^* = 0$，常被称为平衡态复数剪切模量；

G_g^*——加载频率趋于 ∞ 或超低温下获得复数剪切模量 G^*，常被称为玻璃态复数剪切模量；

f'——换算频率；

f_c——交叉频率，G_g^* 与 m_e 交点处的加载频率，$f_c = \dfrac{f_c'}{(G_e^*/G_g^*)^{1/m_e}}$，$f_c'$ 为转变频率，对于沥青材料，$f_c' = 0$；

k, m_e——主曲线形状特征参数。

式（4.14）为沥青复数模量与加载频率之间的变动关系，频率从 0 开始增大的变化过程可以用图 4-15 表述。

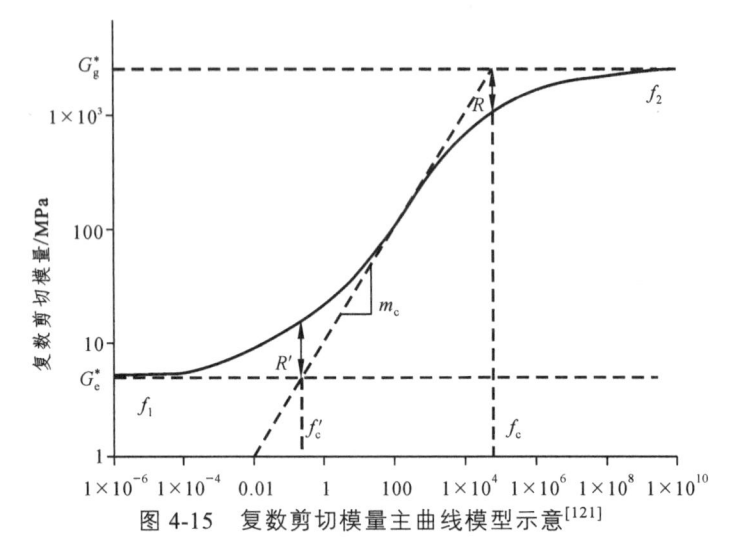

图 4-15　复数剪切模量主曲线模型示意[121]

$G(f_c)$ 和 G_g^* 在对数坐标上的截距记为 R，R 与形状参数 k、m_e 有关，R 一般表征为松弛谱的范围，R 值越小意味着沥青从黏性—弹性的转变更容易，R 值越大表明从黏性—弹性的转变更难[122]，R 可以用式（4.15）计算。

$$R = \lg \frac{2^{m_e/k}}{1+(2^{m_e/k}-1)G_e^*/G_g^*} \tag{4.15}$$

式中：R——频率为 f_c 时 G^* 与玻璃态复数模量 G_g^* 在坐标轴上的截距，一般称为流变特征参数，沥青材料一般有：

$$G_e^* = 0, \quad R = \frac{m_e}{k}\lg 2$$

频率为 f_c' 时 G^* 和 G_e^* 在坐标轴上的截距记为 R'，其与曲线的特征参数 k、m_e 密切相关，计算式为

$$R' = \lg\left\{1+\left(\frac{G_g^*}{G_e^*}-1\right)\left[1+\left(\frac{G_g^*}{G_e^*}\right)^{k/m_e}\right]^{-m_e/k}\right\} \tag{4.16}$$

对于沥青，$G_e^* = 0$，$R' = \lg 2$。

通过以上分析可知,利用 CAM 模型描述宽频范围内沥青的黏弹行为是可行的。基于 CAM 模型,利用 1stOpt 软件对参考温度 40 ℃ 条件下的复数模量主曲线进行非线性拟合,获得的函数参数如表 4-3 所示。

表 4-3　CAM 模型主曲线拟合参数结果

沥青种类	掺量/%	G_g^*/Pa	f_c/Hz	k	m_e	R	相关系数
OR	—	85 731.28	0.785 4	2.11	2.99	0.427	0.995
HL-M1	2.5	132 844.47	4.63	1.45	10.33	0.899	0.998
	5.0	678 253.88	6.33	0.99	3.59	1.092	0.997
	7.5	928 205.12	7.25	0.54	2.53	1.410	0.998
HL-M2	5.0	1 586 263.55	15.25	0.33	8.59	7.836	0.997
HL-M3		2 583 463.22	25.33	0.25	11.25	13.546	0.996
PL-M1		92 663.15	1.56	1.55	3.54	0.688	0.999
PL-M2		875 369.56	3.22	1.02	4.54	1.340	0.997
PL-M3		1 235 997.15	5.89	0.88	6.99	2.391	0.996
GH-M1		2 365 555.68	33.15	0.34	11.55	10.226	0.998
GH-M2		3 782 633.15	45.22	0.15	12.33	24.745	0.995
GH-M3		8 955 275.89	49.33	0.12	15.25	38.256	0.998

根据表 4-3,可以得出如下结论:

(1) 玻璃态模量 G_g^* 是图 4-15 中最高横轴渐近线的最大模量值,其代表在高频或低温下材料的复数剪切模量。可以看出来改性后的沥青 G_g^* 明显要比基质沥青大出一个数量级,说明粉体对沥青的模量影响显著。

(2) 交叉频率 f_c 为存储模量与损失模量发生转换的临界加载频率,在 f_c 左右改性沥青的黏弹性发生改变,f_c 值越大,意味着改性沥青在剪切作用下呈现出更大的黏性特征,3 种粉体颗粒中,水泥改性沥青的 f_c 值最小,而硅灰和消石灰的值较大,对于水泥改性沥青,随着频率的增加,其先进入弹性成分占主导的状态,黏性成分占主导的频率范围较小,而其余 2 种材料较晚进入弹性成分占主导的状态,该指标反应了改性沥青粘弹性比例的相对变化。

（3）流变参数 R 值为改性沥青主曲线的形状指数，R 值越大意味着沥青更多的弹性成分逐级转变为黏性成分，而且这种转变对频率的敏感性较小。由表 4-3 可知，硅灰的 R 值较大，说明与水泥和消石灰相比，其对加载频率的敏感性低，温度敏感性较低；另外，相同材料，粒径越小的，R 值越大，说明粒径的减小，也可以降低材料的频率和温度敏感性。

由以上分析可知，CAM 模型虽然是对沥青主曲线现象性的描述，但其模型中各参数的物理意义对沥青黏弹性分析也具有一定的适用性，与前文分析基本一致。

4.3 基于多应力重复蠕变恢复试验（MSCR）的高温流变性能

4.3.1 MSCR 试验方法

多应力重复蠕变恢复试验（MSCR）通常采用动态剪切流变仪完成，试验温度一般为高温，选择 60 ℃，试验加载应力选择规范值 0.1 kPa 和 3.2 kPa 两种应力进行重复加载。该试验采用 2 个应力重复对样品加载 10 次，每次 10 s，其中 1 s 为加载时间，9 s 为材料恢复时间，总时长为 200 s。评价指标一般采用蠕变恢复率（R）和不可蠕变恢复柔量（J_{nr}）进行表征。图 4-16 为改性沥青多应力重复蠕变恢复试验（MSCR）的典型加载曲线。

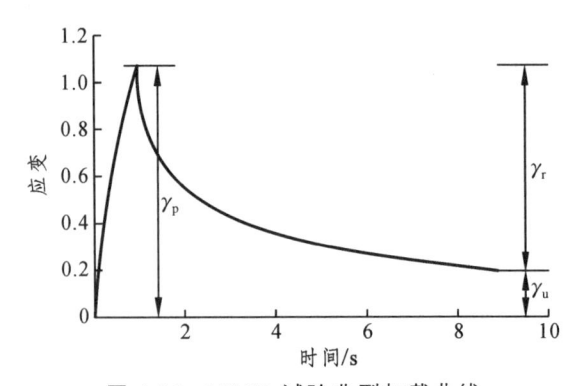

图 4-16 MSCR 试验典型加载曲线

试验过程中，应力加载 1 s，应变达到最大（γ_p）时，卸载应力，应变逐渐恢复达到γ_r，剩余不能恢复的应变为γ_u。在 2 种应力 20 个循环周期下，每次加载后的应变恢复率γ_r就可以表示为

$$\gamma_r(p,N) = \gamma_r / \gamma_p \times 100\% \tag{4.17}$$

在对同一应力下的应变恢复率 R_P 取平均值：

$$R_P = \frac{\sum_{N=1}^{10} \gamma_r(p,N)}{10} \tag{4.18}$$

而加载周期内的不可恢复蠕变柔量 J_{nr} 可以表述为

$$J_{nr}(p,N) = \frac{\gamma_u}{p} \tag{4.19}$$

同一应力不可恢复蠕变柔量 $J_{nr}(p)$ 可以表述为

$$J_{nr}(p) = \frac{\sum_{N=1}^{10} J_{nr}(p,N)}{10} \tag{4.20}$$

通过以上公式可以计算出 p = 0.1 kPa、3.2 kPa 时蠕变恢复率 R（0.1）、R（3.2）和不可恢复蠕变柔量 J_{nr}（0.1）、J_{nr}（3.2）四个参数，但是四个参数各自独立，并不能表征改性沥青在不同应力下的蠕变敏感度，因此通过式（4.21）和式（4.22）计算蠕变应力敏感度。

$$R_D = \frac{R(0.1) - R(3.2)}{R(0.1)} \times 100\% \tag{4.21}$$

$$J_{nr-D} = \frac{J_{nr-D}(3.2) - J_{nr-D}(0.1)}{J_{nr-D}(0.1)} \times 100\% \tag{4.22}$$

式中：γ——恢复率；

γ_p——加载周期内的最大应变；

γ_r——加载周期内的恢复应变；

γ_u——加载周期内的初始应变；

P——加载应力。

4.3.2 MSCR 试验的评价指标

1. 不同掺量的影响

图 4-17 为消石灰改性沥青和基质沥青在 60 ℃下重复蠕变试验结果。

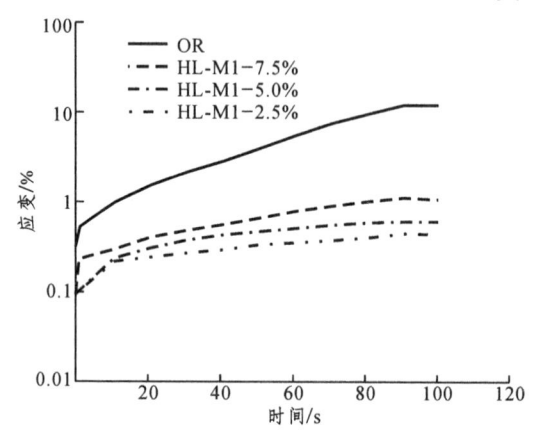

图 4-17 不同掺量下 HL-M1 型粉体 0.1 kPa 下 MSCR 试验结果

从上图 4-17 可以得出，粉体改性沥青的加入后，加载周期内的最大应变 γ_p 迅速减小，随着掺量的增加，最大应变逐渐减小；随着加载时间的延长，基质沥青累计的永久变形逐渐增加，而掺入粉体的改性沥青随着加载时间的增长，变形累计增加趋于平缓，随着掺量的增加，变形累计在后期也呈现出增长放缓趋势。因此，粉体的加入有助于沥青抵抗永久变形，且在一定掺量内随着掺量增加，抵抗永久变形能力越强。

根据图 4-17 的数据，计算 R 与 J_{nr}，汇总于表 4-4 中。可以看出，粉体改性沥青的变形恢复能力明显高于基质沥青；随着掺量的增加，R 值呈正比例增加，J_{nr} 值呈反比例减小，表明掺量增加增强了沥青的弹性，提高了其抗车辙水平；此外，大应力加载下不可恢复蠕变柔量值增加，表明更容易产生车辙。另外，根据式（4.21）和式（4.22）计算获得恢复率应力敏感度 R_D 和不可恢复蠕变柔量的应力敏感度 J_{nr-D} 值列于表 4-4 中，并将其数值绘于图 4-18 中，R_D 和 J_{nr-D} 表示粉体改性沥青关于应力变化的敏感程度，从图中可以看出基质沥青的应力敏感度最大，随着粉体掺量的增加，敏感度均逐渐降低。

表 4-4 MSCR 试验评价指标结果

种类	代号	掺量/%	0.1 kPa R	0.1 kPa J_{nr}	3.2 kPa R	3.2 kPa J_{nr}	R_D	J_{nr-D}
基质沥青	OR	—	4.2%	4.39	0.5%	5.87	88.2%	33.7%
消石灰	HL-M1	2.5	25.3%	0.68	15.2%	0.89	39.9%	30.8%
		5	29.3%	0.45	21.5%	0.56	26.6%	24.4%
		7.5	33.2%	0.11	24.6%	0.13	25.9%	18.2%

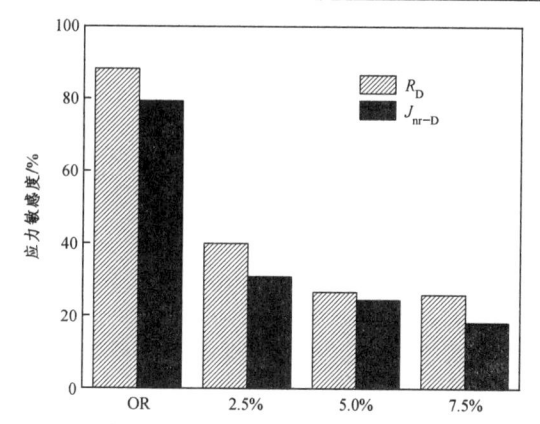

图 4-18 消石灰粉体改性沥青应力敏感度分布情况

2. 不同类型与细度的影响

图 4-19 为 3 种细度的消石灰改性沥青和 3 种类型粉体改性沥青在 60 ℃下多应力重复蠕变试验结果。

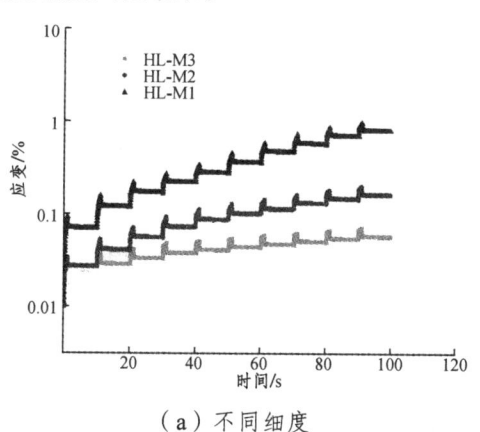

（a）不同细度

(b) 不同类型

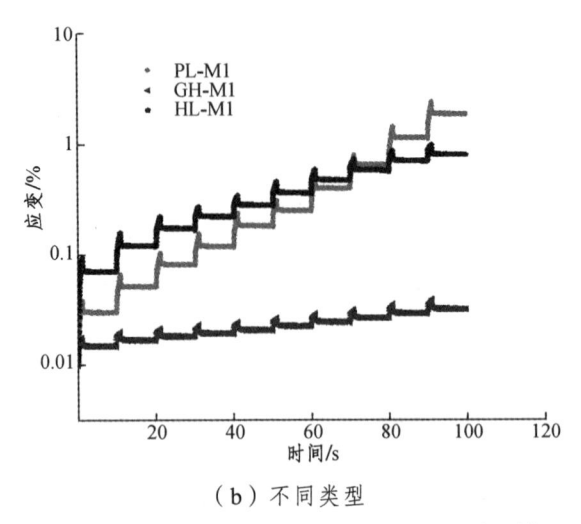

图 4-19　粉体改性沥青 0.1 kPa 下 MSCR 试验结果

从图 4-19（a）可以得出，粉体改性沥青中粉体细度的改变对加载周期内的累积变形有较大的影响，随着粒径增加，累积应变逐渐增大；随着加载时间的延长，不同细度下的累积变形逐渐扩大。从图 4-19（b）中可以看出，硅灰粉体的改性沥青变形最小，且随着时间的增长，变化最为缓慢；在最初累积变形中消石灰大于水泥，但随着加载时间的增长，累积变形逐渐超过消石灰，说明水泥改性沥青在持续高温下性能较差，这主要是水泥颗粒表面孔隙较少，主要靠表面特性吸附的沥青轻质油分，在高温作用下容易脱落所致。

根据图 4-19 的数据，计算 R 与 J_{nr}，汇总于表 4-5 中。可以看出，粉体改性沥青的变形恢复能力明显高于基质沥青；随着粉体粒径减小，改性沥青 R 指标逐渐增大而 J_{nr} 逐渐降低，从而增强了沥青的弹性，提高了其抗车辙水平；此外，3 种材料中硅灰表现出较好的高温性能，这主要是由于其表面效应所致，较大的比表面积和较强的表面自由能可以吸附更多的自由沥青。从而在高温下更不易产生永久变形。

表 4-5 MSCR 试验评价指标结果

种类	代号	掺量/%	0.1 kPa R	0.1 kPa J_{nr}	3.2 kPa R	3.2 kPa J_{nr}	R_D	J_{nr-D}
基质沥青	OR	—	4.2%	4.39	0.5%	7.87	88.2%	79.3%
消石灰	HL-M1	5%	29.3%	0.45	21.5%	0.56	26.6%	24.4%
消石灰	HL-M2	5%	32.5%	0.40	24.5%	0.50	24.6%	25.0%
消石灰	HL-M3	5%	35.2%	0.28	27.6%	0.36	25.9%	28.5%
水泥	PL-M1	5%	15.8%	0.79	10.2%	1.02	35.4%	26.1%
硅灰	GH-M1	5%	43.2%	0.105	34.6%	0.12	19.2%	14.3%

另外，将利用式（4.21）和式（4.22）计算得到的恢复率应力敏感度 R_D 和不可恢复蠕变柔量的应力敏感度 J_{nr-D} 值绘于图 4-20 中，R_D 和 J_{nr-D} 表示粉体改性沥青关于应力变化的敏感程度，从图中可以看出基质沥青应力的敏感度最大，随着粉体粒径越小，粉体改性沥青的应力敏感性越低，另外 3 种不同类型粉体中，硅灰粉体与消石灰 M3 型粉体应力敏感度均较小。

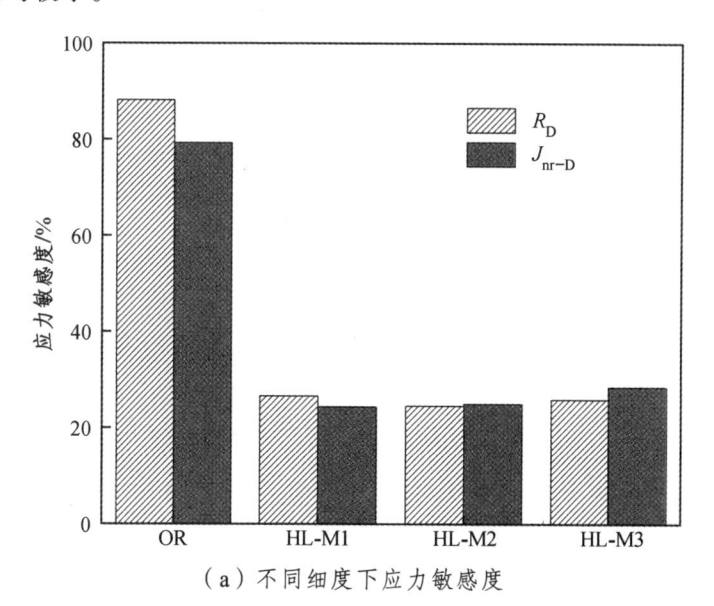

(a) 不同细度下应力敏感度

（b）不同类型下应力敏感度

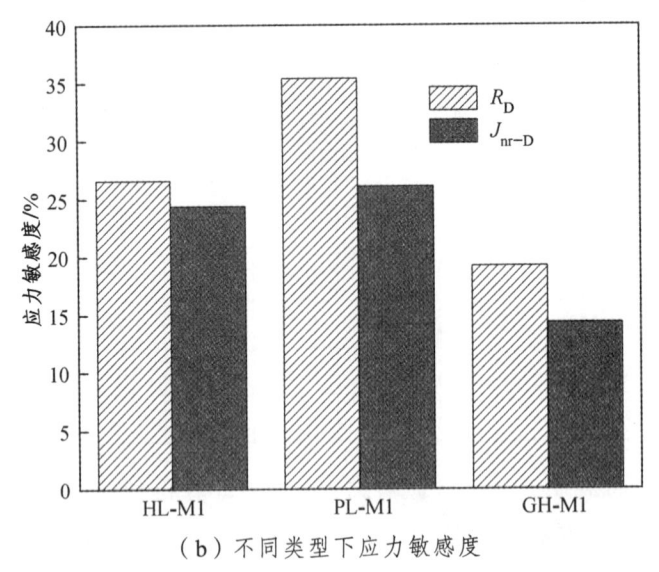

图 4-20　粉体改性沥青 0.1 kPa 下 MSCR 试验结果

4.4　基于温度扫描试验的高温流变性能

4.4.1　温度扫描试验方法

沥青作为一种黏弹性材料，仅依靠物理指标难以对其路用性能进行评价，路面的使用性能受到沥青材料流变能力的影响。美国公路战略研究计划（SHRP）提出采用动态剪切流变仪研究沥青的流变性能，并通过沥青的流变性能评价沥青的路用性能。

沥青的复数剪切模量（G^*）和相位角（δ）可以用动态剪切流变仪测量，并以此来评价沥青的黏弹性。其中复数剪切模量 G^* 是指沥青剪切变形的总阻力，由弹性模量（$G' = G^* \times \cos\delta$）和黏性模量（$G'' = G^* \times \sin\delta$）组成。弹性模量 G' 是沥青的弹性部分，即沥青材料内部产生可恢复变形时存储的能量，黏性模量 G'' 是沥青的黏性部分，即沥青材料内部产生不可恢复变形时以热能的形式损耗的能量。相位角 δ 表示沥青材料的黏弹性能，即材料的内摩擦阻尼特性。对于完全弹性的材料，输出的正弦应变与输入的正弦应力是同时变化的，但由于沥青材料中的粘性成分，材料中的正弦应变响应会与输入的正弦应力存在一个相位角的滞后，相位角 δ 介于 $0°\sim 90°$，沥青中的黏性部分比例越高，相位角 δ 也就越大。

SHRP 计划提出了车辙因子 $G^*/\sin\delta$ 来评价沥青的高温抗车辙性能，$G^*/\sin\delta$ 同时反映了 G^* 和 δ 的影响。对于沥青路面，在高温条件下，为了减少车辙病害的发生，沥青应该有更多的弹性成分，即 G^* 越大、δ 越小，则车辙因子 $G^*/\sin\delta$ 越大，沥青路面的抗车辙性能越好，沥青路面的高温抗永久变形能力越强。

4.4.2 温度扫描试验评价指标

温度扫描试验仅研究水泥和消石灰掺量变化引起改性沥青性能变化，采用动态剪切流变仪进行不同温度下的测试，并从复数剪切模量、相位角、车辙因子三个指标的变化分析水泥、消石灰对沥青高温流变性能的影响。

1. 复数剪切模量

图 4-21 为 2.5%、5%、7.5% 掺量的水泥、消石灰改性沥青的复数剪切模量在高温（46~82 ℃）下的变化曲线，图 4-22 为粉体改性沥青在 58 ℃ 时的复数剪切模量随掺量的变化曲线。

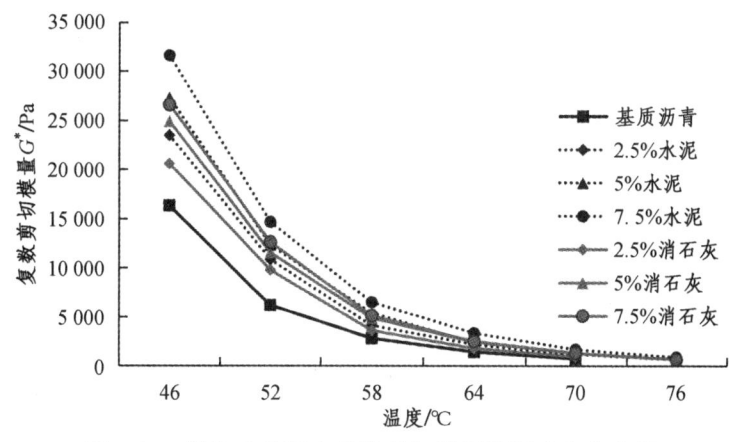

图 4-21 粉体改性沥青复数剪切模量随温度变化曲线

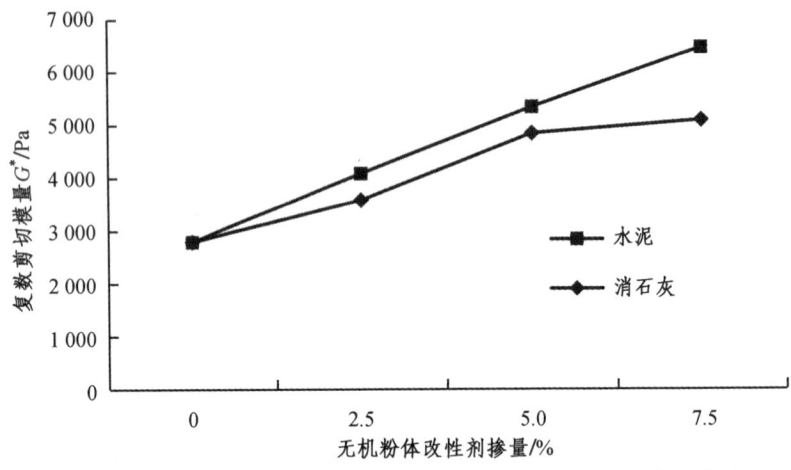

图 4-22　58 ℃下沥青复数剪切模量随粉体改性剂掺量变化曲线

由图 4-21、图 4-22 可以看出,随着温度升高,所有种类沥青的复数剪切模量都快速降低,这是因为沥青材料的感温性较强,温度升高导致沥青流动性增大,当沥青中剪切应变一致的情况下,施加的剪切应力随温度升高而减小,因此沥青的复数模量减小。对比无机添加剂改性沥青与基质沥青的复数剪切模量曲线,可以看出水泥、消石灰等粉体改性剂的加入都能增加沥青在各个温度下的复数剪切模量,而复数剪切模量代表了该温度下剪切应力与应变之间的比值,复数模量越大的沥青在相同温度下抗变形的能力也就越强,因此在沥青中加入水泥和消石灰等粉体材料有助于提高沥青的抗剪切变形能力。几种类型的沥青复数剪切模量大小规律为:基质沥青<2.5%消石灰改性沥青<2.5%水泥改性沥青<5%消石灰改性沥青<5%水泥改性沥青≈7.5%消石灰改性沥青<7.5%水泥改性沥青,可以看出,在 7.5%的掺量范围内,沥青复数剪切模量的提高与粉体改性剂的掺量呈正比,但二者的提高程度有所不同,相同掺量下的水泥改性沥青的复数剪切模量要高于消石灰改性沥青,这表明水泥对沥青抗变形能力的改性效果要优于消石灰。

2. 相位角

图 4-23 是水泥、消石灰改性沥青的相位角在 46 ~ 82 ℃下的变化曲线,图 4-24 是粉体改性沥青在 58 ℃时的相位角随掺量的变化曲线。

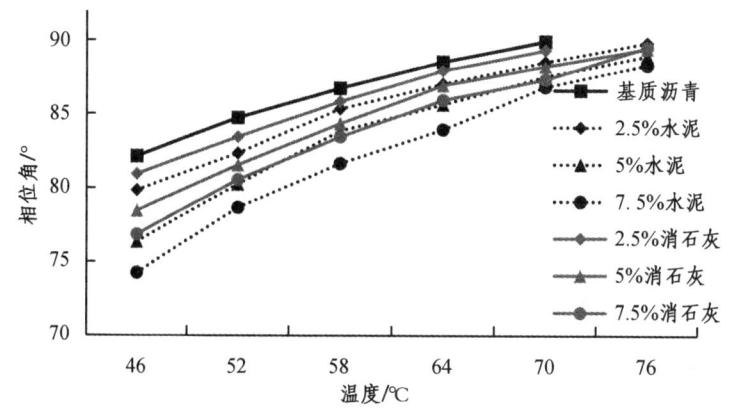

图 4-23　粉体改性沥青相位角随温度变化曲线

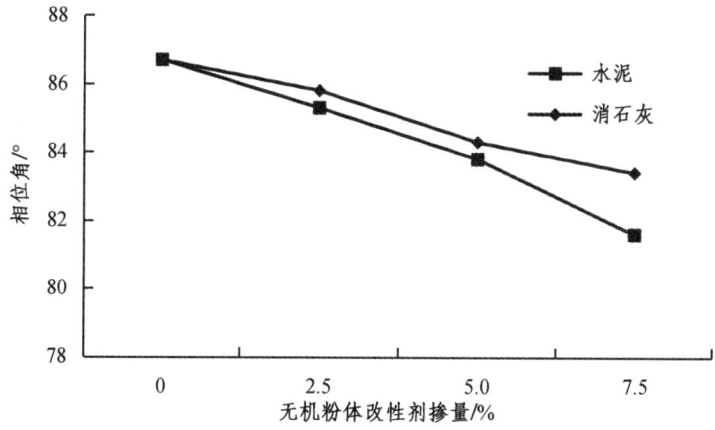

图 4-24　58 ℃下沥青相位角随粉体改性剂掺量变化曲线

由图 4-23、图 4-24 可以看出,所有种类沥青的相位角都随着温度的升高而增大,这是因为沥青作为一种对温度较为敏感的黏弹性材料,其弹性部分随着温度升高而减小,黏性部分则随着温度升高而增加,而沥青动态剪切流变试验中的相位角与弹性材料和黏性材料的比值有关,弹性材料占比越大,相位角也就越大。比较粉体改性沥青与基质沥青的相位角,可以发现在沥青中加入水泥和消石灰等粉体材料使得沥青在各个温度上的相位角都有一定提高,这表明水泥和消石灰提高了沥青中弹性部分的占比,改善了沥青的高温流变性能。几种类型沥青的相位角大小规律为:基质沥青

>2.5%消石灰改性沥青>2.5%水泥改性沥青>5%消石灰改性沥青>5%水泥改性沥青≈7.5%消石灰改性沥青>7.5%水泥改性沥青，这表明，在7.5%的掺量范围内，粉体改性沥青的相位角随着改性剂掺量的增加而下降。相同掺量下的水泥改性沥青的相位角要低于消石灰改性沥青，这表明水泥对沥青高温流变性能的改性效果要优于消石灰。

3. 车辙因子

图4-25是水泥、消石灰改性沥青的车辙因子在46~82 ℃下的变化曲线，图4-26是粉体改性沥青在58 ℃时的车辙因子随掺量的变化曲线。

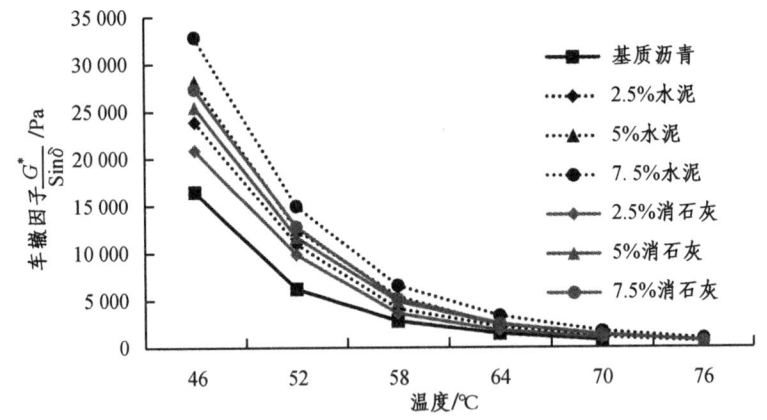

图4-25 粉体改性沥青车辙因子随温度变化曲线

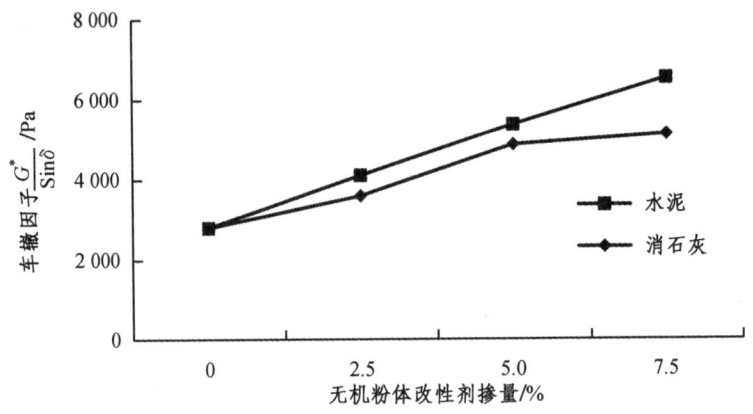

图4-26 58 ℃下沥青车辙因子随粉体改性剂掺量变化曲线

由图 4-25、图 4-26 可以看出，相同温度下水泥和消石灰的加入都能增加沥青的车辙因子，说明水泥和消石灰等粉体能够较好地改善沥青的高温抗车辙能力。在 7.5%的掺量范围内，车辙因子都随着水泥、消石灰的增加而提高，而且相同掺量下的水泥改性沥青的车辙因子要高于消石灰。

按照美国 SHRP 计划的建议，以车辙因子等于 1 kPa 为界限，对粉体改性沥青进行 PG 分级，如表 4-6 所示，当沥青中的水泥掺量达到 5%、消石灰掺量达到 7.5%时，沥青的高温 PG 等级均能提高一个等级。

表 4-6 粉体改性沥青 PG 分级

改性剂	掺量/%	高温 PG 等级/°C
—	—	64
水泥	2.5	70
	5	70
	7.5	70
消石灰	2.5	64
	5	70
	7.5	70

综合动态剪切试验中复数剪切模量、相位角、车辙因子 3 个指标，可以看出水泥、消石灰等粉体的加入使得这 3 个指标都往对沥青高温流变性能有利的方向变化，这表明将粉体材料作为沥青改性剂能够有效改善沥青抗永久变形的能力，且改善效果与添加剂的掺量呈正比，水泥的改性效果略优于消石灰。

4.5 低温弯曲梁流变性能（BBR）试验

4.5.1 试验方法

1. 试验原理

弯曲梁流变仪是由温度控制系统、数据采集装置和荷载加载装置三部分组成。对两端支撑的简支沥青小梁中部采用瞬时蠕变荷载的方式进行加载，温度一般设定为低温，选取 – 12 ℃。主轴装置上有荷载传递感应系统，可以随时检测沥青小梁的弯曲程度，试验仪器如图 4-27 所示。

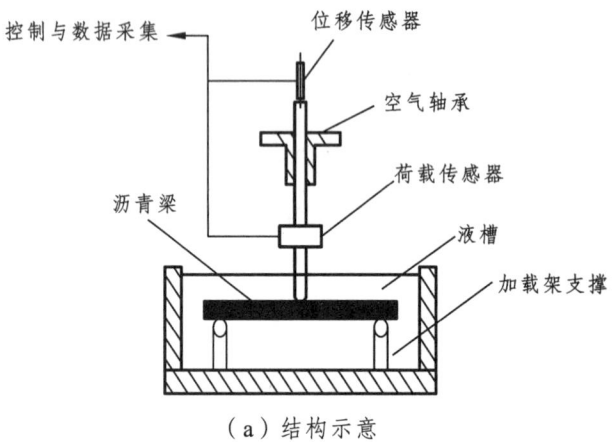

（a）结构示意

（b）试验设备

图 4-27　弯曲梁流变仪

仪器的采集系统记录加载过程中的荷载值和小梁中部的挠度数值，再通过计算采用蠕变劲度 S 和蠕变劲度变化率 m 表征。

S 值反映了沥青胶结料在低温受恒定荷载作用时的抗形变能力，越大的 S 值表明沥青更易发生脆性开裂；m 值反映了施加荷载时沥青胶结料刚度变化量度的大小，m 值增大，沥青材料在低温时受到荷载作用释放应力的速率就更快，物理意义表现为低温下沥青小梁不易断裂[123,124]。应用梁分析理论计算沥青胶结料梁荷载时间为 60 s 的蠕变劲度。

$$S(t) = \frac{Fl^3}{4bh^3 u(t)} \quad (4.23)$$

$$m = \frac{\mathrm{d}\lg S(t)}{\mathrm{d}\lg t} \quad (4.24)$$

式中：$S(t)$——低温蠕变劲度模量；

F——施加荷载；

L——试件跨距；

B——小梁试件宽度；

h——试件梁高；

$u(t)$——跨中挠度；

m——蠕变劲度变化率。

粉体类改性剂加入沥青后对其高温性能均有提升，但由于其强大的吸附能力，往往也会降低普通沥青在低温下的延展性，使沥青容易在低温下发生脆断开裂等破坏，因此，本节采用 BBR 流变仪针对改性沥青的低温性能进行研究分析。

2. 弯曲梁流变仪试样

首先将弯曲梁流变仪的磨具放置在水平置物台上，将高速剪切制备均匀的热沥青浇筑入模具，当沥青浇筑高度高出模具 2~3 cm 时停止浇筑，在室温下进行冷却。再采用加热的刮刀对高出模具的沥青进行刮除。最后，在温度为 -5 ℃ 的冷却室内静置 1 h 后进行脱模处理，获取试验试件。模具和试件如图 4-28 所示。

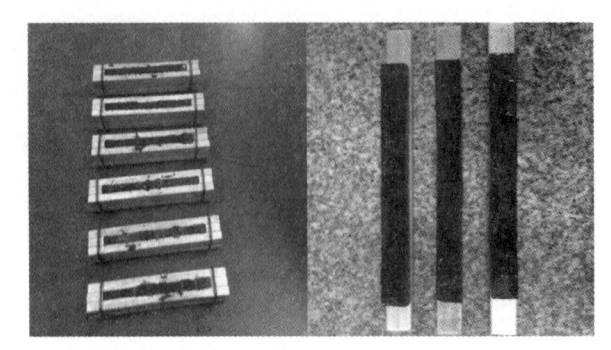

图 4-28 弯曲梁流变仪沥青试样

4.5.2 低温流变性能

本节选择 HL-M1 型粉体 7.5% 以内 3 个掺量作为代表研究掺量对粉体改性的影响规律，每种粉体依然选择 3 种细度进行对比分析研究，根据式（4.23）和式（4.24）可以计算获得粉体改性沥青的 S 值和 m 值，具体结果如表 4-7 所示，并将粉体种类、消石灰掺量、消石灰细度数据结果绘于图 4-29 中，便于分析。

表 4-7 粉体改性沥青弯曲梁测试结果

沥青种类	掺量/%	S/MPa	m/%
OR	—	145	0.290
HL-M1	2.5	206	0.265
	5	289	0.255
	7.5	309	0.214
HL-M2	5	315	0.241
HL-M3		333	0.239
PL-M1		188	0.277
PL-M2		201	0.251
PL-M3		256	0.223
GH-M1		345	0.183
GH-M2		389	0.167
GH-M3		422	0.135

(a) 不同掺量

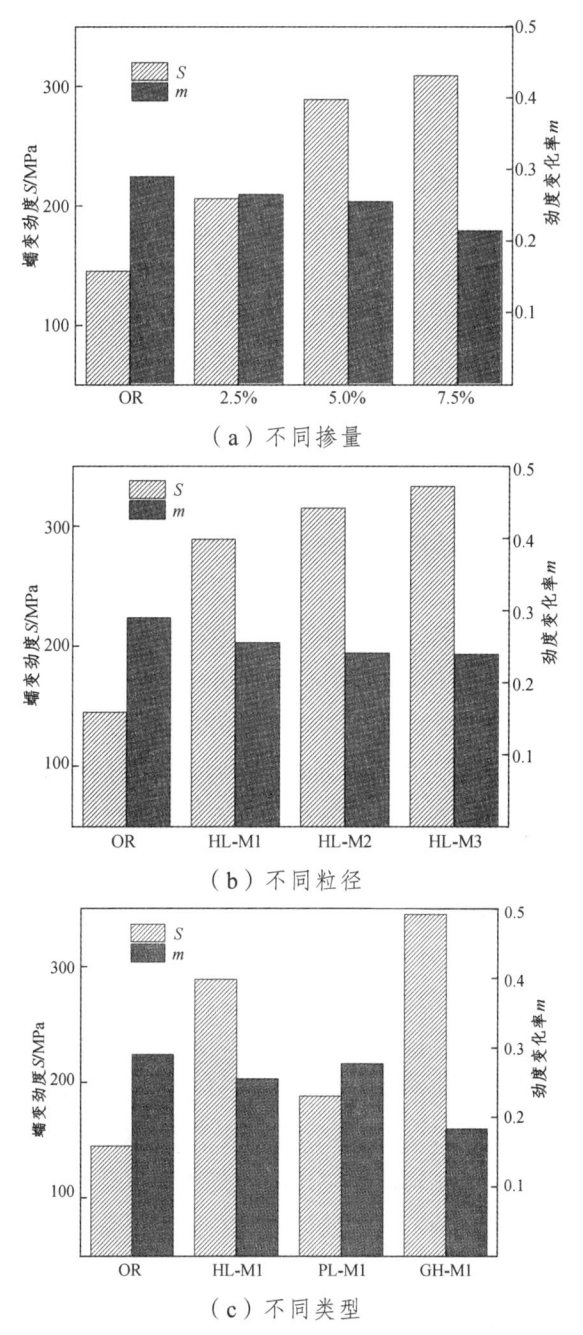

(b) 不同粒径

(c) 不同类型

图 4-29 粉体改性沥青 BBR 试验结果

由图 4-29（a）可以看出，粉体改性剂掺量增加，S 值增大，m 值减小。蠕变劲度 S 反映了沥青对低温条件的敏感性，表征其低温抗裂能力，蠕变劲度越高，粉体改性沥青中黏性成分越低，弹性成分越多，沥青材料在低温下变形能力就越差，越容易发生低温断裂损伤。蠕变速率反映了沥青低温劲度随加载时间的变化速率，m 值越大，改性沥青的低温柔性越强，越不易发生脆性断裂破坏。因此，从 m 值的变化来看，粉体改性剂对沥青的低温性能不利。这是因为掺入粉体后主要对沥青产生增韧作用，弹性成分增多，黏性成分减少，从而使得其高温稳定性增强，而这同时导致改性沥青低温劲度升高，低温时易发生脆性破坏。

从图 4-29（b）中可以得到，消石灰粉体的加入会瞬间增大 S 值，减小 m 值，且随着消石灰粉体细度减小、比表面积增加，S 值逐渐增大，m 值逐渐减小，说明随着粉体颗粒细度的减小，改性沥青的低温性能越差。这主要是由于粉体颗粒粒径越小，表面效应越强，比表面积越大，吸附过多的油分使沥青柔性降低，从而降低了低温抗裂性能。

由图 4-29（c）可以看出，在沥青中掺加水泥、消石灰、硅灰等粉体颗粒后，改性沥青的蠕变劲度（S）明显提升，且硅灰颗粒相比消石灰和水泥对沥青的 S 值影响更为显著；而粉体改性沥青的蠕变速率（m）则有相反的规律，随着水泥、消石灰和硅灰的加入出现降低，且三者中硅灰的影响最大，消石灰次之，水泥最小；因此，可以得出，3 种粉体颗粒在沥青中的加入使沥青的低温抗裂性能有不利影响，但不同粉体颗类型，对沥青的不利影响程度不同。

分析其主要原因可能是当粉体颗粒加入后，沥青结构中裹覆了粉体颗粒，导致改性沥青复数模量增大，蠕变劲度增强，在受到应力作用时，劲度变化率就不易释放，速率变慢，低温抗裂性能变差。这主要是由于粉体的物理特性影响为主要因素，其在沥青中主要靠吸附能力，所以粒径不同、表面构造孔隙不同，造成粉体颗粒比表面积和表面自由能不同，从而影响了其吸附的自由沥青比例不同，使沥青的在低温下黏弹性产生了差异；另外，比表面积的差异，就意味着沥青和粉体颗粒之间的黏结接触面积存在差异，进而使分子力总量不同，从而改变了沥青与粉体颗粒之间的黏结力，影响了低温抗裂性能。

4.5.3 基于 Burgers 模型的低温性能

BBR 试验过程中，沥青结合料随着时间发生挠曲变形，其变化趋势如图 4-30 所示。

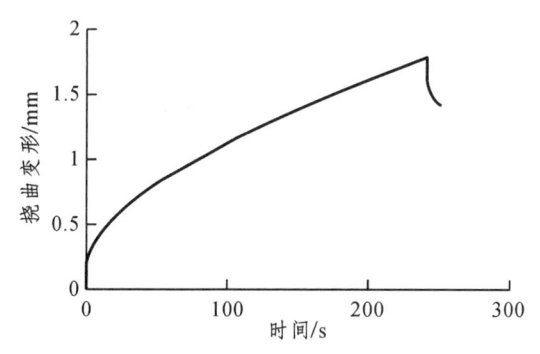

图 4-30 BBR 沥青小梁加载时间-挠曲变形曲线

由图 4-30 可知，在最初加载的同时，沥青小梁会发生瞬时的弹性变形，随着时间的持续，沥青在荷载作用下会同时发生黏性的流动变形及延迟的弹性变形。当卸载时会依次发生一个瞬时弹性恢复和延迟弹性恢复，最终沥青小梁发生永久变形。基于 BBR 试验中沥青的挠曲变形过程，可以采用 Burgers 模型对其进行参数分析[125]。Burgers 模型由 Maxwell 模型和 Kelvin 模型两部分组成，其中串联了四个单元[126]，如图 4-31 所示。

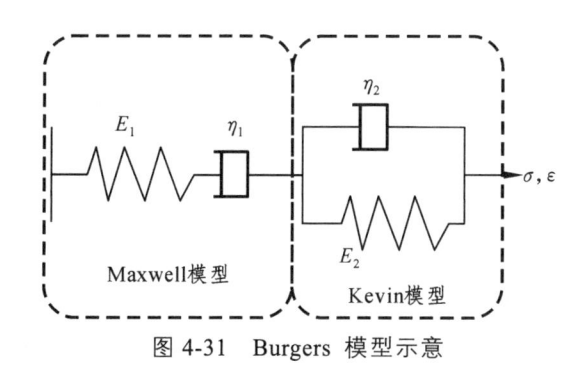

图 4-31 Burgers 模型示意

Burgers 模型的本构方程见式（4.25）。

$$\sigma + p_1\dot{\sigma} + p_2\ddot{\sigma} = q_1\dot{\varepsilon} + q_2\ddot{\varepsilon} \tag{4.25}$$

式中：$p_1 = \eta_1/E_1 + (\eta_1 + \eta_2)/E_1$；

$p_2 = \eta_1\eta_2/(E_1E_2)$；

$q_1 = \eta_1$；

$q_2 = \eta_1\eta_2/E_2$；

E_1、E_2、η_1、η_2——模型的黏弹性参数。

将黏弹性参数带入式（4.25）即可获得常用表达式：

$$E_1E_2\sigma + (\eta_1E_1 + \eta_1E_2 + \eta_2E_1)\dot{\sigma} + \eta_1\eta_2\ddot{\sigma} = E_1E_2\eta_1\dot{\varepsilon} + E_1E_1\eta_2\ddot{\varepsilon} \tag{4.26}$$

将 $\sigma = \Delta(t)\cdot\sigma_0$，代入式（4.26）中，通过逻辑推算，即可得到 Burgers 模型的蠕变方程式：

$$J(t) = \frac{1}{E_1} + \frac{1}{\eta_1}t + \frac{1}{E_2}\left(1 + e^{\frac{-E_2}{\eta_2}t}\right) \tag{4.27}$$

式中：$J(t)$——模型的蠕变柔量，$J(t) = \varepsilon(t)/\sigma_0$，$\varepsilon(t) = 3FL/2bh^2$，$\sigma_0 = 6hu(t)/L^2$；

$u(t)$——跨中挠度；

L——试件跨度；

h——试件梁高；

b——试件宽度；

t——时间；

E_1、E_2、η_1、η_2——模型参数，η_1 为黏性参数，η_2 为延迟黏性参数，E_1 为瞬间参数，E_2 为延迟弹性参数。

通过小梁弯曲试验对基质沥青和粉体改性沥青进行低温性能测试，获得蠕变柔量与加载时间的关系，再利用 1stOpt 软件对 Burgers 模型[式（4.27）]进行非线性曲线拟合，得出模型的 4 个黏弹性参数 E_1、E_2、η_1、η_2，同时可以计算相应的延迟时间 $\tau = \eta_2/E_2$ 和松弛时间 $\lambda = \eta_1/E_1$，如表 4-8 所示。

表 4-8 Burgers 模型数据参数

沥青种类	掺量/%	E_1/MPa	E_2/MPa	η_1/(MPa·s)	η_2/(MPa·s)	λ	相关系数
OR	—	661.25	399.45	58 072.18	11 945.33	87.85	0.999
HL-M1	2.5	726.15	592.33	69 259.69	23 562.15	95.38	0.992
	5.0	885.45	669.87	88 593.52	31 536.25	100.05	0.996
	7.5	936.58	745.22	105 515.12	41 879.22	112.66	0.995
HL-M2	5.0	1 145.78	938.78	152 834.84	138 596.15	133.39	0.989
HL-M3		1 378.29	1 239.16	192 489.33	399 263.45	139.66	0.993
PL-M1		688.33	428.33	65 214.26	12 656.33	94.74	0.999
PL-M2		998.99	2 615.89	109 369.15	29 332.16	109.48	0.992
PL-M3		1 161.45	1 589.12	148 562.55	115 966.25	127.91	0.988
GH-M1		1 525.44	1 553.15	223 645.22	524 536.55	146.61	0.991
GH-M2		1 633.25	2 366.89	253 462.89	1 002 533.45	155.19	0.998
GH-M3		2 059.78	3 633.45	331 563.55	1 522 379.15	160.97	0.993

分析表 4-8，就所占比例来看，η_1 和 η_2 所占比例要大于 E_1 和 E_2，明显看出 η_1 和 η_2 要大于 E_1 和 E_2 至少 100 倍，该模型表征的沥青材料黏性特征要大于弹性特征；从粉体掺量角度看，随着粉体掺量的增加，4 个参数 E_1、E_2、η_1、η_2 均增加，但 η_1 增加幅度明显大于其他三个参数，这表明掺量对粉体改性沥青的黏性影响较大。

（1）松弛时间参数。

松弛参数表征了沥青材料对加载应力的消散能力，即可以反映出沥青材料内部应力随着时间辩护的快慢，松弛参数越小，应力消散越快，材料在低温下越不容易开裂。从表 4-8 中可以看出：粉体加入后，松弛时间明显增大，说明粉体掺入不利于沥青的应力消散；随着掺量增加，松弛时间越大，说明粉体掺入越多，低温下沥青中的应力消散速率越慢，这主要是由于粉体含量的增加需要更多的自由沥青裹覆粉体颗粒，使沥青流动性变差，应力集中，不易消散；粉体改性沥青随着细度的减小，松弛时间也有不同程度的增加，但增加幅度明显小于掺量增加，这主要是由于粒度减小，表面吸附能力增强，从而使其应力消散需要能量更多，速度更慢。

（2）低温综合柔量参数。

低温综合柔量参数 J_C 是采用 Burgers 来表征沥青材料内部在低温情况下黏性与弹性比例情况[126]，该值越小，沥青材料在低温下黏性成分越多，越不容易开裂。J_C 的计算方法见式（4.28），利用 Burgers 模型参数计算柔量参数，结果见表 4-9。

$$J_C = \frac{1}{J_V}\left(1 - \frac{J_E - J_{De}}{J_E + J_{De} + J_V}\right) \qquad (4.28)$$

式中：$J_E = \frac{1}{E_1}$ ——瞬时弹性柔量；

$J_{De} = \frac{1}{E_2}\left(1 - e^{\frac{-tE_2}{\eta_2}}\right)$ ——延迟弹性柔量；

t ——蠕变时间；

$J_V = \frac{t}{\eta_1}$ ——黏性流动柔量。

表 4-9 粉体改性沥青柔量参数

沥青种类	掺量/%	J_E/MPa	J_V/(MPa·s)	J_{De}/MPa	J_C/(MPa·s)
OR	—	0.001 5	0.004 1	0.002 2	262.268 6
HL-M1	2.5	0.001 4	0.003 5	0.001 3	285.655 1
	5.0	0.001 1	0.002 7	0.001 1	365.090 3
	7.5	0.001 1	0.002 3	0.000 9	420.158 5
HL-M2	5.0	0.000 9	0.001 6	0.000 4	519.173 9
HL-M3		0.000 7	0.001 2	0.000 1	578.315 9
PL-M1		0.001 5	0.003 7	0.002 0	293.559 8
PL-M2		0.001 0	0.002 2	0.000 4	376.623 4
PL-M3		0.000 9	0.001 6	0.000 4	507.807 0
GH-M1		0.000 7	0.001 1	0.000 1	651.941 1
GH-M2		0.000 6	0.000 9	0.000 1	692.192 9
GH-M3		0.000 5	0.000 7	0.000 0	883.958 9

从表 4-9 中可以看出，随着粉体掺量的增加、粒径的减小（比表面积的增加），改性沥青的 3 个参数 J_E、J_V、J_{De} 均减小，这说明在实际工程应用中适当增大粉体与沥青的比例、减小改性剂的粒径或者使用比表面积较大的粉体改性剂可以提高体系抗瞬时变形及永久变形的能力。这与前述频率扫描试验和 MSCR 试验研究结果一致。

另外，将松弛时间 λ 和低温综合柔量参数 J_C 进行比较，如图 4-32 所示。从图中可以看出两个指标对粉体改性沥青的低温性能判别规律基本一致：基质沥青的两个参数均最小，说明粉体对基质沥青的低温性能有不利影响；另外，在相同粉体中，掺量与 λ 和 J_C 值呈正比，细度也与 λ 和 J_C 值呈反比，这说明粉体掺量增加和细度减小均会对粉体改性沥青的低温性能产生有害影响，且细度减小相比掺量增加影响的效果更加显著，例如，HL-M1 型粉体掺量从 2.5% 增加到 5% 时，λ 和 J_C 分别增加了 4.9% 和 27.8%，但 HL-M2 型粉体粒径增大至 HL-M1 型粉体（粒径也约增大一倍）时，λ 和 J_C 分别增加了 33.3% 和 42.2%，说明在一定掺量内粉体粒径对沥青改性的低温性能影响大于掺量影响。

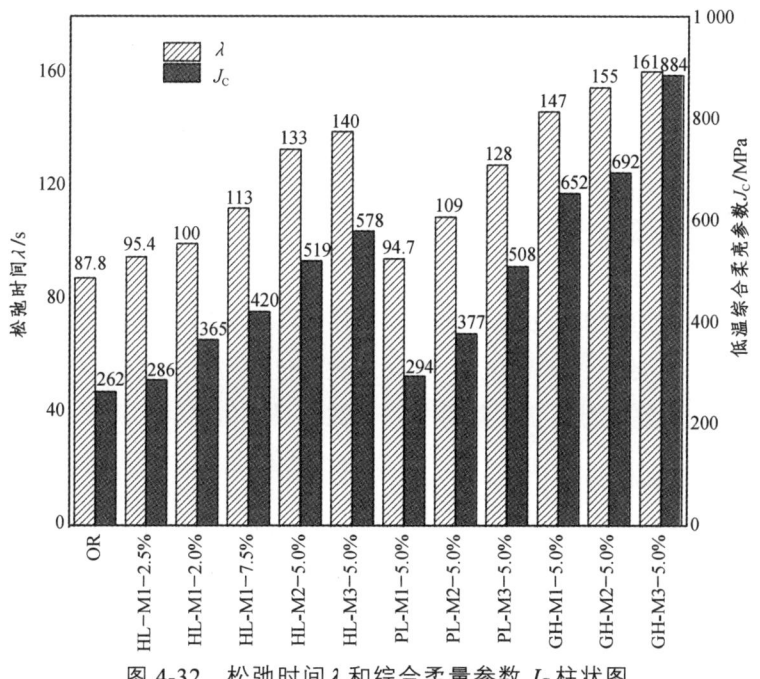

图 4-32 松弛时间 λ 和综合柔量参数 J_C 柱状图

4.6 影响粉体改性沥青性能的粉体特征性质分析

前文已经对同种粉体的不同细度、不同掺量的改性沥青进行了性能研究，发现掺量和细度均对性能产生重要影响，但分析其内在联系，掺量和细度不同均可以表征为掺入沥青中的粉体比表面积总量不同，造成粉体吸附的自由沥青不同，从而使改性沥青的性能不同；对不同类型的粉体虽进行了性能研究，但不同类型粉体受密度、粒度、比表面积、亲水系数、成分、孔隙结构等多个因素影响，为了明晰 3 类粉体的各项性质对沥青性能的影响程度，借助灰色关联分析方法，对粉体密度、粒度分布（D_{50}）、比表面积（SSA）、亲水系数、活性成分含量、孔隙结构与沥青性能之间关联度进行计算，得到 6 种特征对沥青性能的影响程度，从而获取影响沥青性能的特征性质。

4.6.1 灰色关联分析方法

灰色关联分析方法是邓聚龙教授提出的灰色理论中的重要部分，被广泛应用于评价不确定系统中影响因素对参考因素的影响程度[128]。该方法分析时不需要知道影响因素在系统内的分布规律，对样本大小要求较低，可有效提取影响系统的主要因素，因此可采用该方法分析粉体各性质对沥青性能的影响程度。

该方法通过获取参考序列和比较序列两者之间的紧密度，并对其进行排序，找出对所要求的目标特性（参考序列）影响最为主要的比较序列，一般该方法需要 3 个步骤实施：首先对数据进行归一化处理，再计算各个比较序列的关联系数，最后计算关联系数与目标值之间的关联度[129]。

1. 数据预处理

数据预处理是指将原始数据序列通过数学变换转化为进行分析的数据序列，也称为归一化。假设原始数据参考序列与比较序列分别为 $x_0(k)$ 和 $x_i(k)$，$i = 1, 2, \cdots, m$；$k = 1, 2, \cdots, n$。对原始数据的归一化根据对数据期望的不同可分为 3 种不同方法，如果数据期望是"越大越好"，归一化

公式为

$$x_i^*(k) = \frac{x_i^0(k) - \min x_i^0(k)}{\max x_i^0(k) - \min x_i^0(k)} \quad (4.29)$$

如果数据期望是"越小越好",归一化公式为

$$x_i^*(k) = \frac{\max x_i^0(k) - x_i^0(k)}{\max x_i^0(k) - \min x_i^0(k)} \quad (4.30)$$

如果数据有一个确定的目标值,越趋近于目标值越好,归一化公式为

$$x_i^*(k) = 1 - \frac{\left|x_i^0(k) - x^0\right|}{\left|\max x_i^0(k) - \min x^0\right|} \quad (4.31)$$

或者也可以不考虑数据的期望,直接用原始数据序列比上序列中第一个值:

$$x_i^*(k) = \frac{x_i^0(k)}{x_i^0(1)} \quad (4.32)$$

式中:$x_i^0(k)$——原始序列;

$x_i^*(k)$——归一化后序列;

$\max x_i^0(k)$——原始序列中最大值;

$\min x_i^0(k)$——原始序列中最小值;

x^0——期望的目标值;

$x_i^0(1)$——原始序列中第一个值。

2. 灰色关联系数计算

在对原始数据序列进行预处理后,通过式(4.33)计算目标值与比较序列的关联系数。

$$\gamma[x_0^*(k), x_i^*(k)] = \frac{\Delta \min - \varepsilon \cdot \Delta \max}{\Delta_{0i}(k) - \varepsilon \cdot \Delta \max}, \quad 0 < \gamma[x_0^*(k), x_i^*(k)] \leq 1 \quad (4.33)$$

式中:$\gamma[x_0^*(k), x_i^*(k)]$——比较序列$x_i^*(k)$与参考序列$x_0^*(k)$之间的关联系数;

$\Delta_{0i}(k)$——$x_0^*(k)$ 和 $x_i^*(k)$ 数据的差值，$\Delta_{0i}(k) = \left| x_0^*(k) - x_i^*(k) \right|$，

$$\Delta_{\max} = \max \left| x_0^*(k) - x_i^*(k) \right|，\varepsilon 为分辨系数，通常取 0.5。$$

3. 关联度计算

确定关联系数后，通过式（4.34）计算目标值与参考序列间的关联程度。

$$\gamma(x_0^*, x_i^*) = \frac{1}{n} \sum_{k=1}^{n} \gamma[x_0^*(k), x_i^*(k)] \tag{4.34}$$

式中：$\gamma(x_0^*, x_i^*)$——比较序列 x_i^* 对目标序列 x_0^* 的关联程度。

4.6.2 粉体性质与改性沥青性能之间关联度分析

在进行灰色关联分析时以软化点、复数模量（G^*）、蠕变恢复率 R 为参考序列，以粉体密度、氧化物成分含量、比表面积（SSA）、亲水系数、粒度分布（D_{50}）、孔隙结构为比较序列，分别计算 6 组比较序列对各参考序列的关联度，为了保持各个影响因素极性一致，对数据进行相应处理，如粒度分布随着软化点的增大而减小，为保持极性一致，取粒度分布的倒数进行分析。各序列的原始数据如表 4-10 所示。

表 4-10 灰色关联分析原始数据序列

参考序列	粉体类型	消石灰（HL-M1）	水泥（PL-M1）	硅灰（GH-M1）
	软化点	48.9	50.8	55.9
比较序列	密度/（g/cm³）	2.394	2.982	2.131
	活性成分含量/%	90.3	75.2	95
	比表面积/（m²/g）	0.783 6	0.385 2	9.790 1
	亲水系数	0.72	0.57	0.51
	粒度分布/μm	0.020	0.020	0.195
	孔隙结构	35.861 2	14.207 8	28.343 6

针对软化点、复数模量（G^*）、蠕变恢复率 R 三组目标序列关联程度计算方法相同。因此，以软化点的计算为例。首先，软化点越高，其高温稳定性越好，根据式（4.29）对基础数据做预处理，再通过式（4.33）获取软化点目标序列的关联系数，最后利用式（4.34）计算得到软化点目标序列的关联程度。计算结果如表 4-11 所示。采取同样方法计算另外两组比较序列的关联程度，并将两组目标序列的关联程度与软化点的关联程度一起绘于图 4-33 中。

表 4-11 灰色关联系数

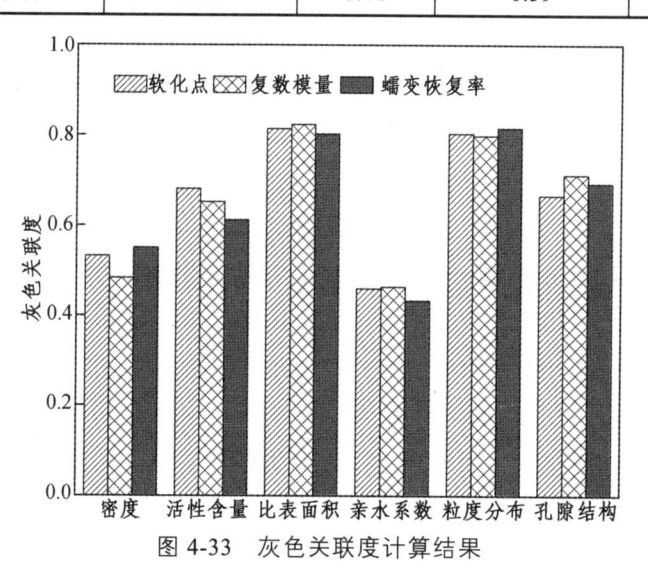

原始序列	灰色关联系数 水泥（PL-M1）	消石灰（HL-M1）	硅灰（GH-M1）	灰色关联度
密度/（g/cm³）	0.33	0.93	0.33	0.532
活性成分含量/%	0.40	0.65	1.00	0.681
比表面积/（m²/g）	1.00	0.44	1.00	0.814
亲水系数	0.64	0.41	0.33	0.459
粒度分布/μm	1.00	0.41	1.00	0.803
孔隙结构	1.00	0.41	0.59	0.666

图 4-33 灰色关联度计算结果

由图 4-33 可知，粉体的 6 种性质对软化点、复数模量、蠕变恢复率的关联度由大到小排序一致为：比表面积>粒度分布>活性成分含量>孔隙结构>密度>亲水系数，对复数模量和蠕变恢复率的关联度由大到小排序为：比表面积>粒度分布>孔隙结构>活性成分含量>密度>亲水系数。软化点与复数模量表征了沥青胶浆的高温稳定性，蠕变恢复率表征了沥青变形中的恢复能力，即弹性成分的多少。因此，根据灰色关联度大小可知比表面积对沥青的高温与黏弹性性能影响程度最大。这与前述分析原因基本一致，与粉体的超细粒径、大比表面积特性有直接的关系，超细粉体更容易吸附沥青轻质的油分，使沥青的中大分子沥青质性能更为突出，形成的改性沥青的抗变形能力越强。而粉体的活性成分含量对沥青性能的影响较小。由此可知，粉体的物理特性对沥青性能的影响要大于其化学性质的影响。

4.7 本章小结

本章选取硅灰、熟石灰以及水泥为粉体改性剂制备得到不同掺量、不同类型、不同粒径的粉体改性沥青，对基质沥青与粉体改性沥青进行了基础力学性能、动态高温流变以及低温流变性能试验，进而对粉体掺量及物理化学性质与改性沥青性能之间关系进行了分析，主要得到以下结论：

（1）通过针入度、软化点和测力延度试验对粉体改性沥青的基础性能进行了分析，发现随着粉体剂量的增大，9 种粉体改性沥青的针入度指标呈反比例降低，软化点指标呈正比例增大，变形能（J）则呈先增大后减小的趋势，掺量在 7.5%时为峰值；随着粒径减小（比表面积增大），软化点和针入度表现出与剂量影响相同的规律，而变形能在 2.5%和 5.0%掺量下随细度减小（比表面积增大）而增大，在超过 7.5%掺量后呈相反趋势。

（2）通过 CAM 模型对频率扫描试验进行模型拟合，发现交叉频率 f_c 随着掺量增加、粒径的减小（比表面积增大）逐渐增加；流变参数 R 同样也随着掺量的增加、粒径的减小（比表面积增大）逐渐增大，表明粉体改性沥青具有随着掺量增加而黏性增大、粒径减小（比表面积增大）的规律。

（3）通过多应力重复蠕变试验（MSCR）获得了粉体改性沥青的恢复率应力敏感度 R_D 和不可恢复蠕变柔量的应力敏感度 $J_\mathrm{nr\text{-}D}$，发现随着掺量的增加，粉体两种应力敏感度均减小，另外，随着粒径减小（比表面积增大），其应力敏感度也同样减小，其中硅灰粒径（比表面积最大）最小，其应力敏感度分别为 19.2%和 14.1%，说明其高温下抗车辙能力好。

（4）通过弯曲梁流变仪进行低温下试验发现蠕变劲度模量 S 与掺量和比表面积呈现正比例关系，与粒径呈现反比例关系，而蠕变劲度变化率 m 值呈现相反的规律，说明其粉体对沥青的低温性能有不利影响。并通过 Burgers 模型对低温试验数据进行了模型拟合，计算了松弛时间 λ 和低温综合柔量参数 J_C，发现两种参数具有一致的规律性，且与蠕变劲度变化率 m 值分析结果相同，说明该模型对粉体改性沥青的低温性能分析也具有一定的适用性。

（5）基于灰色关联分析法计算得到粉体比表面积与改性沥青软化点、复数模量（G^*）和蠕变恢复率（R）性能的关联度最高，即比表面积是粉体影响沥青高温、中温、低温性能的特征指标，且进一步证明了粉体对沥青的改性主要以物理吸附为主。

第 5 章
PART FIVE

粉体改性沥青疲劳性能

沥青路面的破坏有很多形式,如水损害、车辙、低温开裂以及疲劳开裂等,这些都严重影响了沥青路面的使用舒适性和寿命,但在沥青路面长期使用过程中疲劳开裂却是最为常见的路面病害,且很多其他病害首先是由疲劳裂开裂引起的。因此,沥青路面的疲劳破坏一直是学者们研究的重点方向。通过研究发现,疲劳损坏常发生在沥青结合料与集料之间的界面连接处,也就是说沥青与集料之间的黏附性差是其产生疲劳破坏的主要因素。而在前述分析中,粉体利用其自身物理吸附能力可以改善普通沥青的黏附性。因此,本章对选取的粉体不同掺量、不同细度、不同类型改性沥青进行动态剪切疲劳试验(TS),并通过应力扫描结果拟定合适的疲劳试验参数,确定疲劳方程,建立疲劳寿命与粉体特征参数之间的疲劳方程关系。

5.1 改性疲劳性能试验方法

目前,对沥青结合料及沥青胶浆的疲劳测试方法多采用动态剪切流变仪(DSR)进行测试,而该仪器通常有 3 种模式可以选择:温度扫描、时间扫描、线性振幅扫描[130]。

1. 温度扫描试验

常采用的疲劳因子 $|G^*|\sin\delta_i$ 评价沥青结合料的疲劳性能,就是采用的温度扫描模式获得参数,其主要表征的是材料在加载时间内耗散能量的大小,疲劳因子越大,耗散的能量就越大,材料就越容易破坏,当然,该模式获得疲劳因子也存在一定的局限性:

（1）该模式对于普通沥青的测试结果与其对应的混合料性能相关性较好，但对改性类沥青的测试结果与其对应的混合料性能还存在不确定性；

（2）疲劳因子是被限定在沥青的线黏弹性、低加载次数范围内的指标，这与沥青路面受重载、长时间的作用环境不符[131]；

（3）疲劳因子是限定在沥青的线性范围内的，但沥青材料线性范围较小，非线性的力学响应才是其主要的力学表现。因此，用小范围的线性表征沥青整个力学响应不符合材料真实情况。

因此，疲劳因子虽然具有众多优点，但在学者们研究发现存在以上缺点后，其应用的可靠性就大打折扣，为此，有必要找寻更加符合客观实际的指标来评价沥青材料的疲劳性能。

2. 时间扫描试验

时间扫描试验又可以称为动态重复剪切疲劳试验，主要是沥青材料被加载重复的同一正弦波应力，提取加载过程中沥青材料的复数模量、储存模量、损耗模量、相位角、应变等力学参数的试验。常用的评价方法可以分为3种类别：现象学评价方法、能量耗散评价方法、连续损伤力学评价方法，通过应力或者应变与加载次数关系，并结合相应的疲劳寿命预估方程，可以完成对加载材料的疲劳寿命预估。

时间扫描模式采用的同一应力或者应变的重复加载模式，这与沥青路面在实际受车辆荷载作用的过程相似，因此相比温度扫描模式，更符合沥青路面的疲劳损伤破坏。

3. 线性振幅扫描试验

线性振幅试验通常被称为加速加载疲劳试验（LAS），该试验是基于连续介质损伤力学原理，通过黏弹性连续力学损伤模型 S-VECD 对沥青材料在不同加载应变条件下的疲劳寿命进行分析[132, 133]。该试验通常分为两个部分：第一部分是通过采用动态剪切流变仪的频率扫描模式在小应变条件下加载获得材料的流变特性参数；第二部分是逐步加载 0.1%~30%的应变，分析材料的加速疲劳破坏规律。

通过对比上述 3 种方法，温度扫描与实际情况相差较远，难以体现沥青材料的真实受力情况。加速加载疲劳试验虽然相比时间扫描耗费时间短，只需要 300 s，但短时间内的加速加载能否反映不同类型粉体与沥青交互的疲劳性能差异以及相同试件在测试过程中结果稳定性等问题还不清晰。而时间扫描模式采用同一重复应力或者应变，试验过程较长，更加符合沥青及混合料在实际路面使用过程中的受力情况，因而本章选择时间扫描作为粉体改性沥青疲劳性能测试方法。

4. 试样参数设置

本章拟建立比表面积与疲劳寿命之间的关系，因此选择 3 种粉体改性沥青的 3 种比表面积进行疲劳性能试验，同时对掺量与粉体比表面积之间的关系也进行研究。对粉体改性沥青的疲劳试样试验设计如表 5-1 所示。

表 5-1 粉体改性沥青基本参数

种类	代号	掺量/%	比表面积/(m^2/g)	应力/MPa	温度/℃
消石灰	HL-M1	2.5	0.783 6	0.1/0.15/0.2	25
		5.0			
		7.5			
	HL-M2		2.095 6		
	HL-M3		4.937 4		
水泥	PL-M1	5.0	0.385 2		
	PL-M2		0.893 2		
	PL-M3		1.790 4		
硅灰	GH-M1		9.790 1		
	GH-M1		15.346 8		
	GH-M1		25.767 2		
基质沥青	OR		—	—	

5. 试验过程

动态剪切试验过程如下：

（1）打开空气动力压缩机，开启动态剪切流变仪和氮气冷却系统；

（2）将制备好的粉体改性沥青放置于仪器的上下底座，启动计算机仪器控制软件进行操作；

（3）测试参数设置。先进行设定应变 0.1%、频率 10 Hz 的剪切试验，获取沥青的线黏弹性复数模量；再选择加载应力，时间扫描模式进行试验；

（4）设置应力扫描相关试验参数，放入沥青试样，并调整板间距；

（5）完成试验，卸载应力，清理模具。

5.2 疲劳性能判别方法

研究分析沥青结合料及混合料的疲劳寿命的关键问题就是如何判别材料疲劳失效，因此，确定出材料疲劳失效判别指标可以清晰地判定材料的疲劳寿命。研究的粉体改性沥青在试验加载过程中，主要是沥青材料的黏附性发生损伤，因此，比对选择出合适的评价粉体改性沥青疲劳试件失效的判别指标，才能准确地进行粉体改性沥青性能分析。

国内外关于沥青结合料的疲劳失效判别方法主要有 3 类：①基于观察的现象学法；②基于能量变化的耗散能方法；③基于连续介质的损伤力学。

5.2.1 现象判别法

现象学法是通过对沥青材料在加载过程中复数模量、相位角指标的变化曲线的变化规律确定疲劳失效点的方法，通常采用式（5.1）和式（5.2）对沥青材料的疲劳寿命进行预估。一般在采用应变对试样进行加载时，选择对复数剪切模量减小到初始模量 1/2（N_{50}）时判定材料疲劳失效；采用应变对试样进行加载时，有选择模量降低到初始模量 1/2（N_{50}）、1/10（N_{10}）、试件全部损坏等多种条件判定疲劳失效。

该指标的判定简单、直观、容易确定失效点，但也具有一些不足。例如，应变加载情况下，采用模量降低到初始模量 1/2（N_{50}）时沥青试件的疲劳开裂仅仅处于初期阶段，并未进入加速发展阶段，还不具备对材料形成加速破坏的病害，对于改性沥青更为明显，N_{50} 时改性沥青还具有较高的自愈合能力，停止加载后，沥青部分微裂缝还可以自行复合，这与判定沥青材料以及疲劳失效的结果大相径庭[123]。

$$N_f = a\left(\frac{1}{\varepsilon_t}\right)^b \tag{5.1}$$

$$N_f = c\left(\frac{1}{\sigma_t}\right)^d \tag{5.2}$$

式中：N_f——疲劳寿命；

　　　ε_t——加载应变；

　　　σ_t——加载应力；

　　　a、b、c、d——试验数据参数。

5.2.2 耗散判别法

耗散判别法主要是通过材料在受到外部荷载作用时自身内部能量发生变化来判定其是否疲劳失效的方法[135]。材料受到外部荷载作用时，就相当于给其注入了新能量，外部荷载撤销后，材料内部又会失去部分能量，注入能量一般小于失去能量，因此，材料受到荷载作用后能量会消耗部分能量。被消耗掉的能量采用应力和应变形成的延迟曲线计算其面积即可表征消耗能量的大小。在单个加载范围内，材料消耗的能量可以用式（5.3）计算获得：

$$\omega_i = \pi\sigma_i\varepsilon_i\sin\delta_i = \pi G_i^* \varepsilon_i^2 \sin\delta_i \tag{5.3}$$

式中：ω_i——单次加载周期内的耗散能；

　　　G_i^*——单次加载周期内的复数剪切模量；

　　　ε_i——加载应变；

　　　σ_i——相位角。

针对沥青材料，在受到荷载作用时，沥青输入了能量，可以将该过程归纳为4部分：①引起沥青材料弹性变形的瞬时能量，其在沥青材料恢复变性后即可消失；②沥青材料的永久变形，也可以称为不可恢复的塑性形变，往往转化为材料的热能，但随着时间逐渐被耗散；③沥青材料的延迟弹性变形，该部分能量在荷载多次重复作用下不能全部恢复，因而其对应的能量部分被储存；④随着荷载重复作用，材料内部会出现疲劳开裂损伤，开裂过程也是能量消耗的过程。在众多研究中，基于耗散能法对沥青材料疲劳失效指标确定的方法主要有累计耗散能比（DER）、耗散能变化率（DR）。

1. 累计耗散能比（DER）

累计耗散能比（DER）按式（5.4）计算：

$$DER = \frac{\sum_{i=1}^{n} \omega_i}{\omega_n} \qquad (5.4)$$

式中：ω_i——第 i 次加载周期内耗散能量；

ω_n——第 n 次加载周期内耗散能量。

单个加载周期内，沥青材料的能量会发生耗散：沥青发生形变所耗散的能量和沥青出现疲劳损坏所耗费的能量。有研究表明，假设沥青材料不发生变形和内部损伤，各个加载周期内的耗散能量一致，根据式（5.3），加载次数 N 和耗散能量就满足相等的关系（$DER = N$）。但在实际沥青材料受荷载作用时，材料会出现损伤和变形，且随着重复荷载作用次数增加，能量耗散更多，这样就表现出 $DER < N$，逐渐偏离 $DER = N$ 射线。并通过试验研究发现，应力控制模式加载曲线逐渐向下偏移，应变控制模式下加载曲线逐渐向上偏移，如图 5-1 所示。

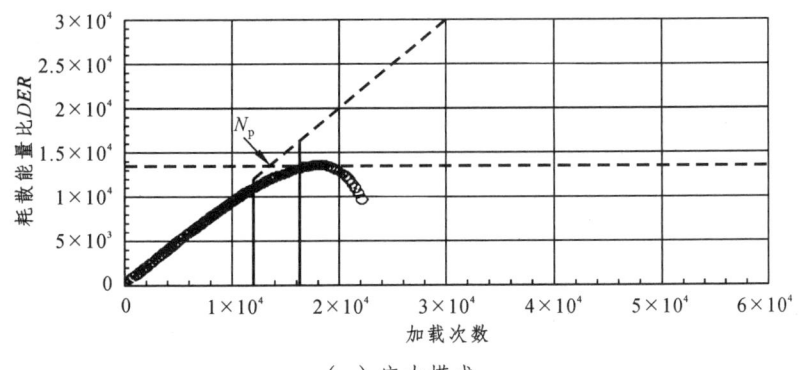

（a）应力模式

(b)应变模式

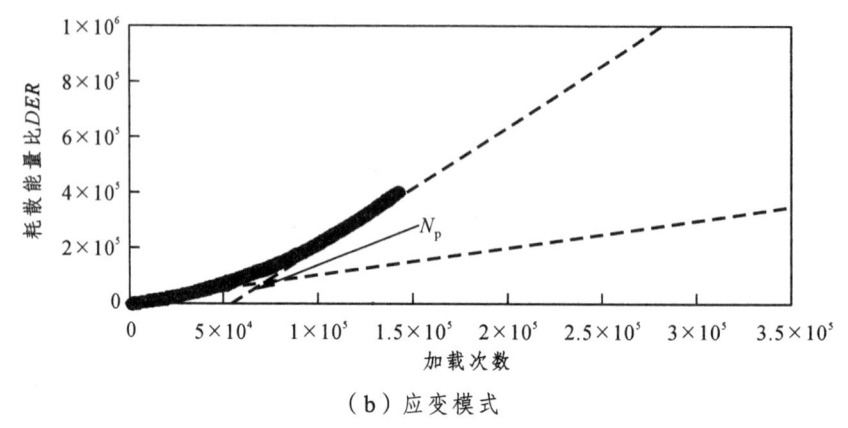

图 5-1 不同加载模式下的耗散能比曲线[136]

耗散能曲线与 $DER = N$ 射线偏移程度就可以表述沥青材料的损伤情况，偏移速率和偏移距离表现出了材料的疲劳寿命，其中 Pronk 将耗散能曲线的转折点定为材料的疲劳寿命（N_f）；Bonnetti 等[136]则将偏移距离 20%时的加载次数定义为疲劳寿命；朱洪洲等[137]以累积疲劳损伤曲线发生拐点为疲劳寿命。

2. 耗散能变化率（DR）

耗散能变化率主要表述的是材料在加载周期内前后相邻 2 次加载后耗散能量的变化情况，通过式（5.5）和式（5.6）计算获得[138]。

$$\omega_a = \pi\varepsilon\sigma\sin\delta = \pi\varepsilon^2 G^* \sin\delta \tag{5.5}$$

$$DR = \frac{\omega_a - \omega_b}{\omega_a(b-a)} \tag{5.6}$$

式中：ω_a、ω_b——第 a、b 次加载周期内耗散能；

ε——第 b 次加载应变；

σ——第 b 次加载应力；

δ——相位角；

G^*——复数剪切模量；

DR——耗散能变化率。

应力模式控制下，沥青材料在加载初期 DR 曲线呈下降趋势，主要是由于材料的触变特性，初级较大的耗散能变化率并不是材料自身的真实损伤，只是材料处理初步调整阶段的假象，随着加载次数的增加，材料的耗散能变化率趋于稳定，当继续随着加载次数的累积，沥青材料内部出现微裂缝向宏观裂缝转变的过程中 DR 迅速增大，这就表示材料内部裂缝迅速扩展，损伤加剧。基质沥青的损伤特征曲线如图 5-2 所示。应变控制模式下，DR 的分布未呈现明显的规律，耗散能变化率指标的应用还需要进一步验证[139]。

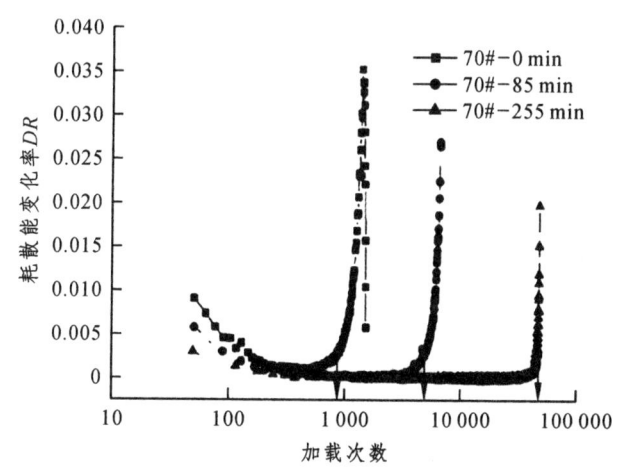

图 5-2 基质沥青耗散能变化率曲线

5.2.3 损伤判别法

Schapery 理论是黏弹性损伤力学模型的基础理论，且 Schapery 的弹性-黏弹性对应准则和功势理论是 S-VECD 模型中的两个最基本理论出发点。前者将沥青材料的黏弹特性从损伤试验中分离，从而可以单独考量损伤的发展；后者则是建立材料损伤演化方程的基本理论。

（1）基于虚应变的弹性-黏弹性对应准则[140]。

Schapery 为了将弹性材料损伤理论扩展到黏弹性材料领域，提出了虚拟变量变量准则，也可以称为广义弹性-黏弹性对应准则，从而将黏弹性材料的本构关系转化为了和弹性材料本构方程相似的形式。Kim 等将该准则应用到了沥青混合料的力学响应模型中,通过将材料自身的黏弹性从疲劳损伤中剥离开来,实现了单纯的考虑材料损伤产生的疲劳破坏[141]。该研究手段的具体方法为将材料实际的黏弹性应变用虚应变所代替,如式(5.7)所示。

$$\varepsilon^R = \frac{1}{E_R} \int_0^t E(t-\tau) \frac{d\sigma}{d\tau} d\tau \qquad (5.7)$$

式中：ε^R——定义的虚应变;

E_R——特定的参考模量;

将式(5.1)代入式(5.7),可得黏弹性材料的本构关系：

$$\sigma = E_R \varepsilon^R \qquad (5.8)$$

可以看出,通过将虚应变代替实际的黏弹性应变,黏弹性材料有着和线弹性材料相似的本构关系(胡克定律),唯一的区别就是式中的应变变量为虚应变,而不是实际发生的应变。连续介质损伤力学的一个基本思想是材料模量的衰减是由损伤造成的,但是对于具有时间依存性的黏弹性材料而言,在应力-应变(σ-ε)坐标轴上的沥青材料复数剪切模量曲线变化是受材料自身黏弹性和外部荷载损伤共同作用产生的。而应力-虚应变(σ-ε_R)的关系则仅仅是沥青材料受外部损伤产生的,因此,就可以轻松的对其损伤进行量化计算分析。

(2)基于功势理论的 S-VECD 模型的建立。

为了研究损伤状态下的材料本构关系,通常可以考虑两种力学理论方法:细观力学和连续介质力学。其中,连续介质力学将损伤体在宏观上依然看作是一个连续体介质,而损伤的影响和量化往往通过材料模量或强度的衰减来体现。为了量化损伤效应,研究员常引入材料自身的损伤变量,由于材料的损伤变化规律与材料本身特性有关,因此,通过室内试验数据的分析,就可以确定出材料自身模量在损伤过程的演化关系方程。

在动态剪切模式下,沥青材料的内部损伤可以在 Schapery 理论上创建[142],具体的损伤计算公式为

$$W^R = f(\varepsilon^R, S) = \frac{1}{2}\delta\varepsilon^R \quad (5.9)$$

$$\frac{dS}{dt} = \left(-\frac{\partial W^R}{\partial s}\right)^\alpha \quad (5.10)$$

式中：S——材料内部损伤变量；

t——加载时间；

α——加载前材料常数，$\alpha = 1 + 1/m$，m 为线性范围内模量主曲线斜率值；

W^R——应变能虚密度。

将以上 VECD 模型应用于沥青胶浆或者沥青中，利用式（5.11）代替式（5.9）。

$$W^R = \pi \cdot I_D \gamma_0^2 \cdot C(t) \quad (5.11)$$

式中：I_D——初始未产生损伤的复合剪切模量；

γ_0——应变幅值；

$C(t)$——沥青内部虚模量。

$$C(t) = \frac{\tau_P}{\gamma_P^R} \cdot \frac{1}{DMR} \quad (5.12)$$

式中：τ_P——加载周期内最大应力值；

γ_P^R——对应加载周期内虚应变最大值。

$$\gamma_P^R = \frac{1}{G_R} \times \gamma_P \times |G^*|_0 \quad (5.13)$$

式中：$|G^*|_0$——材料特定温度、频率下的模量值；

γ_P——加载周期内最大应变值；

G_R——模量常数，取 1。

因此，虚应变可以表征为线黏弹性材料的力学公式：

$$\gamma_P^R = \gamma_P \times |G^*|_0 \quad (5.14)$$

另外，式（5.12）中的 $DMR = |G^*|_{试样}/|G^*|_0$，该参数主要是为了消除平

行试验中的误差，一般在 0.9~1.1，取 1。

结合式（5-10）~式（5-14），可以获得沥青材料的损伤 D 关于时间 t 的本构关系方程：

$$D(t) = \sum_{t=1}^{N} \left[\pi \cdot I_D \cdot \gamma^2 (C_{i-1} - C_i)^{\frac{\alpha}{1+\alpha}} (t_{i-1} - t_i)^{\frac{\alpha}{1+\alpha}} \right] \quad (5.15)$$

式中：α——式（5.10）定义的值；

　　　t——测试时间。

其中，损伤变量 D(t) 与虚模量 C(t) 之间具有幂函数 $C(t) = 1 - C_1(D)^{C_2}$ 关系。C_1、C_2 参数可以通过拟合获得。

式（5.15）即为 S-VECD 模型的核心部分，根据公式可以绘制得到 C-D（虚模量-损伤累积）曲线，根据损伤曲线就可以进行疲劳性能分析。另外，众多学者研究发现，采用动态剪切流变仪的加速加载试验和时间扫描试验均适用于该模型，且采用两种试验模式加载沥青获取的 C-D 曲线规律一致，唯一区别在于时间扫描模式下的曲线比加速加载试验下的曲线表现得更加线性，这主要是由于加速加载模式采用的应变是逐渐增加，后期加载应变达到 30%，超越了沥青材料的线性范围。因此，加速加载试验获取的 C-D 曲线包含了材料自身损伤和黏弹性力学行为两部分信息。

而基于 S-VECD 模型常采用两种指标进行评价：C×N 峰值与应变能 W_S^R。

C×N 峰值指标是该模型较为常用的疲劳失效判别指标，表征是虚模量与荷载作用次数 N 之间积的曲线，当材料未被施加荷载时，材料虚模量为 1，随着荷载施加，并加载次数逐渐增加，虚模量 C 值逐渐下降，材料内部逐渐出现累积损伤，因此绘制 C×N-N 曲线会出现一个明显转折点。Wang 等[103, 143]的研究将曲线的转折点作为沥青材料疲劳寿命失效点是适用的，但该判定仅仅适用于时间扫描模式（TS），对加速加载模式（LAS）并不满足条件[144]。

另外，从能量变化的角度判别沥青材料失效也是一个热点方向。与前述的能量耗散方法不同，总虚应变能 W_t^R 包括两部分量能：存储能量 W_S^R 和

释放能量 W_s^R，该指标满足加速加载试验（LAS）模式，图 5-3 为总虚应变能典型关系示意图（彩图请扫二维码）。当材料内部未受到损伤时，应力与应变为线性关系，图中表现为无损直线；而在材料受到荷载作用，内部受到损伤时，采用相同应变时，材料抵抗应变产生的应力则小于未受到损伤状态下的应力，图上应力和虚应变包裹的三角形面积即为存储能量 W_s^R，可以采用式（5.16）计算获得，图上表现为绿色部分；相应虚应变对应的无损状态下所围成的面积为虚应变能量 W_s^R，可以用式（5.17）计算获得，图上表现为橙色部分；而两者之差即为释放能量 W_r^R，可以用式（5.18）计算获得。在实际加载过程中，应力-虚应变曲线偏移无损直线距离越大，表面受到的荷载损伤越大，虚应变能量则表现出先增大后减小的变化规律，可以将其最大值判定为疲劳损伤失效点。

$$W_s^R = \frac{1}{2}\gamma_0^2 \cdot C(S) \tag{5.16}$$

$$W_t^R = \frac{1}{2}\gamma_0^2 \tag{5.17}$$

$$W_r^R = \frac{1}{2}(1-C)\gamma_0^2 \tag{5.18}$$

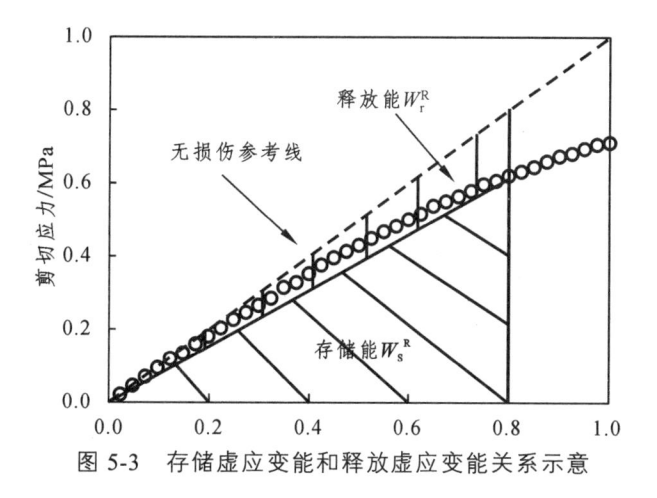

图 5-3 存储虚应变能和释放虚应变能关系示意

5.2.4 疲劳失效指标的优选

上述疲劳失效判别标准均有各自的优点和缺点；现象学法简单、形象、容易判断，但往往根据经验判断，不同判断者容易有不同的结果；耗散能法是综合了对材料黏弹性及损伤性两个部分的综合反映；连续损伤力学模型 S-VECD 确定的应力-虚应变模型仅仅以沥青材料受到外部荷载产生的累积损伤作为材料疲劳失效的判别标准，模型定义清晰，理论完善。两种方法均具有一定的优势，也为众多学者进行研究分析所用[145-147]。因此，采用这两种方法对粉体改性沥青的疲劳性能进行分析评价。

针对损伤力学模型 S-VECD 的疲劳分析评价采用如下步骤处理：

（1）根据前述粉体改性沥青的频率扫描试验的模量主曲线斜率计算获得损伤 C-D 本构模型中的参数 α 值。在时间扫描模开始前采用 0.1% 低应变加载获取模量 $|G^*|_0$ 值。

（2）采用基于 S-VECD 模型的疲劳曲线 $C \times N$-N 峰值获得粉体改性沥青的疲劳寿命，并拟合指数关系的疲劳方程：

$$N_f = aS^b \tag{5.19}$$

式中：N_f——基于损伤力学下的粉体改性沥青疲劳寿命；

S——添加于沥青中的粉体颗粒有效总比表面积；

a、b——拟合参数。

（3）利用 S-VECD 模型绘制沥青的 C-D 损伤特征曲线，对比各粉体改性沥青受荷载作用时的累积疲劳损伤特性。

5.3 基于耗散能法的疲劳性能

5.3.1 累积耗散能比（DER）的变化规律

累积耗散能比是沥青及胶浆疲劳寿命表征的一个重要指标，它是材料在前 n 次荷载作用产生的累积耗散能与第 n 次荷载作用耗散能的比值，按式（5.4）计算。

当沥青没有发生疲劳损伤或者损伤程度较小时，循环周期内耗散能相同，$DER_n = N$，如图 5-4（a）所示，最开始数据点均在 $DER = N$ 直线上；随着应力作用次数累积，第 $N+1$ 个耗散能周期内损伤加大，耗散能值增加即 $DER_{n+1} < N+1$。

3 种粉体颗粒在不同应力和粒径下的累积耗散能变化曲线（DER-N）如图 5-4 ~ 图 5-6 所示。图中可以看到不同粒径和种类的粉体在不同应力下的累积耗散能比的变化趋势是相同的。荷载开始加载阶段，改性沥青内部发生的疲劳累积损伤可以忽略不计，因此，耗散能的变化较小，在图中呈现出 $DER \approx N$，与 45°射线重合，但随着恒定应力持续加载，改性沥青内部的累积损伤持续积累，单位周期内耗散能也逐渐增加，图中呈现出累积耗散能比曲线逐渐远离 45°射线（$DER = N$）；耗散能继续持续累积，疲劳损伤超过沥青极限状态后，就会加速破坏，此时，累积耗散能比在图上呈现出拐点，将此拐点定义为累积耗散能比的疲劳寿命 N_{DER}。因此，累积耗散能比所定义的疲劳寿命即为材料内部疲劳累积损伤达到顶峰，材料出现加速破坏的变化点所对应的加载次数。

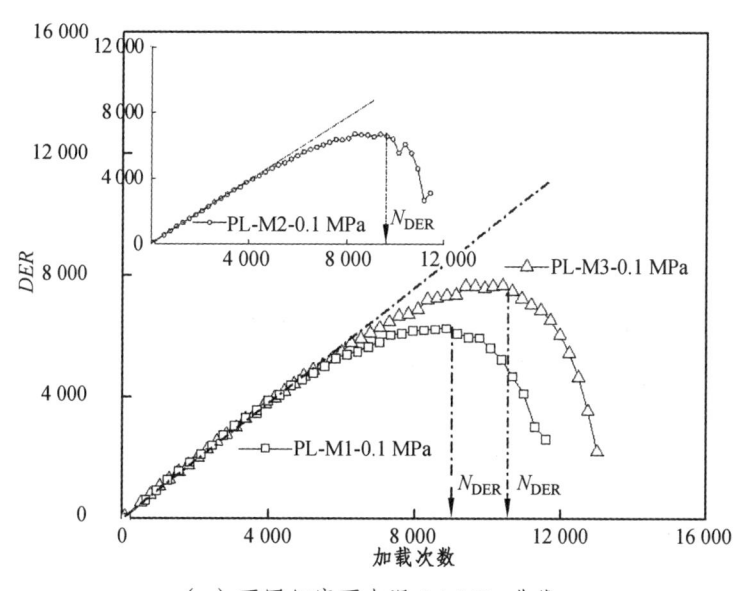

（a）不同细度下水泥 0.1 MPa 曲线

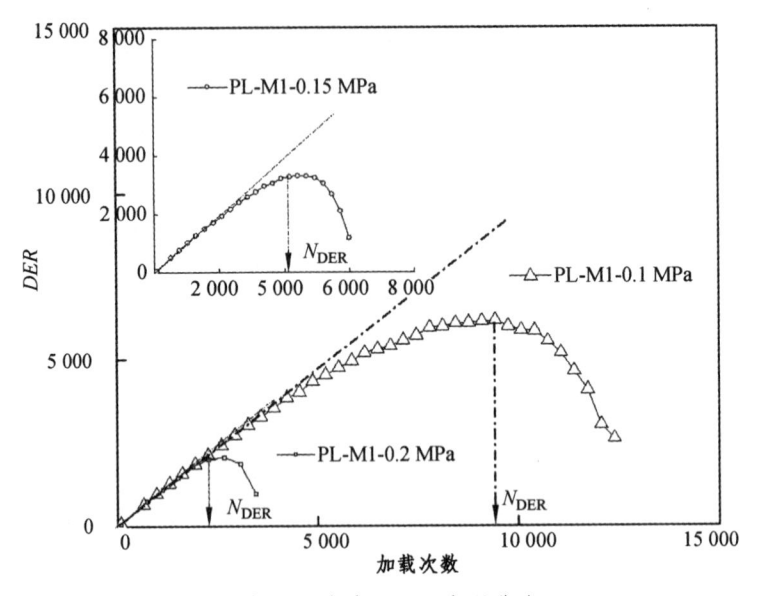

（b）不同应力下 M1 水泥曲线

图 5-4 水泥累积耗散能比疲劳寿命曲线

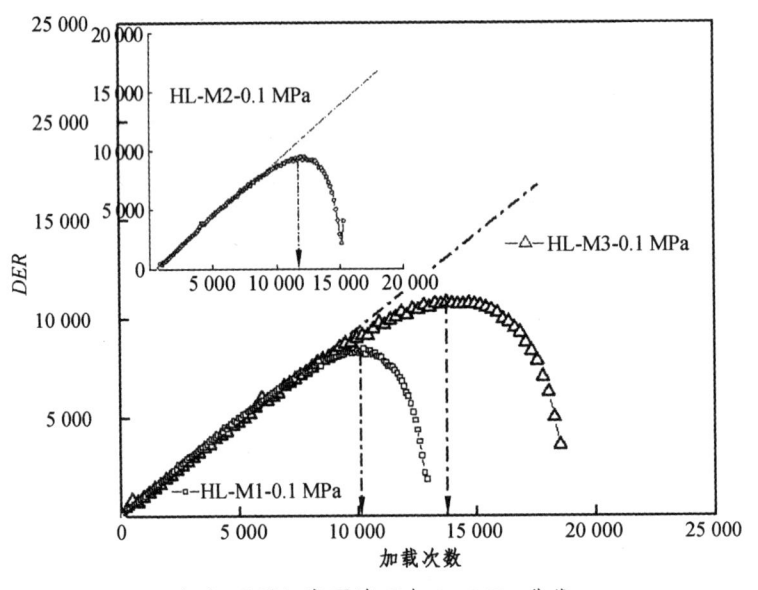

（a）不同细度下消石灰 0.1 MPa 曲线

（b）不同应力下 M1 消石灰曲线

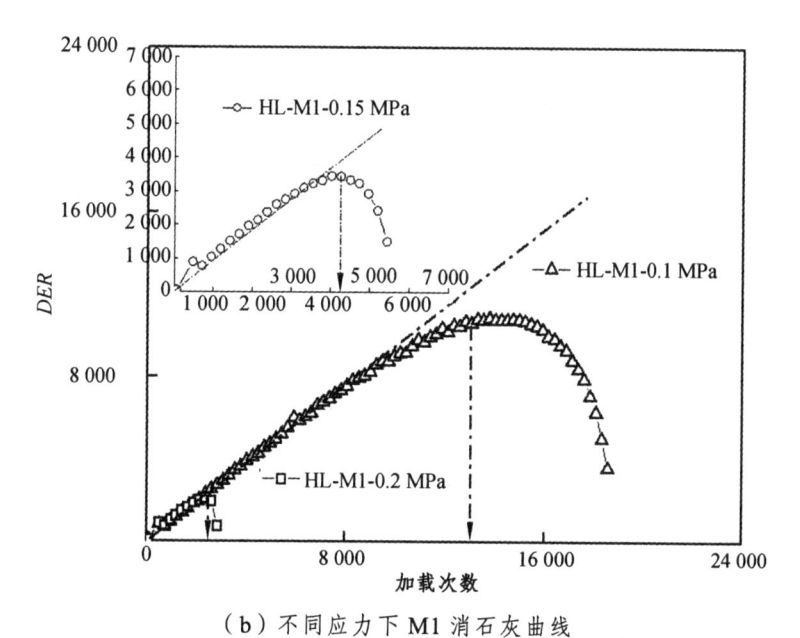

图 5-5 消石灰累积耗散能比疲劳寿命曲线

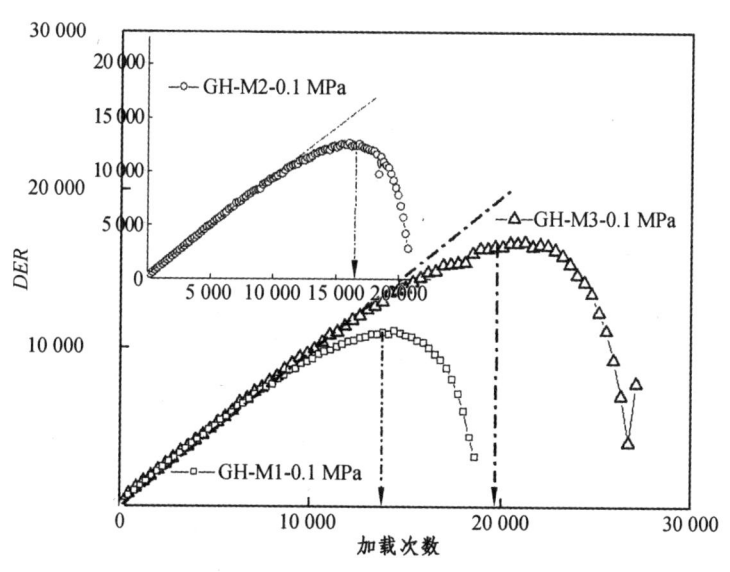

（a）不同细度下硅灰 0.1 MPa 曲线

(b）不同应力下 M1 硅灰曲线

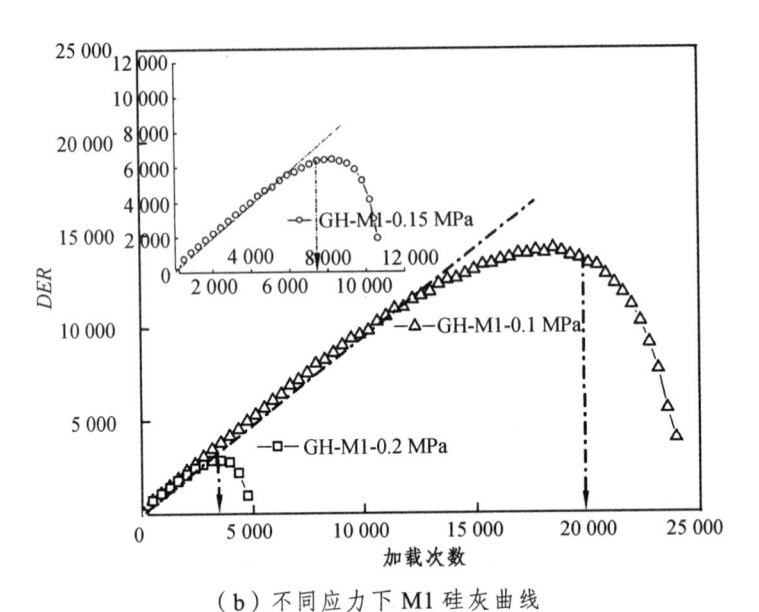

图 5-6　硅灰累积耗散能比疲劳寿命曲线

另外，从图 5-4～图 5-6 中的（a）图可以看出，大比表面积的粉体改性沥青累积耗散能比对应力的敏感性更弱，小比表面积的粉体改性沥青在较少的加载循环下就会出现曲线的拐点，这说明同种材料下，大比表面积、小粒径粉体材料能承受更多的荷载加载，即更长的疲劳寿命，对比三种材料也可以看出与比表面积大小一致的规律，其中硅灰对应的加载次数最多，消石灰次之，水泥最小；（b）图为不同应力下的累积耗散能比曲线，可以明显看出耗散能在不同应力下的区别，随着应力增大，累积耗散能比偏离 45°射线更快，即大应力下材料出现累积损伤该点加载次数急剧减小。

图 5-7 为不同应力下基质沥青和不同掺量下消石灰的累积耗散能比曲线图，从（a）图中可以得出消石灰不同掺量下耗散能曲线和不同细度下的曲线[图 5-5（a）]规律一致，但对比发现，7.5%掺量下的耗散能拐点明显小于 M3 型消石灰，这主要是由于低剂量，小粒径的粉体比高剂量、大粒径的粉体在沥青中的效用总比表面积大，M3 型消石灰粉体比表面积约为 M1 型的 3 倍，而掺量增加仅为 1.5 倍，因此，比表面积的增大是其主要影响因素。另外，（b）图为基质沥青不同应力下的耗散能比曲线，与三种粉体改性沥青相比，同应力下改性后沥青的耗散能拐点均增大，也说明在应

· 136 ·

力加载模式下，加入粉体能够提升沥青的疲劳性能。

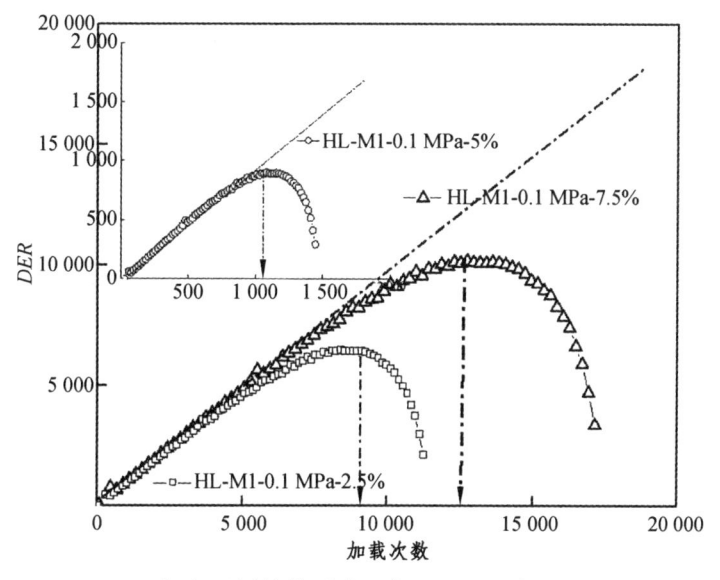

（a）不同掺量下消石灰 0.1 MPa 曲线

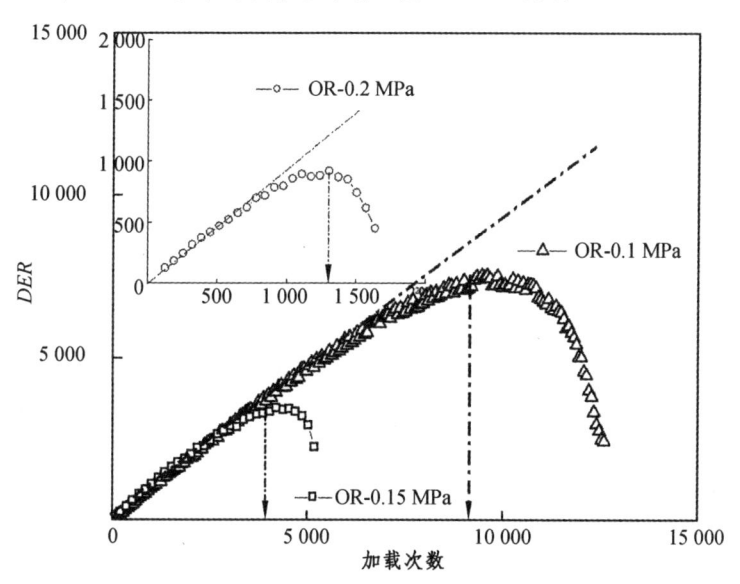

（b）不同应力下 M1 基质沥青曲线

图 5-7 不同应力下基质沥青和不同细度下消石灰累积耗散能比疲劳寿命曲线

5.3.2 耗散能变化率 DR 的变化规律

耗散能变化率 DR 是依据相邻两次荷载作用材料耗散能变化速率来判断材料处于损伤的何种阶段,当速率发生突变时将其所对应的加载次数定义为疲劳寿命 N_{DR}。由于多位学者[, 149]研究认为沥青材料的疲劳破坏是材料内部耗散能发生异常变动的情况下产生的,可以理解为材料破坏时耗散能量会发生明显的变化。为此,也选择耗散能变化率 N_{DR} 分析粉体改性沥青疲劳特性。

从图 5-8 ~ 图 5-11 可以得出,不同应力条件下和不同细度下粉体改性沥青的耗散能变化率 DR 随荷载作用次数的变化规律相同,(a)图为相同材料下三种细度的粉体改性沥青 DR-N 变化曲线,(b)图中分别为应力 0.1 MPa、0.15 MPa、0.2 MPa 时的 DR-N 变化曲线。从图 5-8(a)中可以得到,耗散能变化率曲线随着荷载次数增加一般会有三个阶段:加载初期耗散能变化率先增大后减小,趋于平稳,称为适应阶段;接着在累积损伤阶段曲线波动较小,DR 值接近 0;最后,在破坏阶段曲线出现拐点,急剧增大,材料内部发生损伤破坏,该点一般称为疲劳寿命失效点,对应的加载次数定义为疲劳寿命,用 N_{DR} 表示。

另外,图 5-8 ~ 图 5-11 的试验结果表明,粉体颗粒粒径对改性沥青的疲劳性能有显著影响,三种粉体改性沥青的耗散能变化曲线的变化点所对应的加载次数随颗粒粒径的减小而增加(M1<M2<M3),即用颗粒粒径最小的 M3 型粉体制备的改性沥青循环加载次数最多。其主要原因可能是随着粉体颗粒粒径的减小,颗粒之间的间距也随之减小,使得微裂缝的扩展越来越难以避免粉体颗粒所产生的障碍,从而导致沥青胶浆内部的细颗粒填料钉住了更多的微裂缝,从而延长了寿命。此外,与粗颗粒相比,细颗粒吸附了更多的沥青在颗粒物表面上,导致粉体与沥青之间的相互作用增强[150],这也增加了改性沥青的疲劳性能。

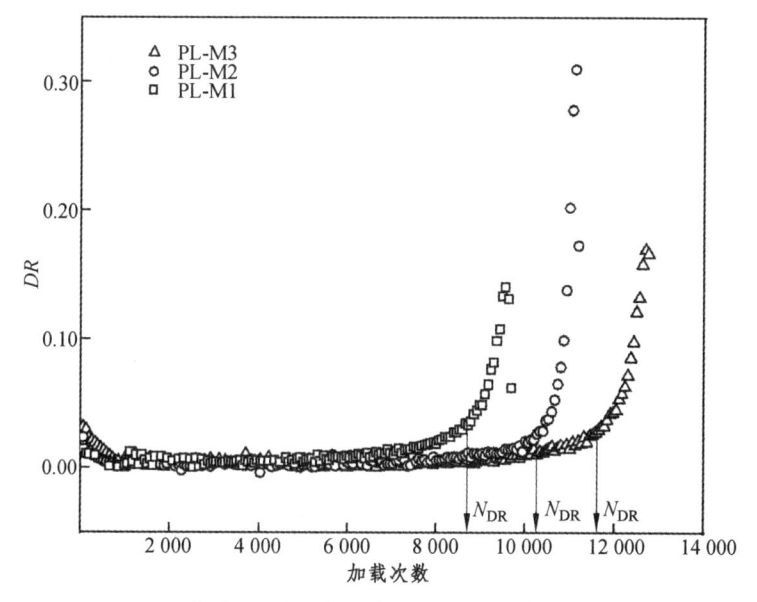

（a）不同细度下水泥 0.1 MPa 曲线

（b）不同应力下 M1 水泥沥青曲线

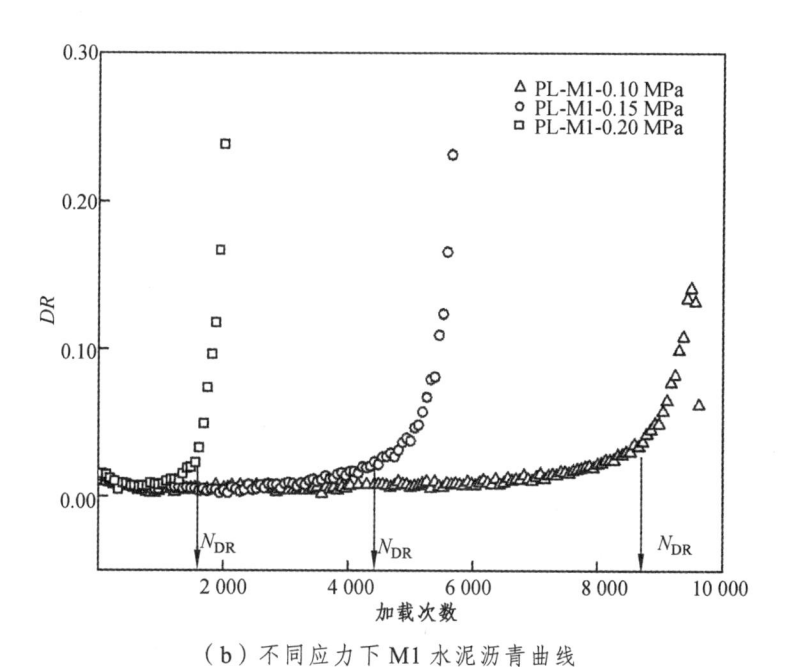

图 5-8 水泥耗散能变化率疲劳寿命曲线

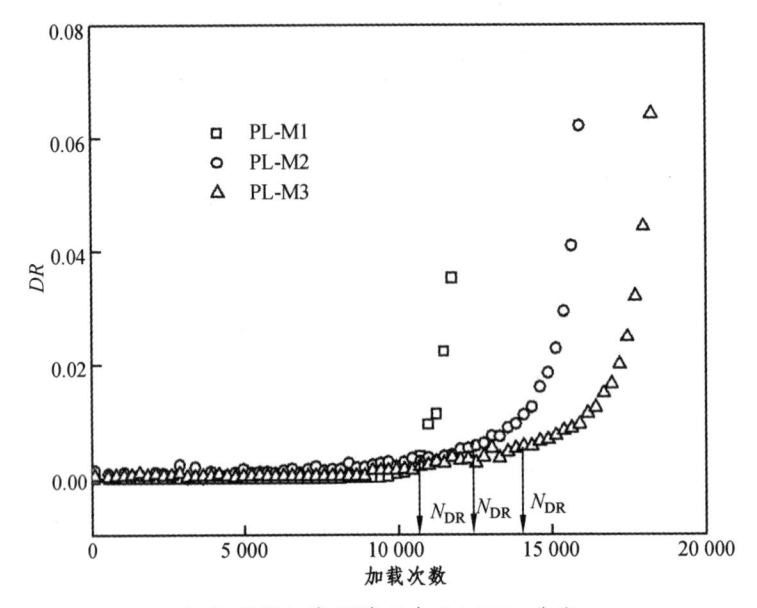

（a）不同细度下消石灰 0.1 MPa 曲线

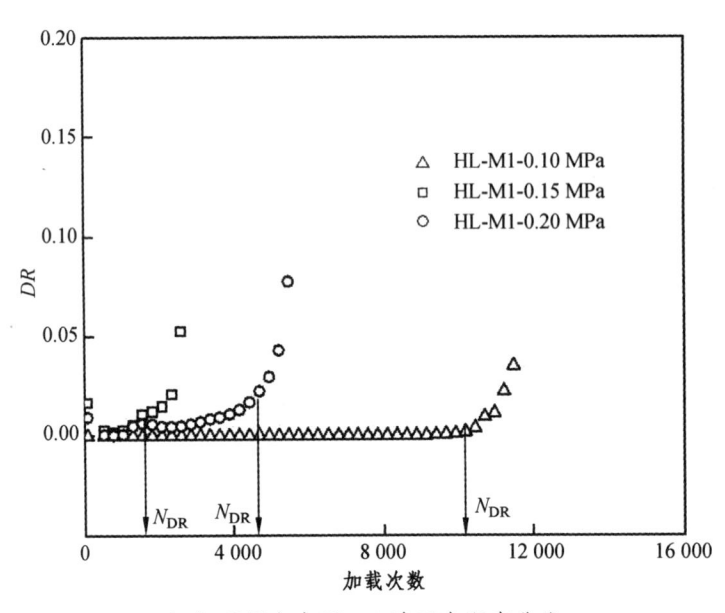

（b）不同应力下 M1 消石灰沥青曲线

图 5-9 消石灰耗散能变化率疲劳寿命曲线

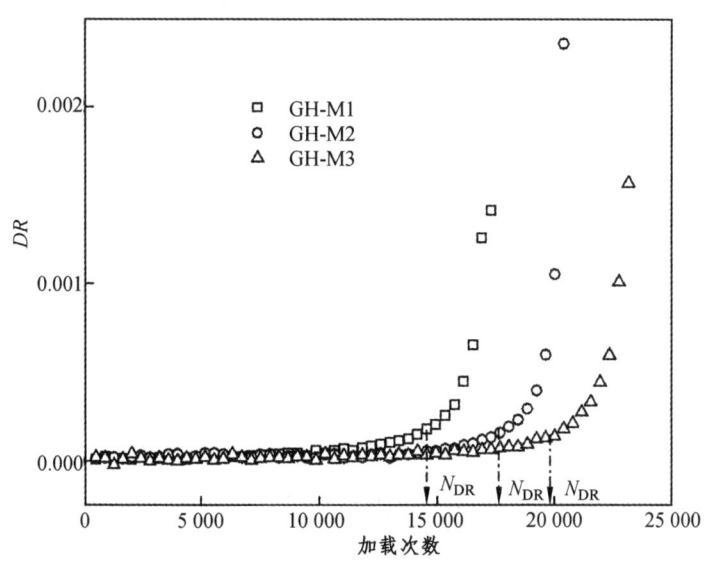

(a)不同细度下硅灰 0.1 MPa 曲线

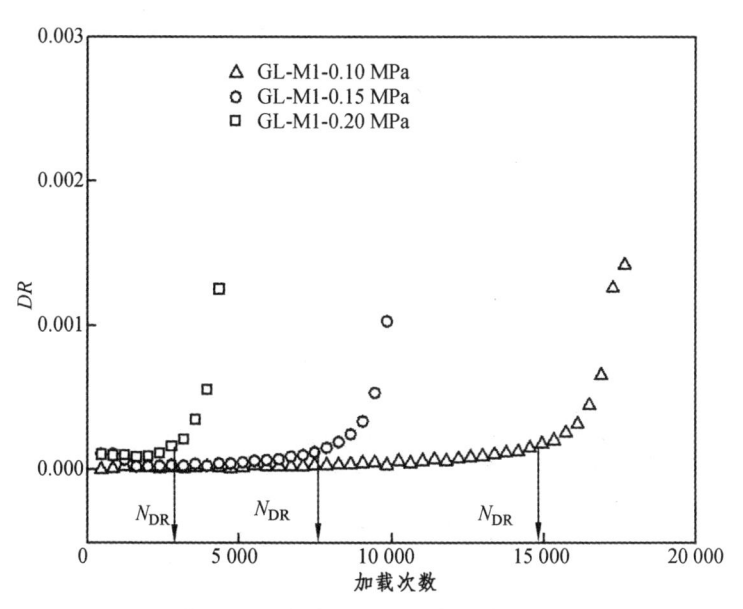

(b)不同应力下 M1 硅灰沥青曲线

图 5-10 硅灰耗散能变化率疲劳寿命曲线

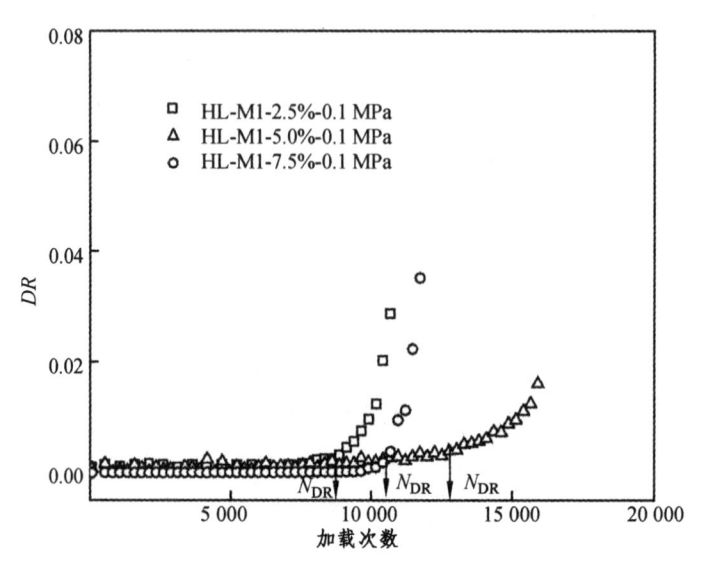

（a）不同掺量下消石灰 0.1 MPa 曲线

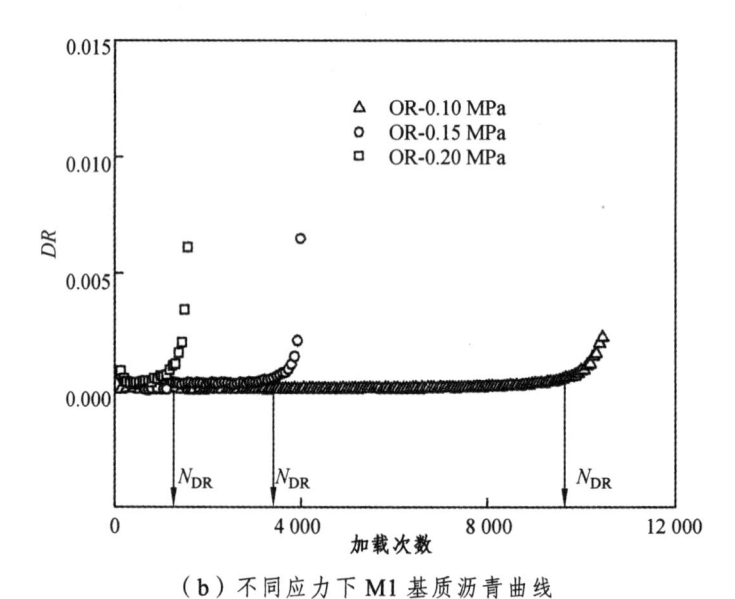

（b）不同应力下 M1 基质沥青曲线

图 5-11　不同掺量下消石灰和不同应力下基质沥青耗散能变化率疲劳寿命曲线

5.3.3 基于耗散能理论的疲劳寿命

上节基于耗散能理论对不同类型、不同应力、不同细度下的粉体改性沥青累计耗散能比 DER 和耗散能变化率 DR 曲线进行了深入分析，并确定了对应的疲劳寿命，现将两种不同分析方法确定的疲劳寿命进行统计，如表 5-2 所示，其对比柱状图如图 5-12 所示。从图中可以得到，2 种方法确定的疲劳寿命相差不大，但 N_{DR} 均大于 N_{DER}，从路面设计和材料选择角度考虑，采用 N_{DER} 评价沥青胶浆性能安全性较高。此外，从图中可以看出 N_{DR} 定义的疲劳寿命拐点部分曲线并不明显，加载次数较难确定；但 N_{DER} 曲线展现出的最大值清晰，易判定疲劳寿命，且研究发现拐点为材料内部累积损伤能量发生突变位置[150]，从图 5-4～图 5-7 可以看出，DER-N 曲线均存在明显的材料内部疲劳损伤加剧的拐点。

综上所述，N_{DER} 指标确定疲劳寿命意义清晰且容易确定数值，推荐使用累积耗散能比作为粉体改性沥青的疲劳寿命评价指标。

表 5-2 不同应力下改性沥青疲劳寿命

类别	掺量/%	0.1 MPa N_{DER}	0.1 MPa N_{DR}	0.15 MPa N_{DER}	0.15 MPa N_{DR}	0.2 MPa D_{ER}	0.2 MPa N_{DR}
PL-M1	5.0	9 554	9 654	4 000	4 100	1 601	1 699
PL-M2		10 066	10 166	4 215	4 315	1 703	1 803
PL-M3		11 445	11 645	4 792	4 892	1 909	1 989
HL-M1	2.5	9 988	10 489	4 203	4 358	1 706	1 923
	5.0	10 501	10 579	4 397	4 492	1 789	1 849
	7.5	11 532	12 358	4 766	4 899	1 930	2 015
HL-M2	5.0	11 786	11 986	5 228	5 311	2 088	2 199
HL-M3		13 910	14 210	5 824	5 896	2 213	2 305
GH-M1		14 610	14 810	6 117	6 218	2 398	2 498
GH-M2		17 240	17 540	7 219	7 299	2 488	2 588
GH-M3		19 340	19 740	8 098	8 118	2 635	2 766
OR		8 836	8 836	3 700	3 799	1 300	1 356

(a) N_{DER}

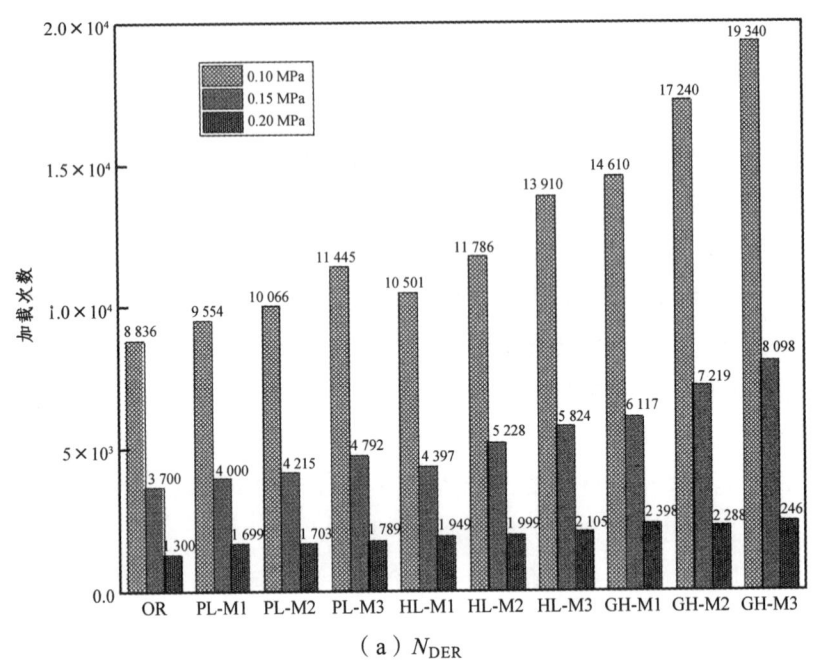

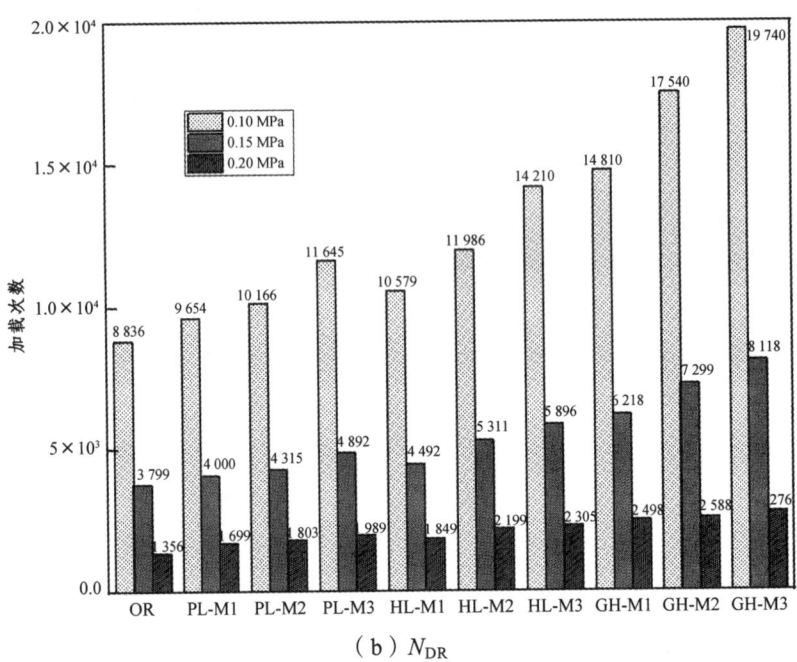

(b) N_{DR}

图 5-12 不同应力下粉体改性沥青疲劳寿命

分析图 5-12（a），得到改性沥青的疲劳寿命影响规律：

（1）三种粉体的掺入均增加了沥青的抗疲劳性能，从图中可以看出，0.1 MPa 下水泥、消石灰、硅灰粉体分别提升基质沥青疲劳寿命约 8%、18%、65%，特别是硅灰对疲劳寿命提升明显，这与硅灰粒径小（比表面积大），可以吸附沥青油分，改善沥青黏附性相关。

（2）同种材料下不同细度的粉体改性沥青疲劳寿命差别明显，且随着细度增加，比表面积减小，疲劳寿命增加，相同细度下的消石灰和水泥疲劳寿命明显不同，主要是由于消石灰颗粒结构疏松、孔隙大且多，比表面积大，产生了较强的吸附效果。

（3）不同应力下的粉体疲劳寿命影响规律一致，疲劳寿命也是随着比表面积增加而增大，但大应力下疲劳寿命增加趋势放缓，对抗疲劳性能提升效果减弱。这主要是大应力下荷载对粉体颗粒产生推挤作用，粉体颗粒界面与沥青的黏附性起到主要影响效果，而常温下，大应力容易产生界面破坏，使粉体影响效果减弱。

（4）从表中不同掺量的消石灰疲劳寿命可以看出，掺量对粉体改性沥青的疲劳寿命也有一定影响，这主要与其掺入后增加了表面积总吸附量有关，7.5%范围内随着掺量增加，疲劳寿命增加。

5.4 基于损伤力学的 S-VECD 模型的疲劳性能

5.4.1 粉体改性沥青的疲劳寿命

Wang 等[102]发现，$C \times N$ 峰值正好与 $C \times N$-N 曲线的拐点对应，图 5-13 和图 5-14 为曲线拐点处选定的疲劳失效加载作用次数，采用 N_f 表示（以三种材料 0.1 MPa 应力下的加载曲线和消石灰不同细度下 0.1 MPa 应力加载曲线为例），分析疲劳失效时粉体改性沥青试件所处的疲劳阶段。

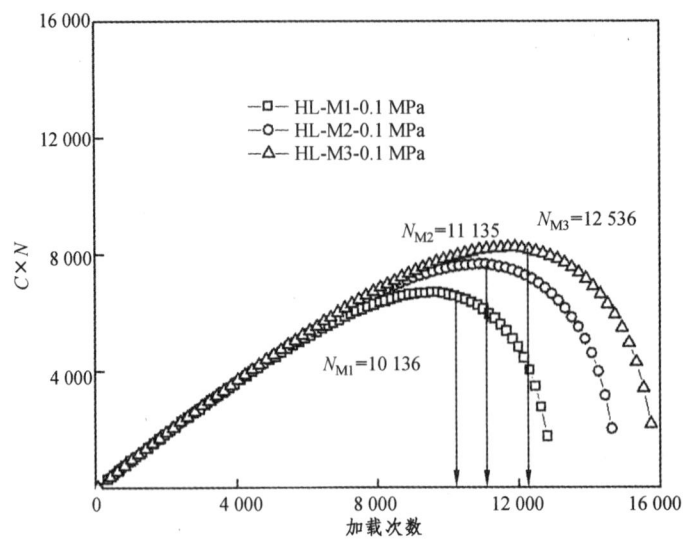

图 5-13 不同材料下 $C \times N$ 加载曲线

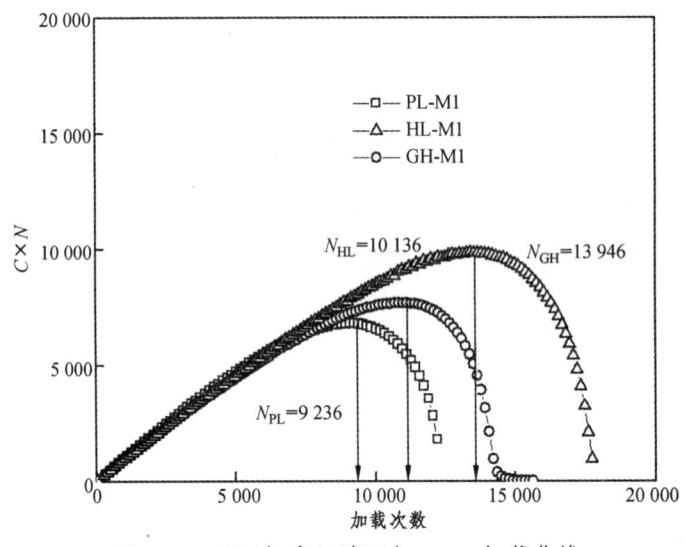

图 5-14 不同细度下消石灰 $C \times N$ 加载曲线

从图中可以看出，应力加载模式下，$C \times N$-N 曲线拐点处于缓慢下降的第二阶段向迅速下降的第三阶段转变位置处，此时，材料内部正处于加速破坏的开始阶段，微裂缝刚发展为宏观裂缝。

此外，从试验数据中获知，$C \times N$-N 曲线拐点 N_f 对应的材料模量相比初始模量均大 50%，也就是说与累积耗散能比指标相比该指标判定的失效更为保守和安全，这主要是由于连续损伤连续模型提出了材料的黏弹性，仅考虑了材料内部微裂缝损伤和发展情况，因此定义的疲劳失效点在宏观裂缝产生之前，也意味着以该指标定义的疲劳寿命相对于累积耗散能比 N_{DER} 更为保守。

通过时间扫描试验获得 3 种粉体 3 种细度下的 $C \times N$ 加载曲线，从而获取其对应的疲劳寿命，结果见表 5-3 和图 5-15。

由图 5-15 可以看出：

（1）基于累积损伤获得的粉体改性沥青疲劳寿命与基于耗散能获得的疲劳寿命规律一致，在基质沥青中掺入粉体后，疲劳寿命增加，其中提升效果依次为：硅灰 > 消石灰 > 水泥。

（2）不同细度下粉体对沥青疲劳寿命的影响差距显著，其中 M3 > M2 > M1，说明无机类改性材料的粒径和比表面积对沥青性能影响是随着比表面积增加、粒径减小，疲劳寿命逐渐提高。

表 5-3　不同应力下 $C \times N$ 加载曲线中的疲劳寿命

类别	掺量/%	0.1 MPa	提升率/%	0.15 MPa	提升率/%	0.2 MPa	提升率/%
PL-M1		9 236	12.14	3 896	11.06	1 436	8.30
PL-M2	5.0	10 016	21.61	4 125	17.59	1 466	10.56
PL-M3		11 046	34.12	4 596	31.01	1 489	12.29
	2.5	9 563	14.56	4 011	13.25	1 655	23.33
HL-M1	5.0	10 136	23.07	4 286	22.18	1 723	29.94
	7.5	10 863	25.36	4 503	26.35	1 789	31.25
HL-M2		11 135	35.20	4 828	37.63	1 702	28.36
HL-M3		12 536	52.21	5 329	51.91	1 713	29.19
GH-M1	5.0	13 946	69.33	5 816	65.79	1 998	50.68
GH-M2		16 499	100.33	6 319	80.13	2 015	51.96
GH-M3		18 366	123.00	6 999	99.52	2 035	53.47
OR		8 236	—	3 508	—	1 326	—

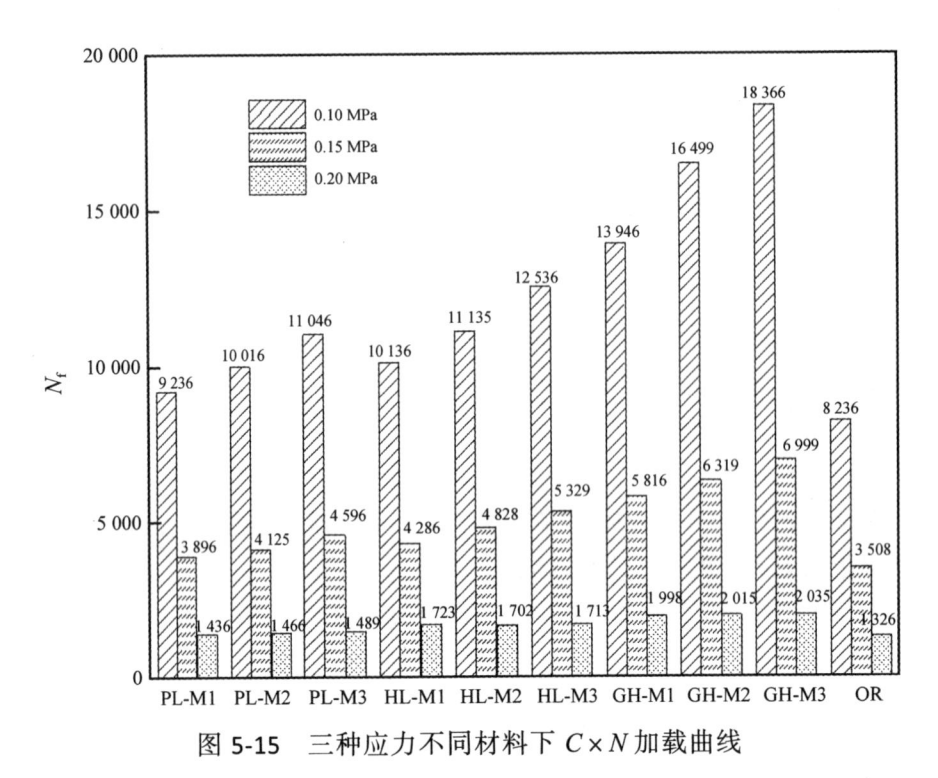

图 5-15　三种应力不同材料下 $C×N$ 加载曲线

（3）不同应力下粉体对沥青的影响效果不一致，从表 5-3 中可以看出，低应力下，粉体对改性沥青的疲劳寿命提升效果明显，其中小粒径硅灰相比基质沥青提升超过 123%，但随着应力增加，提升效果明显下降，在 0.2 MPa 应力下虽然看到粉体掺入对基质沥青疲劳性能有所提升，但不同细度下的提升效果已经无明显差异。

5.4.2　粉体改性沥青的损伤特征曲线

依据 S-VECD 模型，利用式（5.15）将时间扫描模式下获得的粉体改性沥青基础数据代入该模型，绘制粉体改性沥青的疲劳损伤特征曲线（D-S），C 为虚模量，在材料未受荷载损伤时，虚模量 C 值为 1，D 的物理意义为材料在加载过程中的破坏强度，随着材料受荷载重复作用，材料内部的损伤逐渐累积，D 值逐渐增大，虚模量 C 值逐渐减小，材料破坏时，D 值最大，C 值最小。

图 5-14 为消石灰、硅灰、水泥粉体改性沥青的虚模量 C 与破坏强度 D 之间的曲线关系图。从图 5-14（a）和图 5-14（b）中可以得出，水泥和硅灰的破坏强度超过 60 后，损伤曲线明显发生了分离，比表面积越大、粒径越小损伤越小，图中表现出 M3 型粉体改性沥青曲线在上，M1 型粉体改性沥青曲线在下，即 M3 型粉体改性沥青的虚模量 C 值更大，在重复荷载作用下材料损伤更小，就会表现出疲劳寿命更长。图 5-4（c）为消石灰损伤曲线，从图中可以看出掺入消石灰粉体的改性沥青损伤曲线明显高于基质沥青曲线；另外，不同掺量下的粉体改性沥青损伤曲线间距明显小于不同细度下的损伤曲线间距，即试验设计的掺量增加影响效果小于粒径减小、比表面积增大的影响效果，这主要是由于 5%M2、5%M3 型消石灰比表面积为 5%M1 型消石灰的 2.56 和 6.30 倍，远远大于掺量对其的影响效果。

参数 α 通过改性沥青在频率扫描试验下复数模量主曲线的斜率 m 值计算获得；并对图 5-16 的损伤特征曲线进行幂函数拟合，即可得拟合参数 C_1、C_2，将其汇总于表 5-4 中。

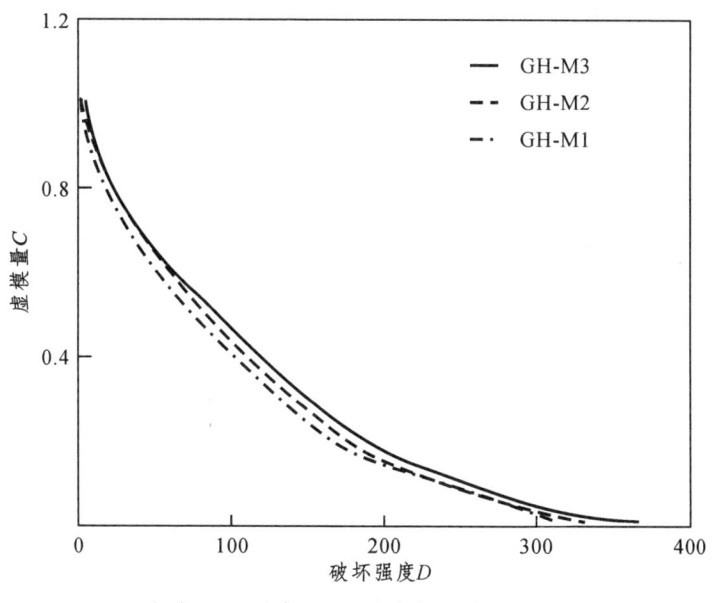

（a）不同细度下 5%硅灰损伤特性曲线

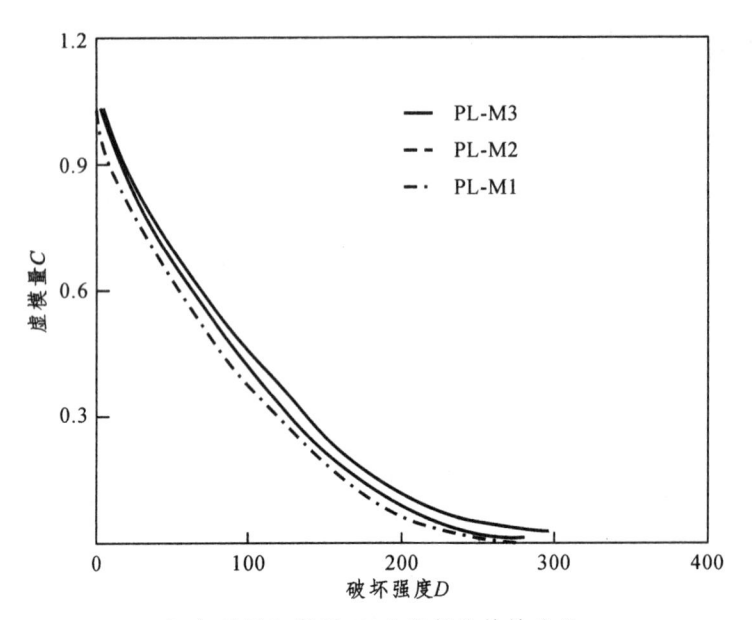

（b）不同细度下 5%水泥损伤特性曲线

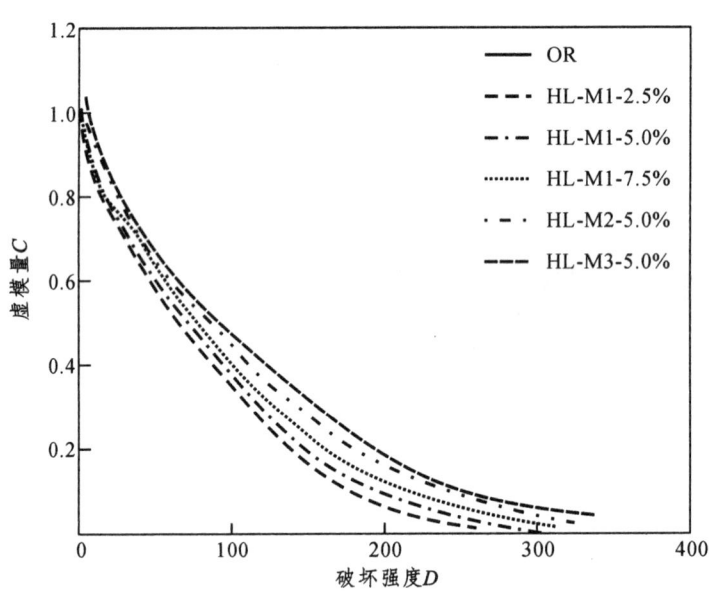

（c）不同掺量和细度下消石灰损伤特性曲线

图 5-16 虚模量 C 与破坏强度 D 关系分析

由表5-4可以看出,基质沥青的α最大,另外三种粉体的α值均随着细度的增加而减小。另外,消石灰粉体改性沥青的α值随着掺量的增加也同样在减小,因此可以得出α值与粉体改性沥青的疲劳寿命呈反比,随着α值减小,对应的粉体改性沥青疲劳寿命增加。

另外,从表5-4中还可以看出,粉体添加剂比表面积增大(粒径越小),疲劳寿命越大,C_1逐渐减小,C_2逐渐增大。因此,材料的虚模量变化率由C_1、C_2共同决定,图5-16中材料虚模量C与破坏强度D的关系均显示出随着粉体比表面积增大(粒径减小),改性沥青虚模量C的损失率减小。另外,与C_1值相比,C_2值的增加对材料虚模量C的损失率影响更大,例如:对PL-M1与PL-M2改性沥青而言,当粒径从M1减小到M2时,C_1从0.043 8减小至0.041 5,减小约0.002 3;C_2值则从0.540 4增加至0.557 2,增大约0.016 8。

表5-4 粉体改性沥青主曲线斜率及损伤特征曲线参数

代号	掺量/%	α	C_1	C_2	相关系数
HL-M1	2.5	1.501	0.043 3	0.544 5	0.993 6
	5	1.415	0.038 2	0.582 5	0.989 8
	7.5	1.399	0.036 9	0.593 5	0.989 8
HL-M2	5	1.394	0.037 9	0.595 1	0.992 1
HL-M3		1.303	0.034 4	0.608 1	0.992 5
PL-M1		1.562	0.043 8	0.540 4	0.997 8
PL-M2		1.479	0.041 5	0.557 2	0.995
PL-M3		1.446	0.041 1	0.569 6	0.993 2
GH-M1		1.122	0.023 8	0.653 7	0.981 5
GH-M2		1.105	0.023 2	0.668 9	0.998 6
GH-M3		1.063	0.022 0	0.670 9	0.963 2
OR	—	1.603	0.044 4	0.537 4	0.992 3

5.5 粉体改性沥青特性与比表面积相关性

5.5.1 粉体改性沥青疲劳特性影响因素

1. 粉体种类对改性沥青疲劳作用次数的影响

基于 S-VECD 模型（N_f）和累积耗散能比（N_{DER}）的疲劳破坏失效准则，计算消石灰、硅灰、水泥三种粉体改性沥青在三种应力作用下的疲劳寿命，如图 5-17 所示。分析图 5-17 中两种计算结果得到以下相同结论：①添加粉体的三种沥青结合料的疲劳寿命依次为：GH-M1 > HL-M1 > PL-M1；②当粉体类型相同时，随着应力增加，疲劳寿命次数逐渐减小；③消石灰和水泥相同细度下的粉体改性沥青疲劳寿命不同；④大应力下疲劳寿命与粉体类型相关性变差，例如，采用 N_f 指标时硅灰与水泥相比，0.1 MPa 下疲劳寿命提升约 51%，但 0.2 MPa 下疲劳寿命提升约 30%，明显下降。

这说明粉体种类在小应力下对沥青的疲劳寿命有显著影响，就选用的三种粉体而言，硅灰对沥青的疲劳寿命影响最大。这与硅灰颗粒形态、比表面能、孔隙结构有主要关系，而这些指标主要受比表面积大小影响。

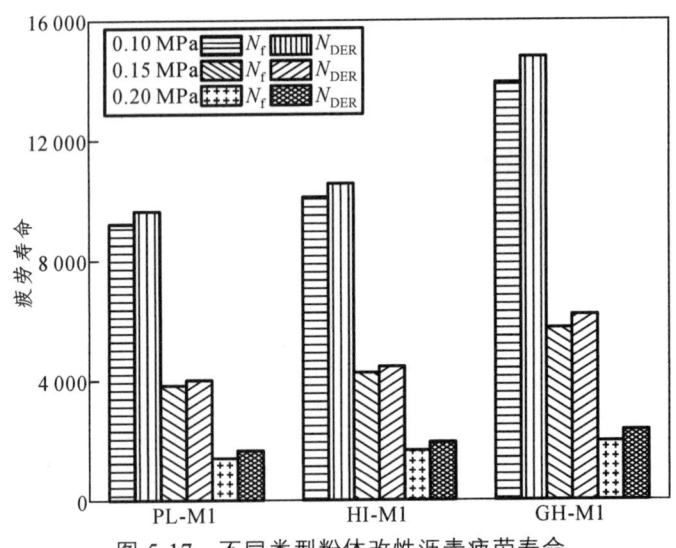

图 5-17 不同类型粉体改性沥青疲劳寿命

2. 粉体细度和比表面积对改性沥青疲劳作用次数的影响

图 5-18 为消石灰不同细度下对沥青疲劳作用次数的影响。由图可知，消石灰粉体的添加可以提升沥青的疲劳寿命，随着粉体细度的增加，提升效果越明显，具体排序为：HL-M3 > HL-M2 > HL-M1；在不同应力下提升效果却有较大差距，例如：采用 N_f 指标时 0.1 MPa 下 M3 型粉体疲劳寿命相较于 M1 型粉体提升约 24%，但 0.2 MPa 下 M3 型粉体疲劳寿命相较于 M1 型粉体提升约 0%。这主要是小应力下粉体颗粒越小、比表面积越大，吸附自由沥青越多，荷载加载过程中主要是沥青承受应力和应变，粉体与沥青之间的界面黏附性较好，但大应力下粉体受到应力挤压，破坏了沥青与粉体颗粒之间的稳定结构。因此，影响粉体改性沥青的疲劳寿命主要是沥青与粉体的黏附性。

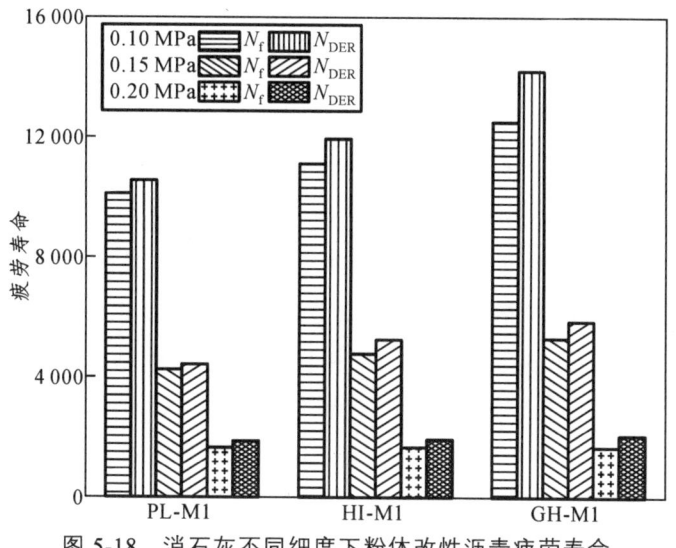

图 5-18 消石灰不同细度下粉体改性沥青疲劳寿命

3. 粉体掺量对改性沥青疲劳作用次数的影响

图 5-19 为粉体掺量对沥青疲劳作用次数的影响。由图可知，添加粉体使沥青的疲劳寿命增加，随着粉体掺量越大，粉体改性沥青的疲劳寿命越高。这是由于随着粉体掺量的增加，粉体颗粒数量增加，在细度不变的情况下，粉体数量增加从而使其总比表面积增加，吸附沥青中的自由沥青量提升，使沥青黏性增加，抗疲劳性能提升。

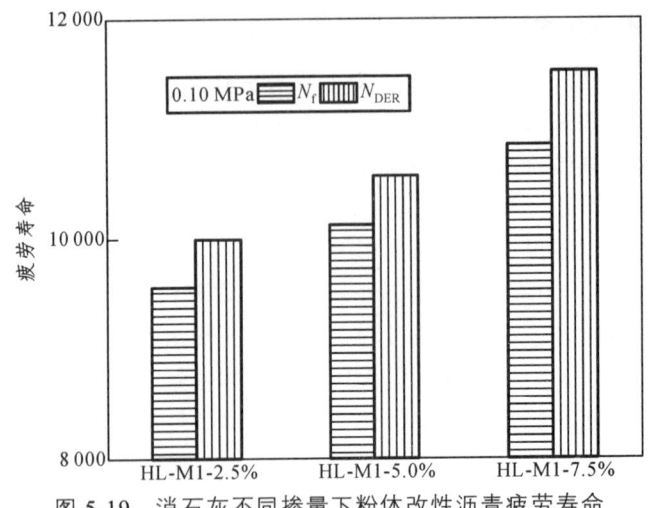

图 5-19 消石灰不同掺量下粉体改性沥青疲劳寿命

5.5.2 粉体比表面积与疲劳性能的相关性

5.4.1 节中粉体种类、粉体细度以及粉体掺量与沥青疲劳寿命相关性的分析结果表明，改性沥青疲劳作用次数不仅受到粉体种类和掺量的显著影响，还受到粉体比表面积的影响；4.5 节中使用灰色关联度分析确定了比表面积对沥青的基础性能、高低温流变性能影响最为显著。因此，利用本章获得的累积耗散能比指标 N_{DER} 和损伤力学指标 N_f 的疲劳寿命（见表 5-5），建立其与粉体比表面积之间的作用关系，如图 5-20 所示。从图中可以看出，疲劳寿命与粉体比表面积之间满足指数关系。再对其关系进行参数拟合，结果如表 5-6 所示。分析表 5-6 中可以看出，0.1 MPa 和 0.15 MPa下粉体改性沥青疲劳寿命和粉体比表面之间的指数拟合相关系数均大于 0.90，说明此线性方程具有较好的拟合度。但 0.2 MPa 下的相关系数低于 0.90，拟合度较差，不符合指数规律。

$$N_{DER} = aS^b \tag{5.20}$$

$$N_f = aS^b \tag{5.21}$$

式中：N_{DER}——基于累积耗散能指标的粉体沥青疲劳寿命；

N_f——基于损伤力学下的粉体疲劳寿命；

S——添加于沥青中的粉体颗粒有效总比表面积；

a、b——拟合参数。

表 5-5 粉体改性沥青疲劳寿命统计表

类别	掺量/%	N_f			N_{DER}			$S/(m^2/g)$
		0.1 MPa	0.15 MPa	0.2 MPa	0.1 MPa	0.15 MPa	0.2 MPa	
PL-M1	5	9 236	3 896	1 436	9 554	4 000	1 601	0.385 2
PL-M2		10 016	4 125	1 466	10 066	4 215	1 703	0.893 2
PL-M3		11 046	4 596	1 489	11 445	4 792	1 909	1.790 4
HL-M1	2.5	9 563	4 011	1 655	9 988	4 203	1 706	0.391 8
	5	10 136	4 286	1 723	10 501	4 397	1 789	0.783 6
	7.5	10 863	4 503	1 789	11 532	4 766	1 930	1.175 4
HL-M2	5	11 135	4 828	1 702	11 786	5 228	2 088	2.095 6
HL-M3		12 536	5 329	1 713	13 910	5 824	2 213	4.937 4
GH-M1		13 946	5 816	1 998	14 610	6 117	2 398	9.790 1
GH-M2		16 499	6 319	2 015	17 240	7 219	2 488	15.346 8
GH-M3		18 366	6 999	2 035	19 340	8 098	2 635	25.767 2

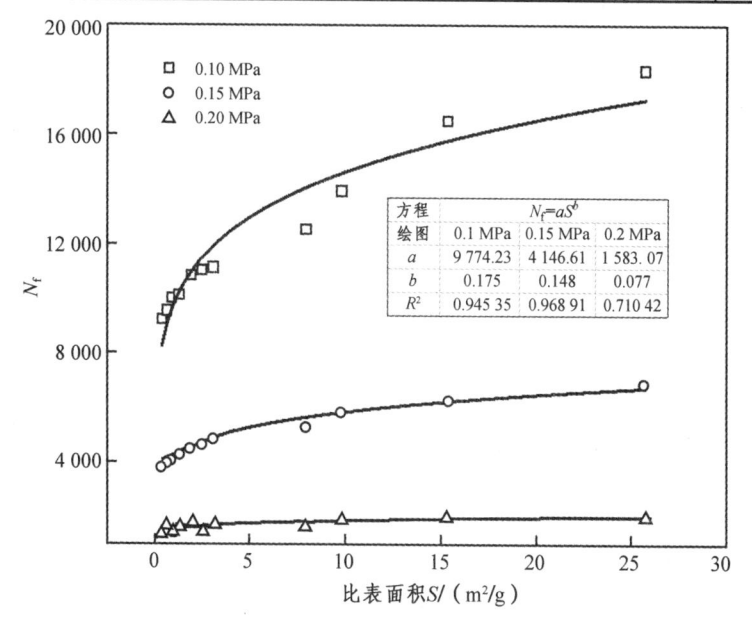

方程绘图	$N_f = aS^b$		
	0.1 MPa	0.15 MPa	0.2 MPa
a	9 774.23	4 146.61	1 583.07
b	0.175	0.148	0.077
R^2	0.945 35	0.968 91	0.710 42

（a）N_f 指标与比表面积关系拟合曲线

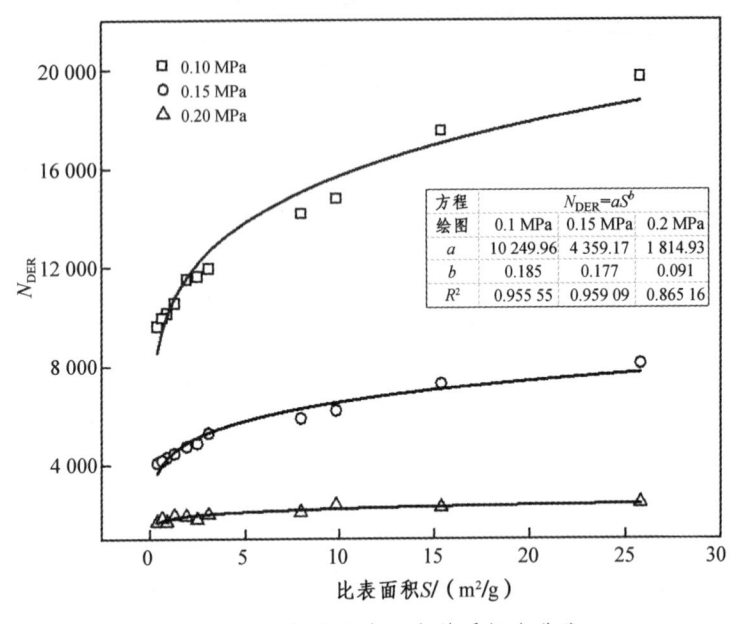

（b）N_{DER}指标与比表面积关系拟合曲线

图 5-20 粉体改性沥青疲劳寿命与比表面积拟合曲线与方程

表 5-6 疲劳作用次数与有效比表面积拟合参数

指标类型	应力/MPa	a	b	R^2
N_f	0.10	364.87	9 814.4	0.962 9
	0.15	123.17	4 198.5	0.933 6
	0.20	21.527	1 593	0.631 2
N_{DER}	0.10	391.64	10 248	0.958 1
	0.15	162.76	4 321.5	0.950 7
	0.20	38.73	1 808.7	0.833 6

5.6 本章小结

本章针对消石灰、水泥、硅灰 3 种粉体 3 种细度下的改性沥青进行了动态时间扫描试验，基于耗散能和损伤力学两种评价方法分析了各组粉体改性沥青的疲劳寿命，并建立了两种疲劳寿命与粉体比表面积之间的线性关系。主要结论如下：

（1）通过对现象学法、耗散能法、损伤力学法 3 种疲劳失效指标分析，确定了采用耗散能法和损伤力学法评价粉体改性沥青疲劳寿命。

（2）基于耗散能理论采用累积耗散能比 N_{DER} 和耗散能变化率 N_{DR} 指标确定了不同粉体改性沥青的疲劳寿命，对比发现 2 种方法确定的疲劳寿命相差不大，但 N_{DR} 均大于 N_{DER}，从路面设计和材料选择角度考虑，采用 N_{DER} 评价沥青性能安全性较高。

（3）采用连续损伤力学模型 S-VECD 分析粉体改性沥青受荷载作用时的疲劳损伤特征。采用 $C \times N$ 峰值确定疲劳寿命，从而实现改性格沥青仅受荷载作用产生疲劳累积损伤的力学响应。且通过对比发现，连续损伤力学 $C \times N$ 峰值确定的疲劳寿命（N_f）比耗散能确定的疲劳寿命（N_{DER}）更保守，原因为 S-VECD 模型理论剔除了沥青材料的黏弹性力学响应对材料的疲劳损伤。

（4）针对粉体改性沥青的疲劳损伤特征曲线（C-D 曲线）分析掺量、比表面积、种类对沥青性能影响的力学响应，发现：粉体改性沥青破坏强度超过 60 后损伤曲线发生分离，表现出 M3 型粉体改性沥青曲线在上，M1 型粉体改性在下，即 M3 虚模量 C 值更大，在重复荷载作用下材料损伤更小，就会表现出疲劳寿命更长。对比不同类型粉体发现硅灰损伤强度均超过 300，但水泥和石灰的损伤强度在 300 以内，这同样说明硅灰具有较强的抗损伤能力。

（5）对比耗散能理论和损伤力学理论确定的疲劳寿命发现，两者均存在类似规律：同种粉体相同应力下，随着比表面积的增加，改性沥青疲劳寿命逐渐提高，3 种不同类型的粉体改性沥青疲劳寿命从大到小依次为：GH-M1 > HL-M1 > PL-M1，不同消石灰掺量下的粉体改性沥青寿命从大到小依次为：7.5% > 5.0% > 2.5%；不同应力下的粉体改性沥青疲劳寿命从大到小依次为 0.10 MPa > 0.15 MPa > 0.20 MPa。

（6）利用获得的累积耗散能比指标 N_{DER} 和损伤力学指标 N_f，建立了其与粉体比表面积之间的作用关系，发现低应力下粉体改性沥青的疲劳寿命与粉体比表面积之间满足指数关系，相关系数均大于 0.9，并建立了粉体改性沥青的疲劳寿命预估方程，但大应力下并不满足指数相关。

第6章
PART SIX

粉体改性沥青的微观结构作用机理

根据第 4 章和第 5 章对粉体物理化学特性与沥青性能相关性分析结果可知，粉体在沥青中的性能影响主要以物理改性为主，以粉体的大表面积特性吸附沥青中的自由油分而改变沥青性能为主要影响因素。因此，本章首先对粉体与沥青之间的吸附现象进行机理分析；再基于表面能理论，利用接触角试验分析不同粉体颗粒的表面自由能和粉体改性沥青的黏附性变化规律；最后，采用原子力显微镜对改性沥青的表面粗糙度、沥青四组分、黏附力、杨氏模量等表面微观结构和力学性能进行分析，揭示粉体改性沥青的作用机理。

6.1 粉胶界面交互作用

6.1.1 表面浸润现象

粉体加入基质沥青在本质上为两者物理共混[151]。复合材料学相关理论认为：粉体改性沥青属于两相复合材料，沥青为基体粉体属于增强体，改性沥青性能的发挥主要依靠沥青与粉体接触的界面联接作用。粉体与沥青界面的相互作用主要包括物理吸附作用与次要化学反应[62]。沥青对粉体表面的润湿程度直接影响二者界面作用的强弱。采用扫描电镜对各类粉体改性沥青微观界面进行分析，扫描电镜照片如图 6-1 所示。

粉体与沥青之间良好的黏结效果首先依赖于二者之间界面的浸润能力，从图 6-1 中可以看出，三种粉体与沥青之间没有明显的分界线，由于粉体颗粒浸入沥青中,使得沥青对粉体颗粒表面形成了良好的裹覆效果,这一现象表明沥青对三种粉体都具有良好的浸润效果。另外,相关研究表明,粉体表面粗糙度越大、孔隙越多,其与沥青界面之间的浸润效果越好[152]。根据第 2 章粉体扫描电镜试验结果,水泥表面致密光滑,微孔隙数量少,褶皱和突起较少;消石灰颗粒表面构造发育突出,存在大量的褶皱和突起;硅灰虽然为圆球形,但表面粗糙,粒径极小,表面势能大,且颗粒密度小,容易受沥青填充。因此,虽然从表面看三者浸润效果无明显差别,但在论文前述性能研究中却表现出显著的差异。

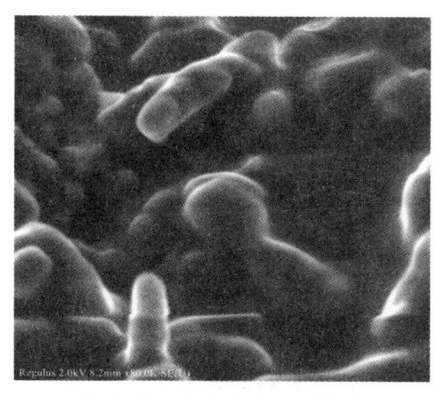

(a)消石灰粉体改性沥青　　　　(b)水泥粉体改性沥青

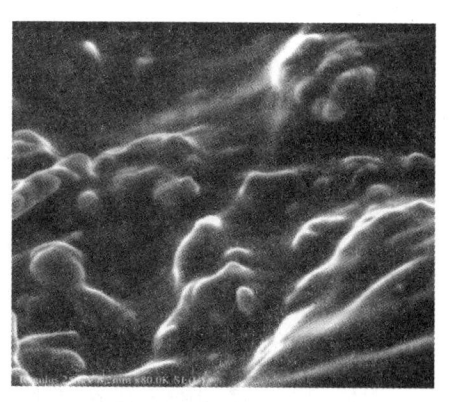

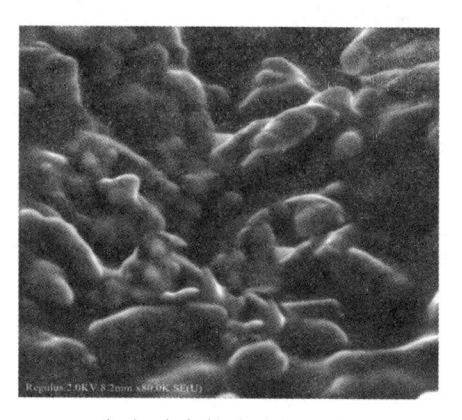

(c)硅灰粉体改性沥青

图 6-1　不同类型粉体-沥青交互界面形貌

6.1.2 表面吸附现象

无机类粉体与沥青之间的界面吸附原理较为复杂，但可以总结为三个方面：物理表面性吸附、材料选择性吸附和化学反应吸附。

（1）物理吸附作用。

物理吸附是粉体与沥青材料之间的分子力作用所产生的吸附作用。物理吸附程度的大小与两种材料相接触界面的表面性质有关。粉体与沥青混合后，沥青与粉体的分子之间相互接近，此时两种材料分子间首先会发生相互极化作用，产生电偶极矩从而相互吸引，粒径越小，产生的电偶极矩力越大。

在沥青材料中，最容易发生极化的分子是饱和分的分子，由于分子间作用力存在，饱和分被吸附于粉体颗粒表面，从而形成物理定向层。同时沥青分子中的阳离子与粉体中的阴离子会发生离子交换反应，但这些颗粒之间的相互吸引属于物理吸附过程，沥青与粉体均未发生化学变化。粉体与沥青之间的物理吸附过程发生较早，且作用时间较短，形成的吸附作用力相对较强，是粉体改性沥青性能提升的主要贡献者。

（2）化学吸附作用。

粉体与沥青之间除了在界面处发生较强的表面物理性吸附外，部分物质也会有较少的化学反应吸附，参与化学吸附作用的沥青成分主要是活性较强的胶质和沥青质，参与化学吸附作用的粉体成分主要是活性较大的碱性氧化物。因此，沥青中活性较强的胶质和沥青质中的酸性物质，如沥青酸、沥青酸酐等与粉体的碱性氧化物发生反应，形成较为稳定的化合物。这一过程使得沥青与粉体之间形成了化学性吸附作用，使改性沥青性能稳定性提高。化学吸附作用力远大于分子间作用力，与物理吸附过程不同，粉体与沥青之间的化学吸附过程属于不可逆过程，二者发生化学反应后形成的新型化合物性质相对稳定，且多数化合物不溶于水，使得粉体改性沥青的黏附能力增强，这一现象也是消石灰和水泥常被作为沥青混合料抗剥落剂使用的原因。但化学反应的总效能相比物理性吸附要小，其仅仅与沥青中特定基团发生一定的反应，因此，产生的总效能远远低于物理吸附能量。

（3）选择性吸附作用。

选择性吸附作用主要发生在多孔材料中,第 2 章对 3 种粉体微观形貌的研究结果表明,消石灰和硅灰颗粒表面较为粗糙,存在有孔隙孔,且颗粒之间存在丰富的间隙孔,水泥表面粗糙,但孔隙较少,3 种粉体的构造特性为与沥青材料发生选择性吸附作用创造了良好的条件。参与选择性吸附作用的主要是分子量较小且分子链较为柔顺的油分,粉体与沥青混合后,沥青中的油分会进入粉体粒子表面的小孔隙中,形成交叉包裹作用,分子量较大的胶质则吸附在粉体颗粒之间的间隙孔中,具有较强极性的沥青质主要吸附在粉体颗粒表面,通过选择性吸附作用,沥青与粉体界面之间形成了立体交错的纽带联接,这一吸附过程延续的时间较长。同时也使得沥青中油分数量减少,沥青稠度增大,粉体改性沥青强度逐渐形成。

综上所述,沥青与粉体之间的物理吸附、化学吸附和选择性吸附作用是沥青强度形成的基础,这些吸附作用的强弱主要取决于粉体与沥青材料的交互作用界面大小和分子界面张力,而吸附面积大小与掺量和粒径有关,分子表面张力取决于粉体粒径变化表面自由能大小的变化。

物理吸附方面,与水泥和消石灰颗粒相比,硅灰具有较小的粒度,其与沥青的接触面积更大,发生物理吸附的分子数量更多,物理吸附作用更强;化学吸附方面,三者均含有碱性氧化物,与沥青基团发生反应的多少也与界面交互作用大小有直接关系,因此,比表面积越大,粉体与沥青化学反应也相对较强;选择性吸附方面,消石灰和硅灰表面粗糙度较大,不仅含有孔隙孔,而且含有大量的间隙孔,而水泥表面结构致密,孔隙结构不发达,不具备选择性吸附作用的发生条件。因此,3 种粉体与沥青界面的吸附作用程度大到小依次为:硅灰>消石灰>水泥。

6.2 基于表面能的黏附性能

6.2.1 表面自由能概述

1. 表面自由能的基本定义

表面自由能常被称为表面能,可表述为加工单位表面积的物体所需要做的等温功[153]，一般用γ表示。物体有表面能的主要原因是物体表面原子数和内部原子数不均匀产生分子引力，具体分子受力如图 6-2 所示，物体内部分子周围的原子是平衡稳态，被原子紧密包裹，且其受到周围分子的作用力大小一致，方向刚好对称；而物体外部的分子表面一侧与外界接触，一侧与内部分子接触，即只在一侧受到内部分子的作用，另外一侧需要达到平衡，就会产生吸附其他物质的能力，因此物体就产生了向内的作用力，即吸附力。

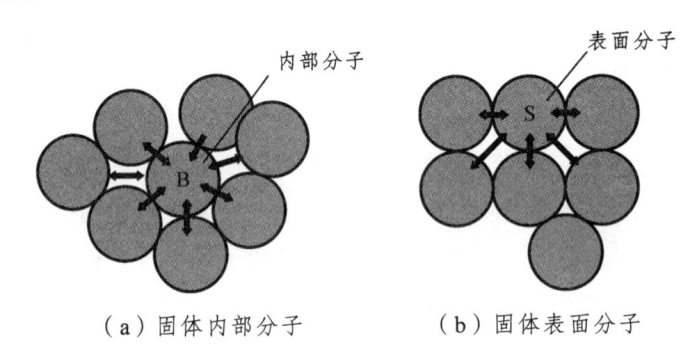

（a）固体内部分子　　　　（b）固体表面分子

图 6-2　物体内外分子受力示意

2. 表面自由能的理论体系

Good 等[154]研究提出，物体的表面能可以被划分为两个部分：色散部分和极性部分，即

$$\gamma = \gamma^d + \gamma^P \tag{6.1}$$

式中：γ——物体表面能；

γ^d——色散部分；

γ^P——极性部分。

随后 Fokes 等对固体液体表面能 γ_{SL} 做出了进一步解释，其计算公式可以表述为

$$\gamma_{SL} = \gamma_S + \gamma_L - 2\sqrt{\gamma_S^d \gamma_L^d} - 2\sqrt{\gamma_S^P \gamma_L^P} \tag{6.2}$$

式中：γ_S、γ_L——固体表面能、液体表面能；

γ_s^d、γ_s^P——固体物质色散部分和极性部分；

γ_L^d、γ_L^P——液体物质色散部分和极性部分。

Young 等提出的 Young 方程则建立了固体液体表面接触角 θ 与表面能之间的本构关系，作用关系如图 6-3 所示。

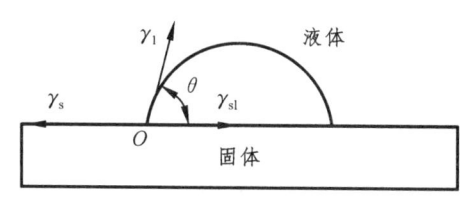

图 6-3　固液界面接触角及表面张力

根据图 6-3 可推导出 Young 方程：

$$\gamma_l \cos\theta = \gamma_s - \gamma_{sl} \tag{6.3}$$

结合式（6.2）与式（6.3）可得

$$\gamma_l(1+\cos\theta) = 2\sqrt{(\gamma_s^d \gamma_l^d)} + 2\sqrt{(\gamma_s^P \gamma_l^P)} \tag{6.4}$$

在测得固体与两种以上的探针液体之间的接触角后，就可以通过式（6.4）确定多个公式联立计算物体物质的表面能分量，联立公式如下：

$$\begin{cases} \gamma_{l1}(1+\cos\theta_1) = 2\sqrt{(\gamma_s^d \gamma_{l1}^d)} + 2\sqrt{(\gamma_s^P \gamma_{l1}^P)} \\ \gamma_{l2}(1+\cos\theta_2) = 2\sqrt{(\gamma_s^d \gamma_{l2}^d)} + 2\sqrt{(\gamma_s^P \gamma_{l2}^P)} \\ \gamma_{li} = \gamma_{li}^d + \gamma_{li}^P \\ \gamma_s = \gamma_s^d + \gamma_s^P \end{cases} \tag{6.5}$$

式中：γ_{li}——i 液体的探针表面能（如蒸馏水，乙二醇等）；

γ_{li}^d——i 液体的色散分量；

γ_{li}^P——i 液体的极性分量。

黏附功是指将两种黏合在一起的物体分开需要的做的能量功大小，那么沥青与矿料黏附功（W_{as}）可表示为

$$W_{as} = \gamma_a + \gamma_s - \gamma_{as} \tag{6.6}$$

式中：γ_a、γ_s——沥青表面能、集料表面能；

γ_{as}——沥青与集料间的界面能。

将式（6.2）代入式（6.6）中，可得到

$$W_{as} = 2\sqrt{\gamma_a^d \gamma_s^d} + 2\sqrt{\gamma_a^p \gamma_s^p} \tag{6.7}$$

式中：γ_a^d、γ_a^p——沥青表面自由能的色散分量和极性分量；

γ_s^d、γ_s^p——集料表面能的色散分量和极性分量。

6.2.2 表面能试验方法与样本制作

涉及到测定粉体颗粒、粉体改性沥青、石灰岩矿料三种物质的表面自由能，具体如表 6-1 所示，其中固体粉体采用毛细上升法测量，粉体改性沥青和石灰岩矿料采用躺滴法测量。

表 6-1 表面能试验方案设计

代号	掺量/%	毛细上升法	躺滴法	AFM
HL-M1	2.5	—	√	√
	5.0	√	√	√
	7.5	—	√	√
HL-M2	5.0	√	√	√
HL-M3	5.0	√	√	√
PL-M1	5.0	√	√	√
GH-M1	5.0	√	√	√
OR	—	—	√	√
石灰岩	—	—	√	—

1. 试样方法

（1）毛细上升法。

毛细上升法是测定粉体固体接触角的典型试验方法，目前，许多学者采用该方法直接测试粉体颗粒的表面能参数[155, 156]。

毛细上升法的测量原理如图 6-4 所示，将粉体装入玻璃管中让粉体形成粉体柱，因为粉体颗粒之间空隙的存在，粉体柱内必然存在大量的毛细孔，将玻璃管浸入探测液体中，测试液体在毛细孔压力的作用下，会逐渐沿着粉体柱上升，通过获取液面上升速率，计算固液体的接触角，采用 Washburn 公式[157]可得到：

$$\frac{h^2}{t} = \frac{r\gamma_L \cos\theta}{2\eta} \qquad (6.8)$$

式中：r——单个毛细通道的有效半径；
γ_L——已知参数的浸渍液的表面张力；
η——已知参数的浸渍液的动力黏度；
θ——粉体与浸渍液的接触角；
h——浸渍液上升高度；
t——浸渍液上升时间。

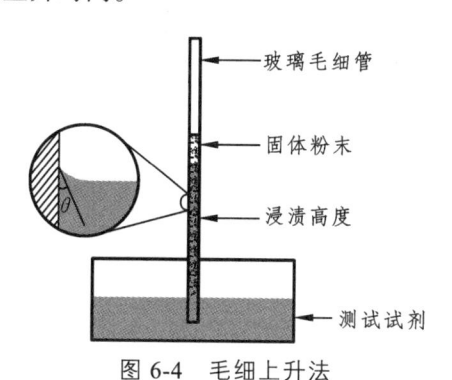

图 6-4 毛细上升法

从式（6.8）中可以看出，公式右边包含测试液体的黏度 η、表面能 γ_L、固液接触角 θ、毛细玻璃管液体的有效半径 r，等式左侧为液体柱随时间变化的线性关系，即该公式仅有有效半径 r 和接触角 θ 为未知数。而其中有效半径可以采用已知液体进行毛细上升试验，并结合式（6.8）计算获取 r 值，例如假定一种低表面能的非极性试剂作为参考试剂（如正己烷），认为其可以完全浸润固体表面，及接触角 $\theta = 0°$。将该已知条件代入式（6.8），求解毛细管通道有效半径：

$$r = \frac{2\eta h^2}{t\gamma_L} \quad (6.9)$$

对于粉体与测试试剂之间形成的接触角，选取多种测试试剂进行毛细管上升法试验，根据计算出的有效半径，可确定各种试剂与粉体之间的接触角。各测试试剂与粉体之间的接触角按式（6.10）计算。

$$\theta = \arccos\left(\frac{2\eta h^2}{r\gamma_L}\right) \quad (6.10)$$

由计算出的各试剂与粉体之间的接触角 θ，采用式（6.11）求解固体粉体的表面能参数。

$$\begin{bmatrix} \dfrac{1+\cos\theta_1\gamma_{L1}}{2} \\ \dfrac{1+\cos\theta_2\gamma_{L2}}{2} \\ \vdots \\ \dfrac{1+\cos\theta_n\gamma_{Ln}}{2} \end{bmatrix} = \begin{bmatrix} \sqrt{\gamma_{L1}^{LW}} & \sqrt{\gamma_{L1}^{-}} & \sqrt{\gamma_{L1}^{+}} \\ \sqrt{\gamma_{L2}^{LW}} & \sqrt{\gamma_{L2}^{-}} & \sqrt{\gamma_{L2}^{+}} \\ & \vdots & \\ \sqrt{\gamma_{Ln}^{LW}} & \sqrt{\gamma_{Ln}^{-}} & \sqrt{\gamma_{Ln}^{+}} \end{bmatrix} \begin{bmatrix} \sqrt{\gamma_S^{LW}} \\ \sqrt{\gamma_S^{+}} \\ \sqrt{\gamma_S^{-}} \end{bmatrix} \quad (6.11)$$

式中：L——浸渍液种类；

　　　S——固体代号；

　　　γ^{LW}——非极性色散分量；

　　　γ^{+}——极性酸分量；

　　　γ^{-}——极性碱分量。

$$\gamma_S = \gamma_S^{LW} + 2\sqrt{\gamma_S^{+}\gamma_S^{-}} \quad (6.12)$$

（2）躺滴法。

选择消石灰、硅灰和水泥制备粉体改性沥青和70#基质沥青进行接触角测试，同时对石灰岩集料的接触角进行测试，以分析粉体改性沥青与常用集料之间的黏附性。沥青测试试剂选择常用的蒸馏水、丙三醇和甲酰胺；集料测试液体选择蒸馏水、乙二醇和甲酰胺。主要是这几种测试试剂具有较大的表面能，不易出现与测试材料发生完全相容的现象，且测试试剂的色散分量和极性分量数值均已经获得[154]。

躺滴法是通过测定液体滴定在固体表面时液体表面切线与固体表面切线形成的夹角角度的常用方法[159]。选用光学接触角测定仪进行测定（见图 6-5），并选择仪器自带系统对接触角直接测定，测定计算原理是首先获取滴液的高度 H 和液面接触长度 $2R$（见图 6-6），再根据式（6.13）计算获得。

$$\sin\theta = \frac{2RH}{R^2 + H^2} \tag{6.13}$$

图 6-5　接触角测试仪器　　　　图 6-6　接触角测试原理

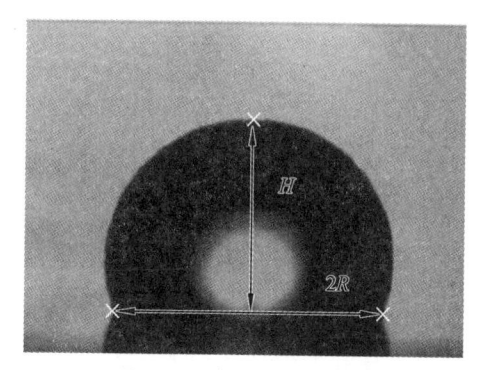

2. 试件制作方法

（1）粉体。

粉体颗粒在进行毛细管测定表面能试验时，需要对物体进行烘干处理，温度为 120 ℃，将样品平铺于器皿中，并将器皿一起放在烘箱中，为了保证能充分排出粉体内部残留的水分，样品恒温加热至少 3 h，然后将粉体样品取出置于密闭干燥机中 3 h 以上。

（2）改性沥青与矿料。

沥青试样加热熔融后，滴布于载玻片中央，放入 140 ℃ 烘箱中保温 20 min，让沥青试样自由流畅布满载玻片，再取出室温冷却后置于密闭容器内保存；集料试件采用高精度切割机切割，尺寸为 1.5cm×1.5cm×0.5cm，材料选择常用石灰岩，并对表面进行打磨处理，确定表面平整，试件制作效果如图 6-7 所示。

（a）粉体改性沥青试样　　　　　（b）矿料试样

图 6-7　接触角测试试件样品

3. 测试步骤

（1）毛细上升法。

1）粉体样品装样。

毛细上升法的基本原理是测定液体在毛细管通道上升的速率，这个指标和毛细管的高度和半径有密切关系，而毛细管数量和半径又与毛细管合成有效半径直接相关，为了保证浸渍液沿着毛细管上升的速率趋于稳定，试验过程中应控制粉体柱的密实程度一致，试验中采用以下方式予以保证：

① 控制每次试验中粉体的质量一致，粉体样品质量控制在（0.6±0.001）g；

② 粉体盛装过程按量少、多次的原则盛装，每次装样后，在胶垫上震动 5 min，保证样品尽量密实，重复此操作，直至粉体装样完毕；

③ 试管底部用滤纸包裹防止样品下漏，装样高度确定为（135±1）mm。

2）上升法试验测试。

装样完成后，将样品玻璃管放入盛有探测液体的广口瓶中，并移除包裹的滤纸，让其下端浸入探测液体，此时探测液体受到粉体颗粒毛细引力作用缓慢上升，固定玻璃管，记录液体柱上升时间，如图 6-8 所示。

（2）躺滴法。

① 将沥青载玻片放置在滴液台上。

② 安装好探针，缓慢滴探针液体于样品中心位置。

③ 等待 3 s 后，用高倍相机拍摄。

④ 然后将采集到的照片利用软件自带计算程序进行绘图，并根据式（6.13）计算接触角。

⑤ 平行试验进行 5 次，结果取其平均值。

图 6-8 粉体表面能参数测试

6.2.3 粉体的表面自由能

1. 粉体颗粒表面自由能

（1）毛细管通道有效半径 r 计算。

以消石灰为例，进行 2 次粉体柱试验。记录 2 次试验 h^2 与 t 之间的关系，计算得到 h^2/t 的平均值为 0.1，带入式（6.9），可以获得有效半径 r 为 0.29 μm，其他粉体按类似方法进行计算，计算结果见表 6-2。

（2）粉体接触角计算。

在获得有效半径 r 后，利用式（6.10）~ 式（6.11）获得各测试液体与粉体的接触角与表面能参数，结果见表 6-2 和图 6-9。

表6-2 毛细上升法测试粉体接触角

类别	有效半径 $r/\mu m$	接触角/(°) 蒸馏水	甲酰胺	丙三醇	表面能/(mJ/m²) γ^d	γ^p	γ
PL-M1	0.33	52.93	38.77	46.33	14.13	20.93	35.06
HL-M1	0.29	48.33	32.55	44.33	18.25	24.02	42.27
HL-M2	0.28	45.69	33.25	40.15	19.55	26.12	45.67
HL-M3	0.26	42.25	29.38	39.22	21.53	28.36	49.89
GH-M1	0.21	35.18	31.22	32.23	27.96	32.93	60.89

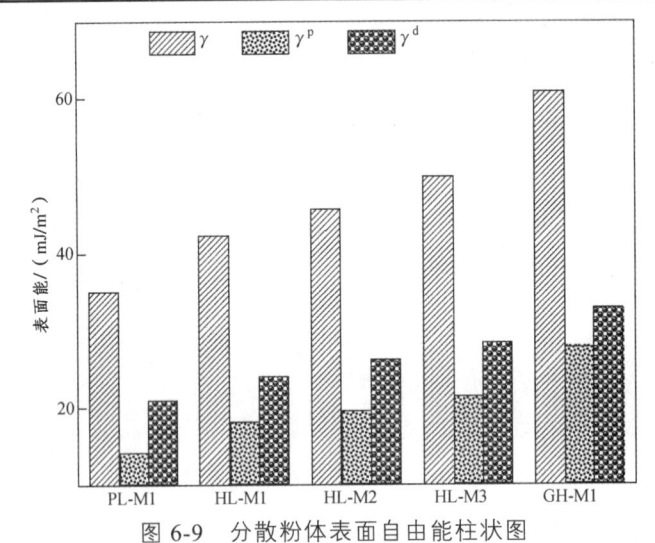

图6-9 分散粉体表面自由能柱状图

从图6-9中可以明显看出,3种粉体的表面自由能与粉体细度有显著关系,3种不同类型的粉体中,硅灰表现出较大的表面能、消石灰次之、水泥最小;且在相同材质的消石灰下,随着其细度的减小、表面积增大,其表面自由能增大。这与前述性能测试规律表现出一致,粉体粒径越小、表面积越大,其表面吸附能越强。

2. 粉体改性沥青及矿料表面自由能

图6-10为粉体改性沥青接触角测试结果,并将各类粉体改性沥青、基质沥青以及矿料测试获得的接触角汇总于表6-3和表6-4中,并通过式(6.11)计算获得其表面能参数。

基线圆法
角度=109.002°

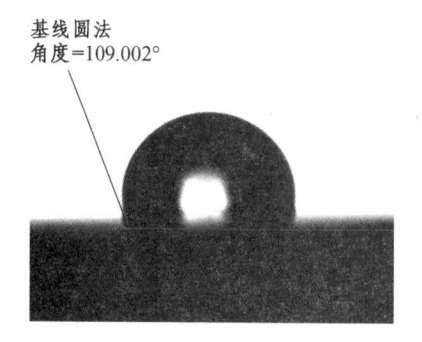

（a）基质沥青

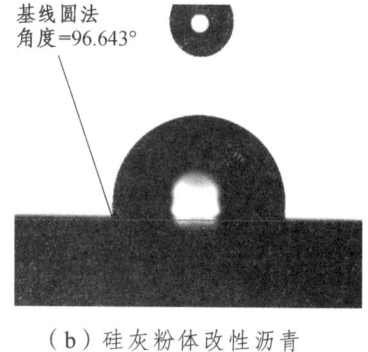

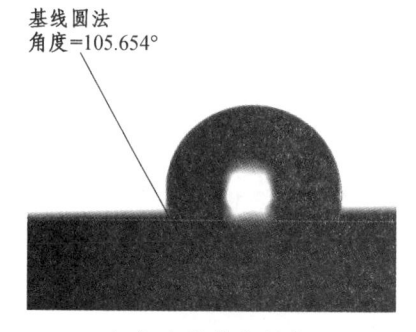

基线圆法
角度=96.643°

（b）硅灰粉体改性沥青

基线圆法
角度=105.654°

（c）水泥粉体沥青

基线圆法
角度=102.302°

（d）消石灰粉体沥青

图 6-10 部分改性沥青接触角测试结果

表 6-3 粉体改性沥青接触角和表面能

类别	掺量/%	接触角/°			表面能/（mJ/m²）			黏附功/（mJ/m²）
		蒸馏水	甲酰胺	丙三醇	γ^d	γ^p	γ	
OR	—	109	90.67	97.84	19.66	1.39	21.05	53.16
PL-M1	5	104.32	85.99	93.16	18.96	2.99	21.95	55.66
HL-M1	2.5	103.56	85.23	92.40	17.78	4.35	22.13	57.89
	5	102.96	84.63	91.80	17.55	5.96	23.51	58.30
	7.5	102.18	83.85	91.02	17.36	5.89	23.25	59.13
HL-M2	5	101.66	83.33	90.50	17.22	7.45	24.67	59.59
HL-M3		101.11	82.78	89.95	17.51	8.22	25.73	60.54
GH-M1		98.99	80.66	87.83	15.38	10.92	27.30	61.60

表 6-4　石灰岩矿料接触角和表面能[160]

类别	接触角/°			表面能（mJ/m^2）		
	蒸馏水	甲酰胺	乙二醇	γ^d	γ^p	γ
石灰岩	75.3	58.2	39.3	26.93	9.16	36.09

表 6-3 和图 6-11 为粉体改性沥青的表面能实测结果，从表中可以看出，由于基质沥青为非极性物质，其极性分量实测结果也较小；在添加粉体后改性沥青色散分量变化不大，但极性分量却有明显的变化，且均为增大，从而使其总表面能增加，极性分量增大，就缩小了沥青材料与集料之间的极性差距，从而使沥青与集料更容易结合，且结合更为紧密，有效地提高了沥青材料的黏附性能。

基质沥青添加粉体后表面能增大的原因可归纳为：①粉体与有机沥青结合，其物理性能也会表现出两者的综合性能，3 种粉体的极性分量均较高，与沥青混合后，增大了两者混合料的极性分量，从而使总表面能增大；②粉体颗粒不仅比表面积大，而且存在较多表面孔隙，其与沥青结合后吸附了沥青中较多的小分子油分，使分子量高、极性高的沥青质和胶质相对含量增加，从而使其黏性增大，表面能增加；③3 种粉体自身较强的表面能，不仅吸附油分，还会与部分沥青质和胶质结合，形成大的胶团，使沥青体系更加稳定，黏度增大，总表面能增加。

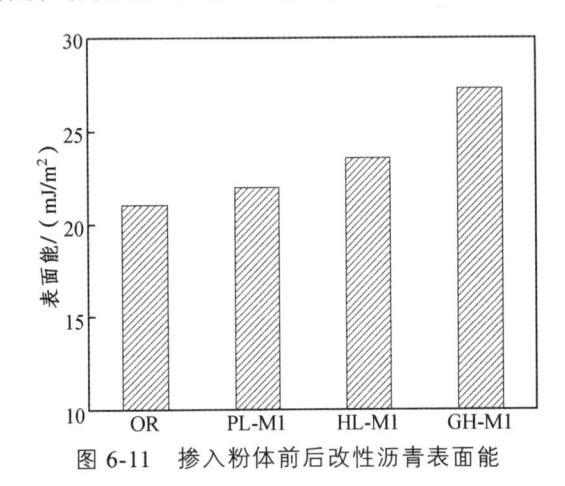

图 6-11　掺入粉体前后改性沥青表面能

3种粉体表面能与掺量和细度的变化关系以消石灰为例进行分析：从图 6-12（a）中可以看出，随着掺量增加，极性分量 γ^p 逐渐增大；色散分量 γ^d 则逐渐减小；表面能 γ 则是先增大后降低。这主要是由于低掺量下粉体颗粒只吸附了质量较轻的油分，且油分分子尚有余存，吸附油分的粉体颗粒分散于沥青芳香分和饱和分分散介质中，但随着掺量增加，过多的粉体吸附掉沥青中的分散介质，使沥青中大分子析出、变干、变硬，反而降低了沥青的黏附性能。由图 6-12（b）可以看出，掺量不变条件下，改性沥青表面能随着粉体粒径的减小逐渐增大。主要原因可能是粒径减小、比表面积增加，单位质量的粉体颗粒表面原子数量急剧增大，造成分子力不平衡，产生巨大的分子界面张力，与沥青混合后，改性沥青的混合物表面能也相应增加。因此，HL-M3 型消石灰对沥青的改性效果明显优于 HL-M1 和 HL-M2 消石灰对沥青的改性效果。

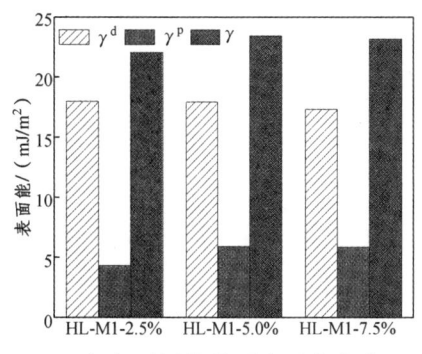

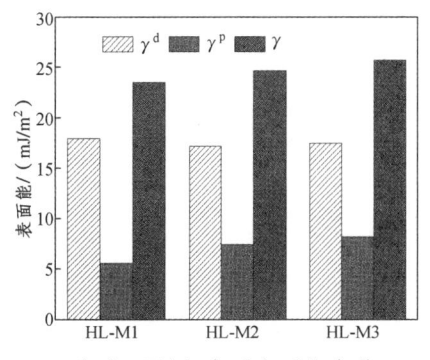

（a）不同掺量下表面能参数　　（b）不同细度下表面能参数

图 6-12　消石灰粉体前后改性沥青表面能

由表 6-3 中的数据结合式（6.7）可计算得到粉体改性沥青和石灰岩之间的黏附功 W_a，计算结果如图 6-10 所示。从表 6-3 和图 6-13 可以看出，粉体添加后，改性沥青的极性值增加，从而使其与石灰岩的极性值差减小，因此沥青更容易在石灰岩表面铺展。另一方面，随着沥青表面能的增大，沥青与石灰岩矿料之间的黏附功也随之提高，提升效果约在 5%～18%，其中用 5%掺量的 M1 型硅灰改性沥青与矿料石灰岩的黏附功最高。综上所述，随着一定范围内掺量增加、细度的减小，粉体改性沥青的黏附性增加；

不同类型的 3 种粉体中黏附性提升效果从大到小依次为：硅灰 > 消石灰 > 水泥，这一规律与比表面积呈正比例关系。另外，以黏附性最佳掺量判断而言，最佳掺量推荐 5%。

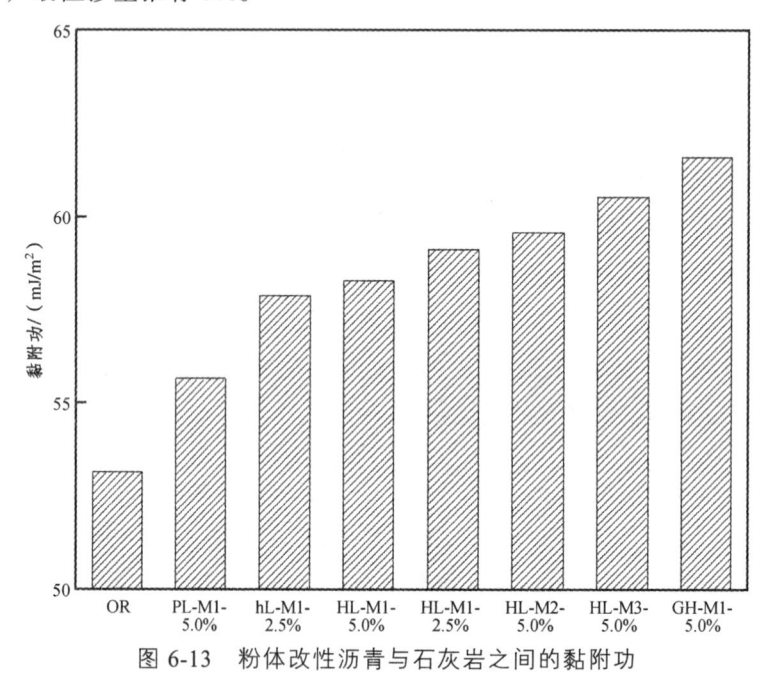

图 6-13　粉体改性沥青与石灰岩之间的黏附功

6.3　基于 AFM 的胶凝材料微观结构特征

原子力显微镜（AFM）是通过微型探针与样品之间的微弱原子引力的获取与分析，判定样品表面的形貌特征和力学响应[161]，并可以利用自带的激光成像技术绘制样品表面的三维形貌信息以及粗糙度信息，其对微纳米级别的样品微观力学特性研究具有重要的意义。因此，采用 AFM 对改性沥青的表面形貌变化及微观力学性能进行深入研究。

6.3.1　原子力显微镜原理及方法

1. 测试原理

试验采用的是德国布鲁克公司生产的 Dimension Icon 型 AFM，仪器具体参数见表 6-5。原子力显微镜的核心部分为微小的微纳米探针[162]。探针在其悬挑机械臂上，悬臂一端固定，另外一端安装探针，悬挑机械臂在仪器驱动装置下可以在样品表面移动，当悬臂段的探针与样品距离进入微纳米级别后，会产生微弱的原子引力（$10^{-8} \sim 10^{-6}$N），使悬臂发生较小的变形，这种微变形通过照射在微悬臂上的激光变动被检测，并以电信号的方式被成像系统获取。因此，AFM 利用了物体原子之间微小的作用力关系，探测出物体表面物理特性，悬臂端的探针与物体之间的作用力由原子之间的应力和排斥力组成，当然还受空气中的横向力、水分子毛细力等影响，这里力与两者之间的距离紧密相关，具体的 AFM 工作原理如图 6-14 所示。

轻敲模式（Tapping Mode）、接触模式（Contact Mode）、峰值力模式（Peak Force Mode）是 AFM 常用的测试模块，这几种测试模块针对不同的测试要求具体的工作方式也不相同。

表 6-5 Dimension Icon 型 AFM 工作模式与指标

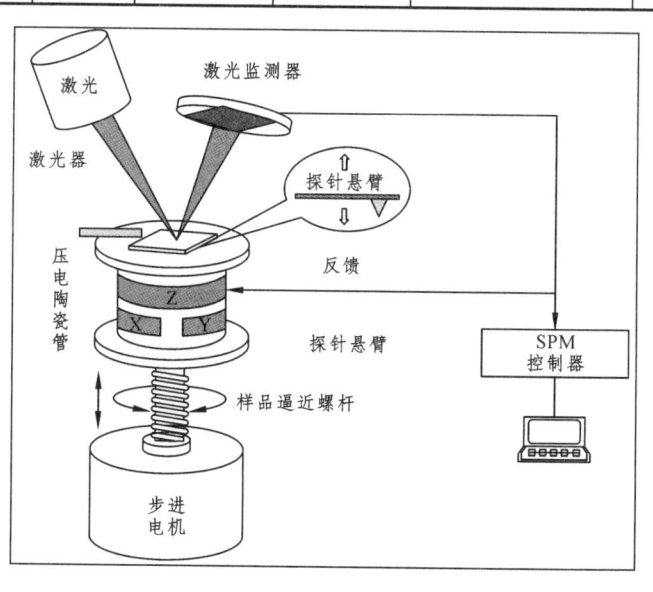

最大扫描尺寸/μm	扫描速度/Hz	扫描温度/°C	弹性模量/MPa	黏附力/N	表面电势/V
90×90×10	125	$-35 \sim 250$	$1 \sim 1\times 10^5$	$1\times 10^{-11} \sim 1\times 10^{-5}$	±10

图 6-14　AFM 测试原理

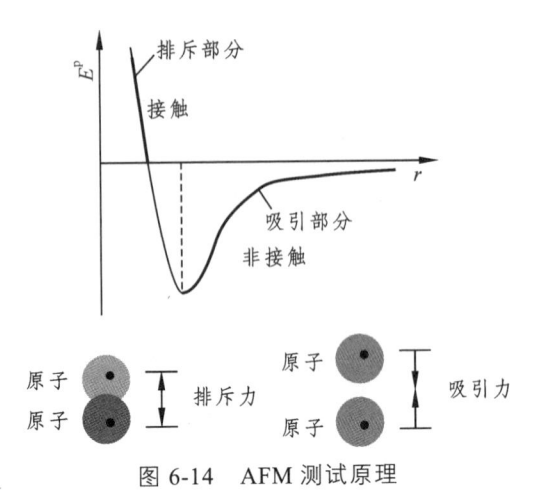

（1）接触模式。

该模式下探针经过样品表面时，由于原子引力作用，探针带动悬臂发生弯曲，从而引起激光电信号变化，系统根据电信号的变动，判断探针与样品之间的距离，并通过控制系统调整悬臂垂直高度，以确保探针与样品之间的距离在一个合适的范围内。因此，该模式下探针与样品之间的距离保持不变，探测样品测试区域内的形貌特征，这也是 AFM 最初的工作模式，在工作过程中，距离不变，即两者之间的作用力保持一定，用探针垂直方向的移动绘制形貌信息。但该种方式在受到空气中横向微小应力作用时往往会对结果造成较大影响，且有可能对样品造成破坏。

（2）轻敲模式。

轻敲模式，集成控制系统使悬臂发生一定频率的振动，其振动频率大于探针的机械共振频率，悬臂振动带动探针发生振动，此时，探针逐渐靠近样品，当距离在 2~20 nm 时，探针与样品之间的原子引力出现，引力的出现就会减小发生的共振，使其振幅变小，系统根据悬臂振幅的变化就可以计算出样品形貌信息，并制成图像。因此，该模式主要是通过悬臂振幅变化来测定样品信息，这就要求样品制样精度高，表面高低落差不能大于 12 μm，这也是目前应用较为广泛的形貌测试模式。

(3)峰值力模式。

峰值力模式采用高频率(2 000 Hz)在试样表面做力曲线,集成控制系统对做力过程的最大值进行监控,一旦达到最大值就采用矩形扫描管移动悬臂梁垂直距离,确保最大的峰值力保持不变,通过对整个扫描区域的探测,就可以完成形貌高程测试。该技术最大的特点是在获取样品形貌的同时,还可以获取样品与探针时间的作用力;同时,获取作用力的过程中还可以顺带获得材料的其他力学特性(如模量、应变等)。峰值力扫描模式相比前两代模式更加智能,在扫描过程中,可以根据不同的点位信息自动调整扫描参数,使其获得最佳的扫描信息;另外,相比轻敲模式,探针上施加的作用力较小,对样品伤害也最小。因此,该模式兼具了轻敲模式和接触模式的优点,又进一步开拓了新的测试参数。

(4)QNM 模式。

QNM 模式是基于最新的峰值力模式专有技术[163]。该模式在获得样品形貌的同时还可以获得样品的多个力学特性,模式操作简单、快速[164]。在测试过程中可以测定每个测试点的力学信息,并通过相应的 DMT 数学模型进行拟合而获得模量、黏附力、耗散能以及变形量,系统还能针对获得的力学特性绘制对应的三维云图,分析直观、易懂。

QNM 的测试原理如图 6-15 所示,AC 曲线为探测针靠近试样的过程,A 点为探针出发点,C 点为探针最终停止的点,B 点为样品与探测针接触点,该处两者产生黏附力;CE 曲线则表示为探针离开样品表面的过程,C 点为起始点、E 点为终点,D 点为黏附力最大的点。原子力显微镜可以将图中的力与时间关系转化为力与距离(样品与探针)之间的关系。

探测针与试样之间的基础类似一个黏弹性体与金属物体,通常采用 DMT 模型进行拟合求得其杨氏模量:

$$F_\mathrm{t} = \frac{4}{3} E \sqrt{Rd} + F_\mathrm{a} \tag{6.14}$$

$$E = [(1-\mu_\mathrm{s}^2)/E_\mathrm{s} + (1-\mu_\mathrm{t}^2)/E_\mathrm{t}]^{-1} \tag{6.15}$$

式中:F_t——探针作用力;

F_a——探针与试样黏附力；

R——探针半径；

d——样品形变量；

μ_s、μ_t——样品与探针的泊松比；

E_s、E_t——样品与探针的模量。

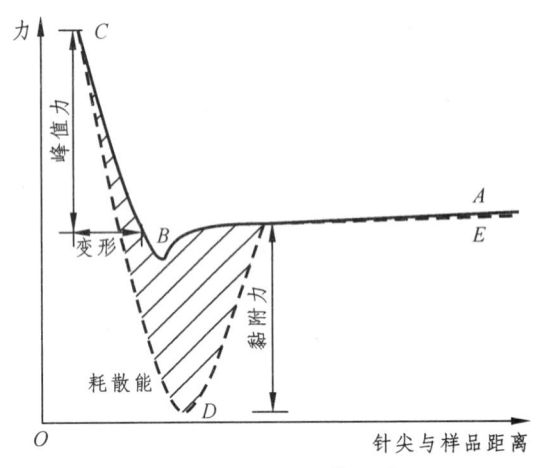

图 6-15 QNM 工作原理

QNM 在获得力与距离之间的关系后，可以通过 DMT 公式计算获得黏附力、模量、应变和耗散能四个力学指标：黏附力是探针离开样品表面过程中的曲线的最低点（D 点），它是探针与样品之间的作用力，主要由探针与样品之间的静电引力、毛细管压力和分子引力组成，它反应了两个物体之间的黏附性能，探针不同，黏附力就不同[165]；最大变形是样品与探针之间作用力为最大值和最小值时，试样的变形差量反应材料的硬度情况，也可以利用其直接计算获得样品的模量；耗散能是通过进针和退针曲线围成的面积获得的，反应了探针在作用过程中所耗散的能力，这一指标也与材料的黏附性能有关。在常用的力学指标分析中，模量和变形相关，黏附力和耗散能相关，因此，在研究分析中只对模量和黏附力 2 个指标进行量化统计。

2. 试验方法

根据前述对三种模型的深入分析，并结合研究的材料类型，在通过

AFM 对各种粉体改性沥青表面形貌及接触力进行测量时选择峰值力模式的 QNM 技术，从而直接获取粉体改性沥青的表面形貌变化图和表面力学特性的演变图。

AFM 测试过程中要求样品表面必须平整，起伏高差不大于 12 μm。因此，制备样品时，将粉体改性沥青加热至 160 ℃后滴布于圆形不锈钢样板片上，不锈钢样板选择较大的直径（30 mm，直径越大沥青流淌越平），再将其放置 100 ℃烘箱内保温，待沥青自然流淌全部布满样板即可，取出室内冷气后密封保存，且放置于低温水平处，如图 6-16 所示。

图 6-16 粉体改性沥青 AFM 试样

上述制备方法获得的样品表面平整且自然，能反应沥青自身的表面性能，并满足峰值力模型对样品的精度要求，而且可以对同一个样品进行多个区域的测量，取其均值进行分析，减少因为区域不同而产生的样品误差。样品承载板选择直径为 30 mm，厚度 8 mm 的不锈钢板圆形板，完成后密闭水平保存。探针扫描区域选择 50 μm × 50 μm，为了降低试样的离散性，一个试样选择测试 5 个区域，测试位置如图 6-17 划分；温度控制在室温 25 ℃，且测试过程中保持周围环境安静，无明显振动、噪音、水汽等因素干扰；测试探针与悬臂参数如表 6-6 和表 6-7 所示。

图 6-17 粉体改性沥青 AFM 试样测试位置

表 6-6　AFM 试验参数

AFM 设置参数	扫描速度	扫描温度/°C	扫描范围/μm	增益值	预压力/Pa
数值	0.999	25	50×50	0.5	300

表 6-7　粉体改性沥青 AFM 测试探针及悬臂参数

探针型号	材料	厚度/μm	长度/μm	宽度/μm	频率/Hz	K 值
Tap190AI-G	硅	0.65	115	25	50~90	0.4

AFM 测试仪器和测试过程如图 6-18 所示。

（a）AFM 仪器　　　　　　　　　　（b）探针测试图像

图 6-18　粉体改性沥青形貌 AFM 测试

6.3.2　粉体改性沥青的组分组成

1. 组成变化假设理论

采用 AFM-QNM 测试的沥青图像主要有高程图、模量图、黏附力图。对 70#基质沥青进行 QNM 模式测试，根据获得的高程图（见图 6-19）观察发现，70#沥青存在明显的"蜂形结构"。这一发现也被众多国内外学者[166, 169]证实，且"蜂形结构"与沥青组分的关系也有部分学者进行了研究[161]：认为该结构中凸出部位为沥青质，这主要是由于沥青质分子量最高，硬度最大，在沥青中易形成凸形结构；结构的蜂形尾部代表的是胶质，由于胶质往往作为沥青质的溶解介质，且胶质的分子量小于沥青质，两者极性相近，往往结合在一起；蜂形结构的凹陷区被认为是饱和分，由于其分子量小，柔软，易形成凹陷结构，且易被胶质裹覆沥青质的胶团吸附；蜂形结构以外的平坦部分认为是芳香分，由于其分子量较小，但大于饱和分，因此其不会形成凸起或凹陷结构，并在沥青中扮演着分散介质的角色，因此大面积存在。

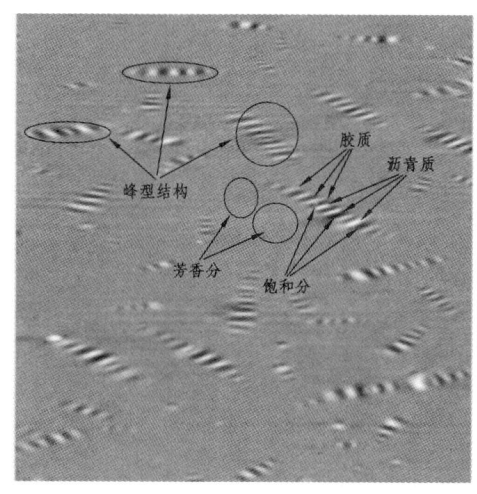

(a) 基质沥青形貌

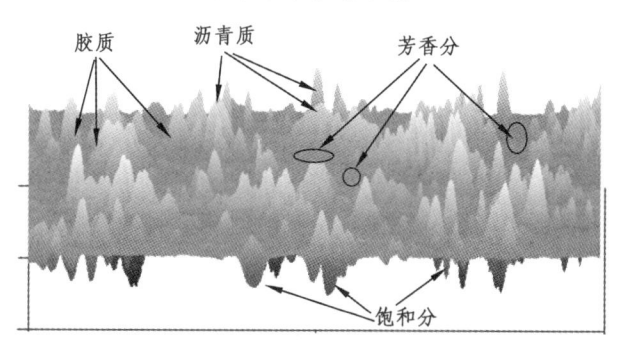

(b) 基质沥青三维形貌

图 6-19 基质沥青 AFM 测试形貌图

以上假设符合沥青组分组合的基本规律，以此为基础，对形貌图的立面图形貌高程进行精确划分，确定出基质沥青中各组分代表高程，如图 6-20 所示，图右侧为其色柱状图，其作用为与粉体改性沥青进行高程对比处于同一色度区域，方便进行对比。再根据 Nanoscope Analysis 软件中 Bearing

Analysis 模块统计对应高程范围内的占比面积,如图 6-21 所示,确定出按形貌高程对应的沥青组分分布,表 6-8 为基质沥青高程对应组分分布。

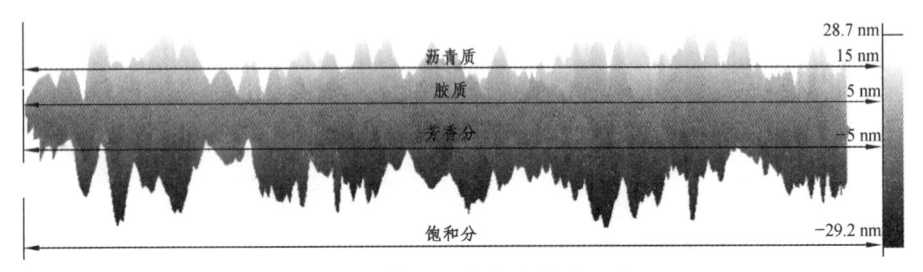

图 6-20 基质沥青组分划分示意

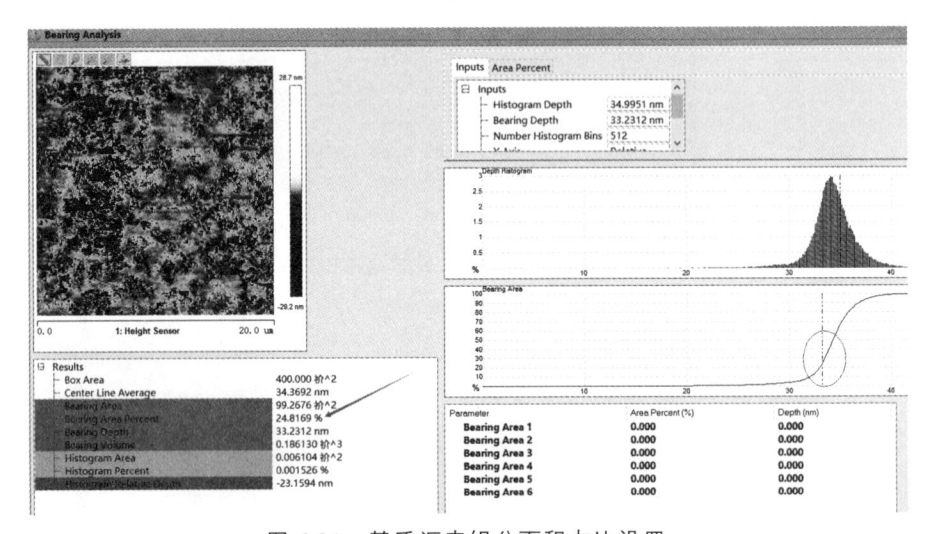

图 6-21 基质沥青组分面积占比设置

表 6-8 基质沥青组分含量统计表

名称	沥青质	胶质	芳香分	饱和分
高程数据区间/nm	>15	5~15	-5~5	-29.2~-5
沥青组分比例/%	9.62	21.68	43.88	24.82

2. 组分变化趋势

对所采用的粉体改性沥青进行 QNM 模式测试,形貌测试结果见表 6-9。再将其按基质沥青高程对应面积统计汇总于表 6-10 中。从平面图中可以明显看出掺入粉体后的改性沥青蜂型结构部分消失或者变小，表面出现了部分较大的凹陷，破坏了原来的蜂型结构，这是由于内部粉体从下方吸附掉了蜂型结构中的饱和分，使原结构发生的部分改变；同时，从三维图中可以看到粉体改性沥青表面粗糙度明显大于基质沥青，特别是消石灰掺量在 5%以上以及硅灰掺入后，原基质沥青除峰形结构以外具有较大面积的平整部位，在加入粉体后平整部位表现出高低起伏状态，这表明粉体不光吸附了饱和分，还对平整区域的芳香分部分进行了吸附，从而使芳香分分子之间无过渡点的小分子填充，表现出起伏不平。

表 6-9 粉体改性沥青微观形貌

名称	二维平面图	三维立体图
OR		
PL-M1-5%		

续表

名称	二维平面图	三维立体图
HL-M1-2.5%		
HL-M1-5%		
HL-M1-7.5%		
HL-M2-5%		

续表

名称	二维平面图	三维立体图
HL-M3-5%		
GH-M1-5%		

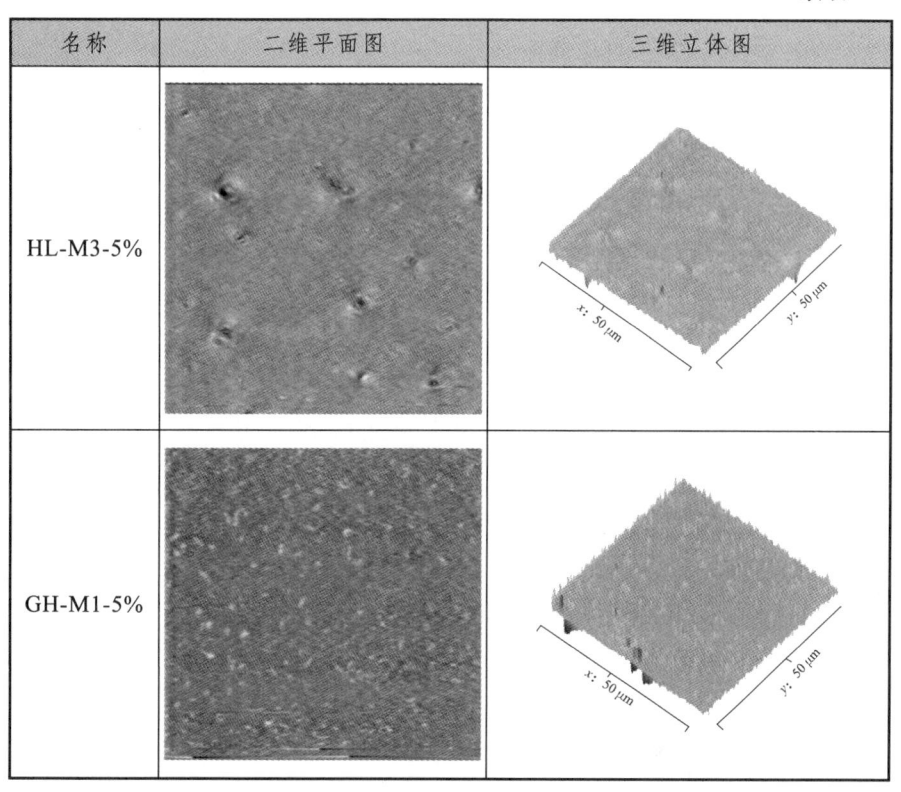

表 6-10 粉体改性沥青组分含量统计表

名称	沥青质/%	胶质/%	芳香分/%	饱和分/%
高程数据区间	>15 nm	5～15 nm	－5～5 nm	－29.2～－5 nm
OR	9.62	21.68	43.88	24.82
PL-M1-5.0%	9.86	21.88	44.16	24.1
HL-M1-2.5%	9.56	21.89	44.99	23.56
HL-M1-5.0%	10.66	22.02	45.94	21.38
HL-M1-7.5%	10.55	22.89	46.4	20.16
HL-M2-5.0%	11.36	22.69	48.62	17.33
HL-M3-5.0%	12.58	24.15	48.02	15.25
GH-M1-5.0%	14.38	25.87	48.39	11.36

为了更加直观的观察分析，根据表 6-10 绘制了粉体改性沥青组分占比图（见图 6-22），从中可以看出：

（1）3 种粉体掺入后均对沥青的组分分布产生了一定的影响，影响最大的为饱和分，对芳香分、沥青质和胶质影响较小，且 3 种粉体影响最大的为硅灰、消石灰次之、水泥最小。这可能与 3 种粉体的物理吸附和选择性吸附有关，消石灰和硅灰具有较大比表面积和孔隙，吸附了分子较小和较软的饱和分，使其在微观高程度上极差减小，从而促使了另外 3 种组分的相对含量提升，其中硅灰相较基质沥青其余三种组分分别提升了 49.4%、19.3%和 10.3%。

（2）图（b）为消石灰不同细度的粉体改性沥青组分占比情况，随着细度减小，粉体颗粒的比表面积增大，比表面能同样增加，从而使其吸附能力增强，吸附了更多的饱和分，降低了其高程面积占比。

（3）图（c）为消石灰不同掺量下的组分面积占比，但从图中得出掺量占比对组分面积影响并不显著，这可能与粉体随着掺量增加，沥青中粉体颗粒逐渐增多，吸附沥青后粉体与粉体颗粒成团变大分子沉淀而引起离析所致。

（4）以上组分变化中硅灰和小粒径的消石灰对沥青质含量的影响变化也较大，这主要与其粒径小，表面势能巨大，同质量颗粒多，在吸附饱和分的同时还吸附了分子量较大的部分沥青质和胶质成团，从而影响其表面高程变化。

（5）以上分子组分的变化并不是沥青中真实产生了如此大的化学反应，只是由于分子较小、较软的饱和分或部分沥青质被粉体吸附造成微观形貌中高程变化而引起的比例变化。

（a）不同粉体种类

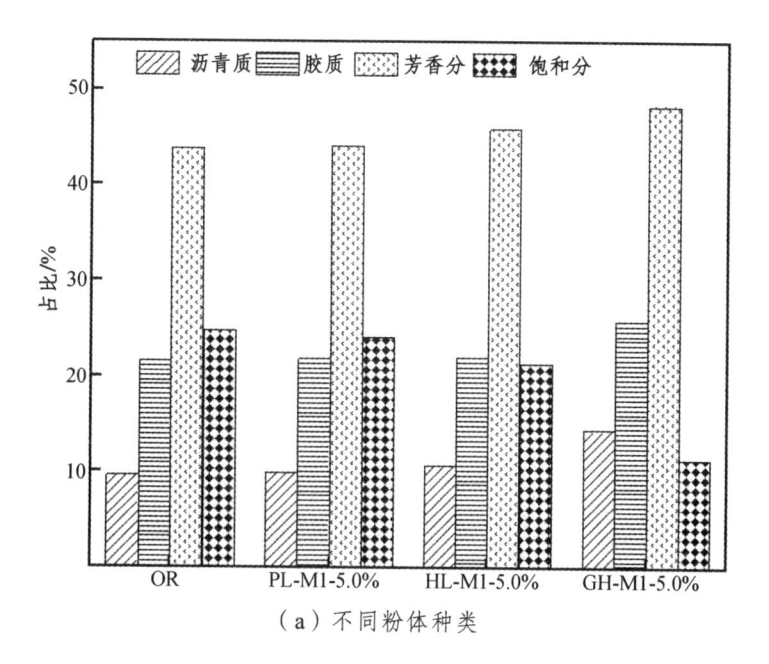

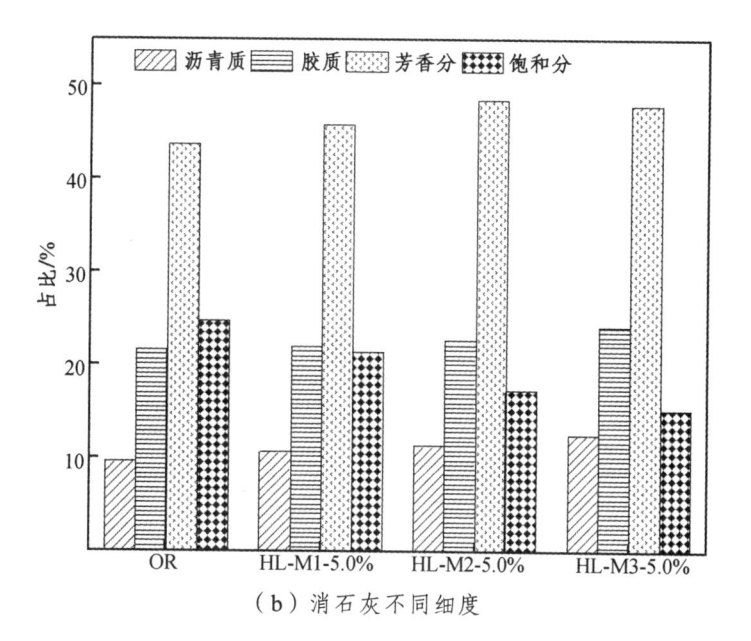

（b）消石灰不同细度

(c) 消石灰不同掺量

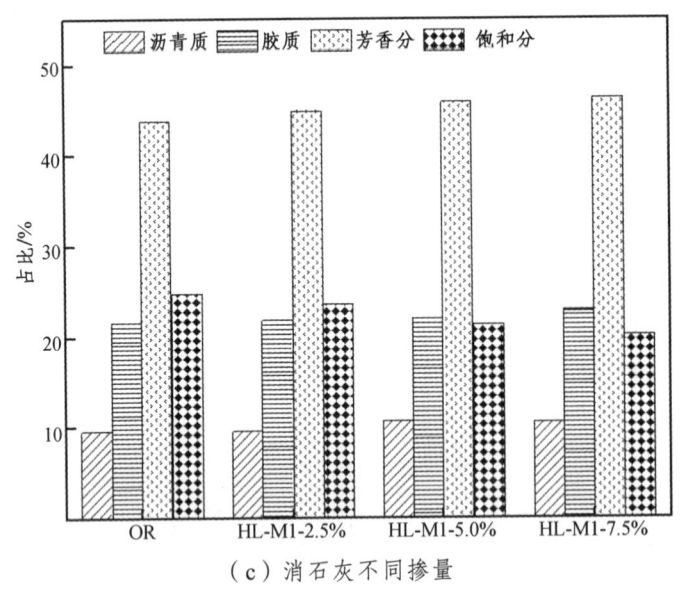

图 6-22 粉体改性沥青组分占比分布

3. 微观结构变化趋势

AFM-QNM 模式下获得高程相位图，在 NanoScope Analysis 软件 Roughness 模块中可以直接获取粗糙度均方根（R_q）、高度平均值（R_a）、极大与极小高度差（R_{max}）、展平面积差（Image Surface Area Differece，ISAD，表示扫描区域的崎岖表面展平到 X-Y 面的面积差百分比）[170]。对 70#沥青和粉体改性沥青的粗糙度参数进行统计，统计结果如表 6-11 所示。

表 6-11 粉体改性沥青表面粗糙度统计表

名称	R_q/nm	R_a/nm	R_{max}/nm	ISAD/%
OR	2.54	1.63	58.9	0.032 6
PL-M1-5.0%	2.23	1.69	55.9	0.038 9
HL-M1-2.5%	2.15	1.72	56.1	0.040 5
HL-M1-5.0%	2.10	1.80	55.3	0.042 4
HL-M1-7.5%	2.08	1.81	56.2	0.041 1
HL-M2-5.0%	1.92	1.85	30.2	0.048 8
HL-M3-5.0%	1.83	1.92	29.5	0.063 5
GH-M1-5.0%	1.53	1.99	24.6	0.092 4

从表 6-11 中可以得出，极大与极小高度差（R_{max}）粉体加入后会减小，特别是吸附力最强的硅灰降低超过 50%，主要是增加了最低高度，使其差值减小；展平面积差百分比（$ISAD$）随着掺量和比表面积呈现出正比例关系，这主要是由于前述分析的物理吸附引起组分比例变化，改性沥青呈现出表面更加崎岖不平，因此其展开面积更大，差值增加，使其 $ISAD$ 值增加。

6.3.3 粉体改性沥青的力学性能

1. 黏附力

基于 QNM 技术成像原理，获取粉体改性沥青的黏附力图，如表 6-12 所示，并将黏附力参数汇总于表 6-13 中。

表 6-12 粉体改性沥青表面粘附力形貌图

名称	黏附力 3D 图	黏附力 2D 图
OR		
PL-M1-5.0%		

续表

名称	黏附力 3D 图	黏附力 2D 图
HL-M1-2.5%		
HL-M1-5.0%		
HL-M1-7.5%		
HL-M2-5.0%		

续表

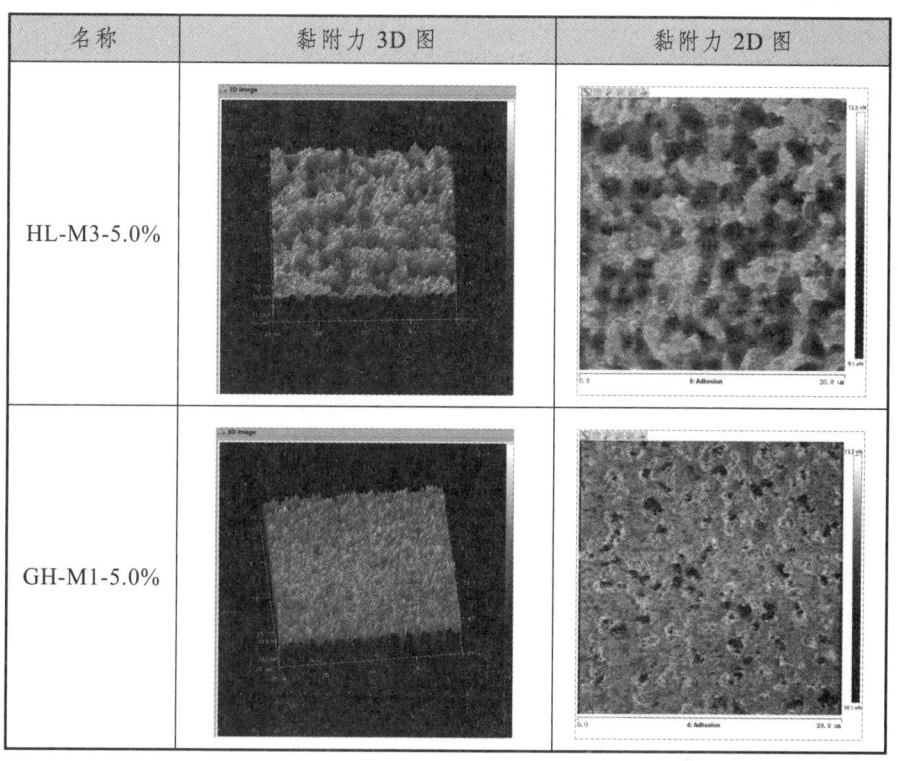

名称	黏附力 3D 图	黏附力 2D 图
HL-M3-5.0%		
GH-M1-5.0%		

表 6-13　粉体改性沥青表面粘附力参数统计表

类别	OR	PL-M1	HL-M1	HL-M1	HL-M1	HL-M2	HL-M3	GH-M1
掺量/%	—	5	2.5	5.0	7.5	5.0		
$F_{a,max}$/nN	8.2	10.7	11.2	12.4	12.9	13.0	12.5	13.3
$F_{a,min}$/nN	4	4.4	5.5	6.7	7.6	8.5	9.1	10.1

图 6-23 为 AFM 实测中获取的基质沥青和粉体改性沥青的黏附力数据，从图中可以得到以下规律：

（a）不同类型粉体

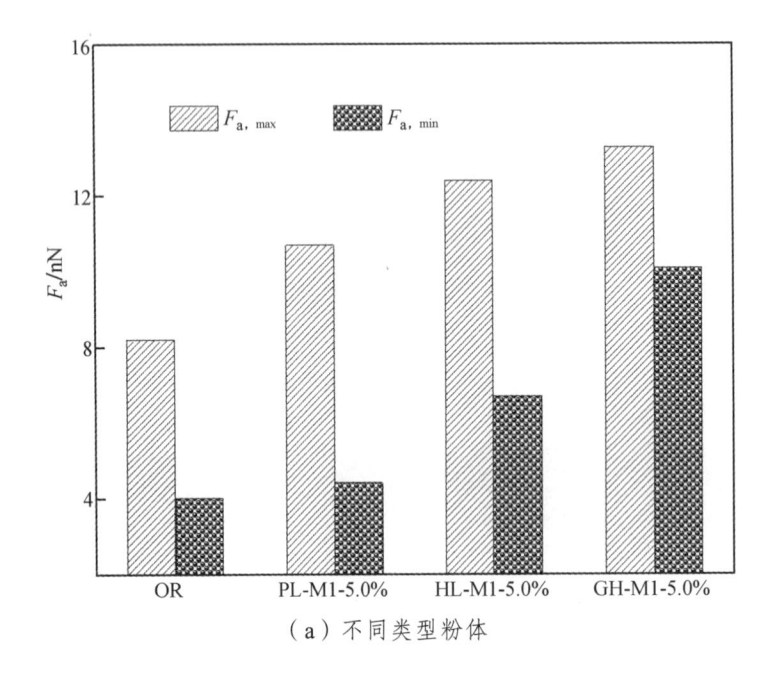

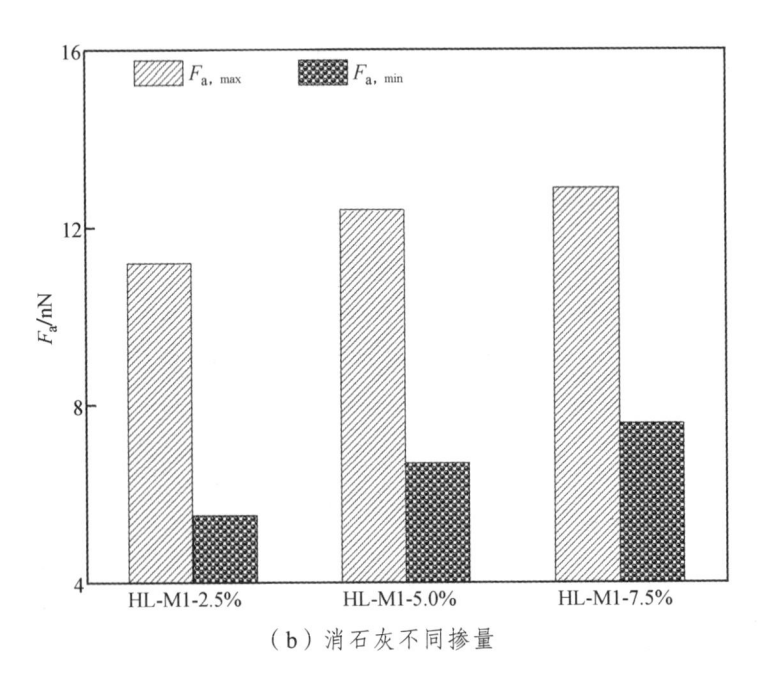

（b）消石灰不同掺量

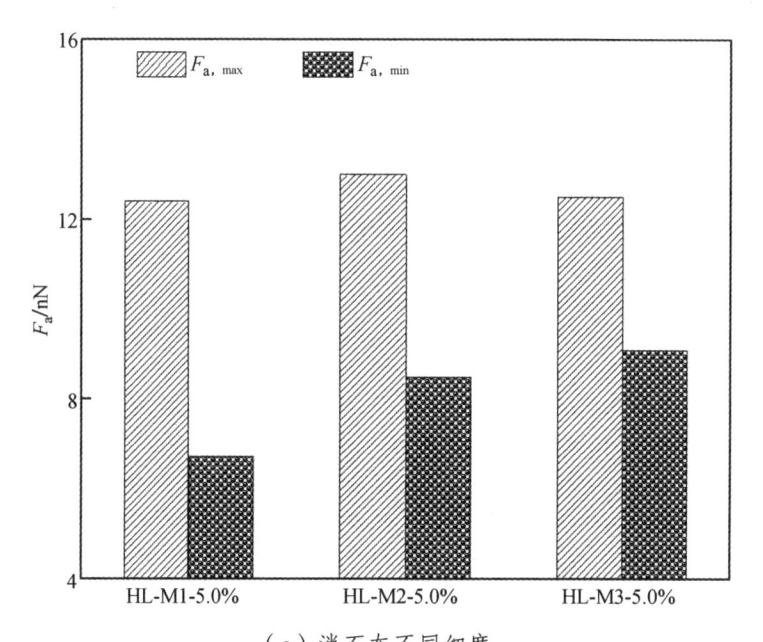

（c）消石灰不同细度

图 6-23　粉体改性沥青黏附力实测结果

（1）粉体加入基质沥青后，三类粉体对沥青的黏附力均有改善，改善顺序从大到小依次为硅灰＞消石灰＞水泥；但对最大、最小黏附力的改善效果却显示出较大的差别，改善效果最为明显的硅灰相较基质沥青对 $F_{a,max}$ 提升约 63%，但对 $F_{a,min}$ 的提升约 150%，从最大、最小黏附力的差值也可以明显看出来，硅灰使粉体不同区域的黏附力更加均匀，这对沥青的黏附效果有巨大的帮助作用。

（2）掺量对黏附力最大值 $F_{a,max}$ 的影响较小，7.5%掺量相较 2.5%掺量提高约 15%，最小黏附力 $F_{a,min}$ 影响较明显，7.5%掺量相较 2.5%掺量提高约 38%。

（3）黏附力最大值 $F_{a,max}$ 与粉体粒径并没有明显的相关性，黏附力最小值 $F_{a,min}$ 与细度呈现反比例关系，细度越小，黏附力 $F_{a,min}$ 越大，HL-M3 相比 HL-M1 最小黏附力提升约 20%，从而使黏附力值极差逐渐减小。

通过对黏附力的分析，可以看出粉体对黏附力的改善主要是对 $F_{a,\min}$ 值的提高，从而减小最大值和最小值之间的极差，这与粉体吸附沥青中的饱和分有主要关系，饱和分是粉体沥青中的小分子，黏附力最小且软，被粉体吸附后其余组分中芳香分和胶质含量提升，从而提升了粉体改性沥青的黏附力最小值。沥青与集料之间的黏附性主要由最小黏附力决定，裂缝产生部位也通常为黏附力较小的饱和分部分，产生裂缝后，水分子进入逐渐替换油分，发生破坏。因此，粉体的添加可以提升沥青的整体黏附力。

2. 表面能

得到改性沥青黏附力后，采用黏附力最小值 $F_{a,\min}$ 作为计算值，依据适用于较高黏附作用体系的 JKR 理论，参照黏附力与黏附功的换算关系计算粉体改性沥青表面能，换算公式如下：

$$F_a = \frac{3}{2}\pi RW \tag{6.16}$$

式中：F_a——样品表面的黏附力，nN；

R——探针曲率半径，nm；

W——试样与探针黏附功，mJ/m²。

AFM 试验中 $R = 5$ nm，根据式（6.16）计算获得的粉体改性沥青黏附功如表 6-14 所示。

表 6-14　粉体改性沥青黏附功

类别	OR	PL-M1	HL-M1	HL-M1	HL-M1	HL-M2	HL-M3	GH-M1
掺量/%	—	5	2.5	5.0	7.5	5.0		
W/（mJ/m²）	169.77	186.74	233.43	284.36	322.55	360.75	386.22	428.66

在获得沥青的黏附功后，需要转换求解表面能，关于功-能转化模型以 Fowkes 模型最为常用，且常被应用于沥青材料的求解。因此，也选择该模型求解表面自由能。具体计算方式如下：

$$\gamma_{ab} = \gamma_a + \gamma_b - 2\sqrt{\gamma_a^d \gamma_b^d} \tag{6.17}$$

$$W_{ab} = 2\sqrt{\gamma_a^d \gamma_b^d} \qquad (6.18)$$

式中：γ^d——色散部分；

W_{ab}——样品与探针黏附功；

γ_{ab}——探针与样品表面能。

根据已有的研究表明，对于沥青材料，可以做 $\gamma_a \approx \gamma_a^d$ 处理，因此，式（6.18）可以简化为

$$W_{ab} = 2\sqrt{\gamma_a \gamma_b} \qquad (6.19)$$

计算获得探针与试样的 W_{ab} 后，只需求得探针的表面能 γ_b，即可根据式（6.19）求得试样沥青的表面能 γ_a。采用的探针针尖型号是 Tap190AI-G，属于氮化硅针尖，根据试验中标准试样单晶硅片的反算以及厂家提供的参数得知，该针尖的表面自由能 γ_b 为 1 328.46 mJ/m²。则根据式（6.19）计算得到粉体改性沥青和基质沥青的表面自由能如表 6-15 所示。将 AFM 试验黏附力计算结果和 6.2 节中躺滴法计算表面能结果汇总于表 6-15 中。

表 6-15 粉体改性沥青表面能计算值对比

类别	OR	PL-M1	HL-M1	HL-M1	HL-M1	HL-M2	HL-M3	GH-M1
掺量/%	—	5	2.5	5.0	7.5	5.0		
γ_{AFM}/（mJ/m²）	5.42	6.56	10.25	15.22	19.58	24.49	28.07	34.58
γ_{BMN}/（mJ/m²）	21.05	21.95	22.13	23.51	23.25	24.67	25.73	26.3

对比分析两种计算方法获得的表面能参数，可以看出躺滴法表面能计算参数和 AFM 计算参数规律基本一致：不同类型下硅灰表面能最大、消石灰次之、水泥最小；不同细度下：M3 > M2 > M1；不同掺量下：7.5% > 5% > 2.5%。但躺滴法计算的表面能参数差异性较小，在测试过程中容易受环境、操作者、滴液参数等因素影响，就需要操作者进行多次试验才能获得较为准确数据；而 AFM 计算结果规律明显，且测试仪器属于智扫模式，可以自动判断数据的稳定性，测试结果离散性小，可通过较少的试验获得较为准确的试验数据或规律。因此，推荐在测试表面能或者黏附功参数时选用 AFM 试验。

3. 杨氏模量

基于QNM技术成像原理，获取粉体改性沥青的模量图，如图6-24所示。并根据式（6.15）计算获得粉体改性沥青的杨氏模量，将其汇总于表6-16中。

图6-24为粉体改性沥青与基质沥青的三维相态模量云图（彩图请扫二维码），图中紫色部分越多代表模量越大，红色部分越多代表模量越小，从云图中可以清楚地辨别粉体对基质沥青的模量改变效果。

图6-24 彩图

联合图6-24和表6-16可以得到：

（1）水泥和消石灰粉体加入基质沥青后，云图紫色峰明显增多，而硅灰粉体加入基质沥青后呈现出单个紫色峰消失，出现大面积的紫色区域，这主要是由于消石灰和水泥粉体粒径较大，是通过其吸附部分沥青组分中的低模量饱和分和芳香分，从而使硬度较大的沥青质相对含量增加，出现更多的紫色峰。而硅灰粉体颗粒极小，表面能最大，且有表面介孔，可以吸附大量沥青中的饱和分和芳香风进入孔隙和表面，并利用自身较大的极性吸附部分胶质和沥青质成团，从而整体增大沥青模量。这在宏观试验中也表现出硅灰粉体改性格沥青的软化点、变形能、模量、蠕变劲度均最大。

（2）对比消石灰三个掺量的粉体改性沥青云图和数据可以看出，随着掺量的增加改性沥青模量也呈正比例增高，但粉体随着掺量增加云图上只是单纯的增加了紫色峰数量，峰与峰之间并没有大面积抱团。这是因为其颗粒粒径大小未发生明显变化，单颗粒的表面自由能大小不变，吸附能力未增强，只是随着掺量增加，被吸附的油分增加而已，因此沥青质、胶质等大分子并没有抱团增加模量。

（3）对比不同细度下的消石灰改性沥青模量云图和数据可以看出，消石灰细度较小，模量明显增加，峰与峰之间抱团，整体改性沥青的模量增大，这主要是由于粉体粒径减小，表面能增加，吸附作用力增加，吸附油分后还可能有沥青质、胶质等大分子吸附形成超大分子。

(a) OR

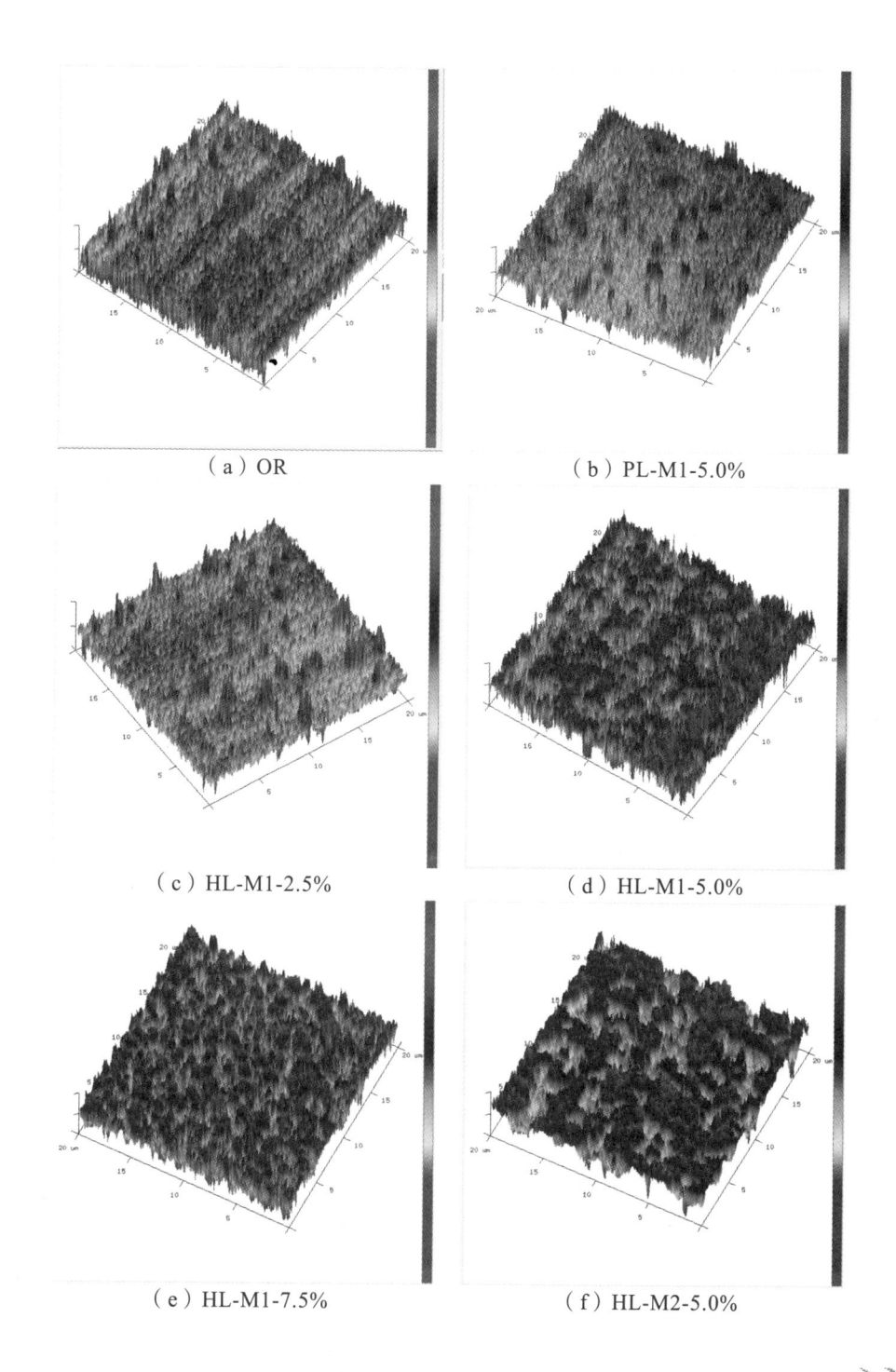

(b) PL-M1-5.0%

(c) HL-M1-2.5%

(d) HL-M1-5.0%

(e) HL-M1-7.5%

(f) HL-M2-5.0%

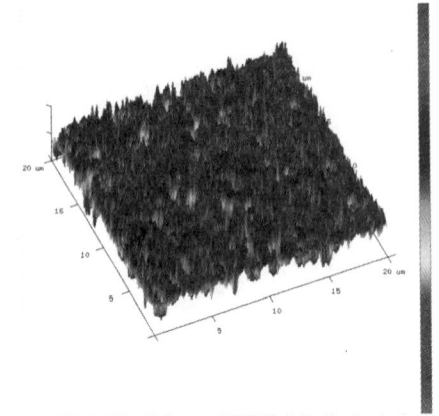

（g）HL-M3-5.0%　　　　　　　　（h）GH-M1-5.0%

图 6-24　粉体改性沥青模量 3D 云图

表 6-16　粉体改性沥青杨氏模量统计表

类别	OR	PL-M1	HL-M1	HL-M1	HL-M1	HL-M2	HL-M3	GH-M1
掺量/%	—	5.0	2.5	5.0	7.5	5.0		
E/MPa	75.8	80.05	84.1	89.4	95.05	114	123.1	129.2

6.4　粉体改性沥青的高温稳定性

沥青材料的特性受温度影响较大，不同温度下沥青表现出的性能差别巨大，因此，其热稳定性优劣直接影响着改性沥青的适用性，选择热重测试仪对粉体改性沥青和基质沥青的热稳定性进行分析，并绘制 TGA 曲线，如图 6-25 所示，提取粉体改性沥青的热分解温度列于表 6-17 中。

分析图 6-25 可知，在热分解过程中，粉体改性沥青与基质沥青的热分解曲线规律类似。在常温下基质沥青和粉体改性沥青的热失重率均为 100%，沥青热失重率从 100%开始下降的温度叫作初始分解温度。从图 6-25 和表 6-17 中可以得到：

（1）基质沥青的初始分解温度是 297 ℃，加入 3 种粉体后的改性沥青分解温度：水泥为 304 ℃，消石灰为 311 ℃，硅灰为 367 ℃，可见硅灰对沥青的热稳定性有较大的提升作用，主要原因是硅灰的导热系数小

[0.121 W/（m·K）]，常被用作保温材料。与沥青材料混合后，会降低沥青结合料的导热系数，降低温度敏感性，使其热稳定性提高。另外，硅灰和消石灰还具有较大的比表面积，且表面有孔隙，从而发生的物理性吸附能吸附较多轻质油分，选择性吸附可以吸附部分胶质和沥青质，增大了沥青黏性和稳定性。从而使其在高温条件下，表现出更好的热稳定性。

（2）不同掺量下消石灰改性沥青的热分解温度差别不大：2.5%掺量下为310 ℃，5.0%掺量下为311 ℃，7.5%掺量下为319 ℃，消石灰对沥青热稳定性有提升，但随着掺量的增加，对热分解温度影响较小，分析其主要原因可能是掺量增加只是单纯增加了吸附量，并未对沥青分子的吸附作用力或者其他化学作用产生明显改变。

（3）不同细度下消石灰改性沥青的热分温度有明显的差别，HL-M1分解温度为311 ℃，HL-M2分解温度为333 ℃，HL-M3分解温度为345 ℃，这主要与粒径减小、比表面积增大、分子作用力增大、吸附效果增强有关，沥青热稳定性增强。

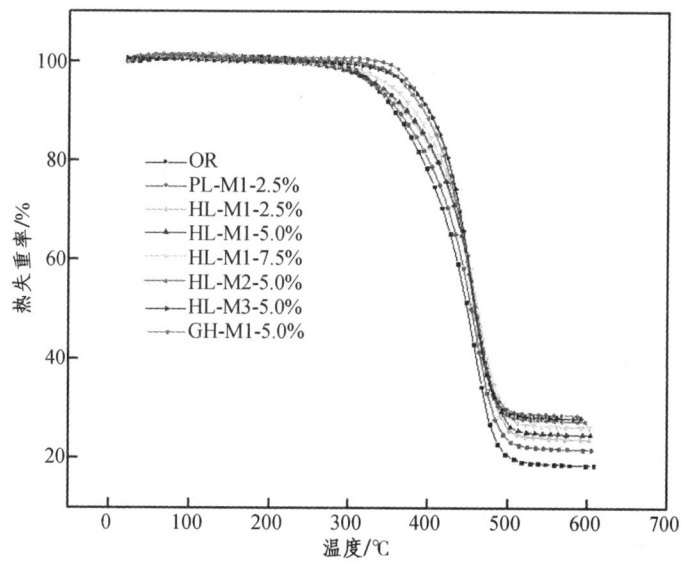

图 6-25 粉体改性沥青 TGA 曲线

表 6-17 不同沥青的热分解温度

类别	OR	PL-M1	HL-M1	HL-M1	HL-M1	HL-M2	HL-M3	GH-M1
掺量/%	—	5	2.5	5.0	7.5	5.0		
热分解温度/°C	297	304	310	311	319	333	345	367

6.5 本章小结

本章主要对粉体在沥青中吸附作用机理进行深入分析，基于粉体颗粒的表面能理论，利用接触角试验对固体粉体颗粒、粉体改性沥青和矿料进行了表面自由能测试与计算。基于原子力学理论，利用 AFM 对粉体改性沥青的组分变化、表面粗糙度、黏附力、表面能和杨氏模量进行测试分析，从微观结构和力学性能变化角度揭示了粉体对沥青改性的作用机理。最后通过热失重方法分析了粉体改性沥青的热稳定性。并得到以下结论：

（1）采用微观试验方法对粉体与沥青界面润湿效果进行了分析，从物理吸附、化学吸附、选择性吸附等方面揭示了粉体与沥青界面的吸附现象，明确了沥青与粉体界面的相互作用机理。

① 扫描电镜试验结果显示：3 种粉体与沥青之间没有明显的分界线，由于粉体颗粒浸入沥青中，使得沥青对粉体颗粒表面形成了良好的裹覆效果，这一现象表明沥青对 3 种粉体都具有良好的浸润效果。

② 粉体和沥青之间的界面相互作用主要有物理吸附、选择性吸附和化学吸附，其中物理吸附和选择性吸附为改性剂的主要改性机理。吸附作用的强弱主要取决于粉体与沥青材料的交互作用界面大小和颗粒表面自由能。因此，通过分析影响粉体比表面积大小和颗粒表面自由能的因素就可以确定不同粉体改性沥青性能的差异。

（2）基于比表面能理论测试了粉体固体颗粒、粉体改性沥青和石灰岩矿料的表面自由能，揭示了粉体改性沥青黏附性增强作用机理。

① 通过毛细上升法试验获得了固体粉体的表面自由能，发现三种不同类型的粉体中，硅灰表现出最大的表面自由能、消石灰次之、水泥最小；

相同材质的消石灰中，随着细度的减小、比表面积的增大，其表面自由能增大。

② 通过躺滴法试验获得了粉体改性沥青和矿料的表面自由能，并计算获得了不同粉体与石灰岩矿料之间的黏附功，发现粉体改性沥青的表面能和黏附功规律一致，且黏附功和表面自由能变化主要受粉体颗粒表面自由能影响。

（3）通过AFM-QNM技术对粉体改性沥青的粉体形貌和力学性能进行测试，获得了高程图、模量图、黏附力图，通过粉体改性沥青微观结构形貌高程变化揭示粉体对沥青组分的影响规律。

① 建立了基质沥青形貌高度与沥青组分之间的关系，通过测试粉体改性后沥青的高程和粗糙度变化确定出了不同粉体对沥青的改性主要是通过自身的表面自由能吸附沥青中的饱和分使沥青中的大分子沥青质和胶质相对含量变化，从而使沥青达到增黏效果。

② 不同比表面积和孔隙分布的粉体颗粒对沥青的改性作用主要是比表面能低的粉体吸附沥青组分中的低模量饱和分，从而使硬度较大的沥青质相对含量增加，大表面能和多孔隙的粉体不仅吸附饱和分和芳香分，还利用其自身极大的极性吸附部分胶质和沥青质成团，从而提升沥青模量，改善基质沥青的高温性能。

③ 基于JKR理论，利用黏附力计算获得表面能参数，并与躺滴法测试表面能参数对比发现：两者结果规律基本一致，但躺滴法计算的表面能参数差异性较小，在测试过程中容易受环境、操作者、滴液参数等因素影响；而AFM测试获得的表面能参数规律明显，且测试仪器属于智扫模式，可以自动判断数据的稳定性，测试结果离散性小，可通过较少的试验获得较为稳定和准确的试验数据。

（4）通过TG试验，获得了粉体改性沥青的热稳定性规律，发现硅灰的稳定性最好、消石灰次之、水泥最低；粒径和掺量的影响规律一致，随着掺量增加，改性沥青热稳定性越好，粒径越小，热稳定性越好。

第 7 章
PART SEVEN

粉体改性沥青混合料的路用性能

前几章对粉体改性沥青的高温、低温、疲劳性能进行了深入研究，并从微观结构和力学性能角度对其改性机理进行了分析，但粉体改性沥青性能的发挥还是要以混合料为载体，通过沥青混合料的耐久性体现改性沥青的性能。因此，优良的混合料耐久性是粉体改性沥青应用的基本前提，为此，本章首先基于粉体改性沥青对混合料配比进行设计，再对粉体改性沥青的耐久性能进行深入分析，确定粉体种类、比表面积、掺量对混合料耐久性的影响规律。

7.1 材料性能与配合比设计

沥青混合料中的粗集料质量、材料配比、生产方式等因素的改变都会改变其使用性能，选择正确有效的材料配比和材料质量才能确保其性能达到使用要求。

7.1.1 原材料性能

（1）粗集料。

针对依托项目的沥青路面中面层沥青混合料进行研究分析，选取的集料性能经过测试符合规范要求，其中粗集料选择当地矿料丰富的石灰岩。集料性能见表 7-1。

表 7-1 粗集料主要技术性能检测结果

试验项目	技术要求	试验结果
压碎值/%	≤30	21.2
吸水率/%	≤3.0	0.9
针片状含量/%	≤20	9.6
表观密度/(g/cm³)	≥2.5	2.56
含泥量/%	≤1	0.7

（2）细集料。

选择洁净、干燥、无泥土的破碎石灰岩作为细集料，按《公路工程集料试验规程》（JTG E42—2005）规范测试后结果满足要求，结果如表 7-2 所示。

表 7-2 细集料主要技术性能检测结果

试验项目	技术要求	试验结果
表观相对密度	≥2.5	2.70
亚甲蓝值/(g/kg)	≤25	21
棱角性（流动时间）/s	≥30	42

（3）矿粉。

试验选用的是石灰岩磨细后的矿粉。在试验前，对矿粉的主要技术指标进行了检测，满足规范要求，检测结果见表 7-3。

表 7-3 矿粉主要技术性能检测结果

试验项目		技术要求	试验结果
表观密度/(g/cm³)		≥2.45	2.732
含水量/%		≤1	0.7
粒度范围	(<0.6 mm)/%	100	100
	(<0.15 mm)/%	90~100	94.8
	(<0.075 mm)/%	70~100	80.4
外观		无团粒结块	无
加热安定性		实测	无变化

7.1.2 配合比设计

按照《公路沥青路面施工技术规范》(JTG F40—2004)的规定,热拌沥青混合料配合比设计采用马歇尔稳定度法。设计的混合料拟应用于中下面层,为了便于试验结果的对比和验证,室内试验沥青混合料级配采用 AC-20C 级配中值。为了保证试验数据的可靠性,集料配合采取逐级筛分、逐级掺配的方法,确保沥青混合料的级配为统一的标准级配,因此选择的沥青混合料级配为 AC-20C 级配中值,配合比设计各档集料通过率和级配曲线如表 7-4 和图 7-1 所示。

表 7-4　设计 AC-20C 型级配实际通过率　　　　单位:%

筛孔直径/mm	26	19	16	13.2	9.5	4.75	2.36	1.18	0.6	0.3	0.15	0.075
设计级配	100	95	85	71	61	41	30	22.5	16	11	8.5	5
规范要求	100	90~100	78~92	62~80	50~72	26~56	16~44	12~33	8~24	5~17	4~13	3~7

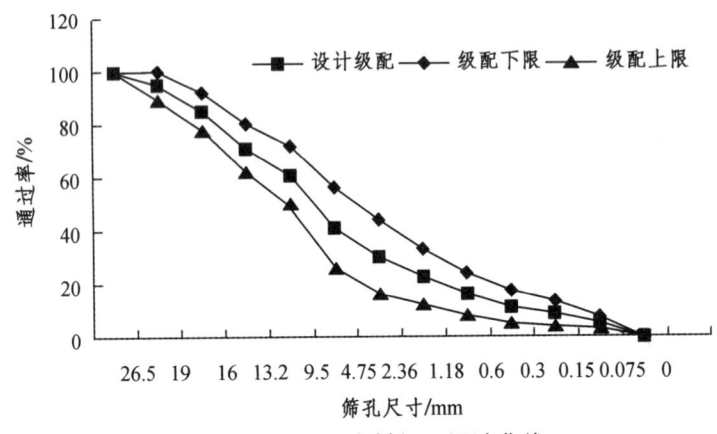

图 7-1　沥青混合料级配设计曲线

7.1.3 最佳油石比

混合料的最佳油石比采用马歇尔试验确定,平行试件 5 个,指标选择孔隙率、稳定度、流值、饱和度、相对比密度、矿料间隙率、毛体积相对密度。

根据课题组已有数据，AC-20C 混合料的油石比以 0.3%为梯度，选择 5 个沥青含量，分别为 3.7%、4.0%、4.3%、4.6%、4.9%，采用规范要求的马歇尔试验方法制样，并根据 7 个指标进行测试，测试结果如表 7-5 所示。

表 7-5　基质沥青混合料马歇尔试验结果

油石比/%	毛体积相对密度	最大理论相对密度	空隙率/%	稳定度/kN	流值/mm	矿料间隙率/%	饱和度/%
3.7	2.414	2.568 7	6.02	9.39	3.675	13.06	54.67
4.0	2.431	2.554 8	4.84	10.11	3.635	12.70	61.88
4.3	2.438	2.542 0	4.09	11.33	3.680	12.71	67.80
4.6	2.456	2.531 6	3.03	10.25	3.988	12.35	75.50
4.9	2.460	2.525 8	2.46	9.51	4.498	12.40	79.15
规范	—	—	3～6	>8	—	—	65～75

根据表 7-5，绘图并计算确定 AC-20C 沥青混合料的最佳油石比为 4.3%。

7.1.4　马歇尔试验

粉体改性沥青混合料的配合比设计及最佳油石比选择与基质沥青混合料配合比设计一致，方便性能对比分析。消石灰依然选择三个掺量、三个细度进行研究，水泥和硅灰选择一个细度一个掺量，同时混合料中的矿粉比重按粉体掺入沥青的质量进行相应扣减。马歇尔试验结果见表 7-6。

表 7-6　三种粉体改性沥青稳定度与流值测试结果

类型	掺量/%	稳定度/kN	稳定度平均误差/%	流值/mm	孔隙率/%
OR	—	9.61	3.4	3.68	4.09
PL-M1	5	10.15	5.5	2.75	3.78
HL-M1	2.5	10.43	5.1	3.29	3.83

续表

类型	掺量/%	稳定度/kN	稳定度平均误差/%	流值/mm	孔隙率/%
HL-M1	5	10.66	5.3	3.02	3.90
	7.5	11.13	5.9	3.12	4.15
HL-M2	5.0	11.15	4.7	3.08	4.29
HL-M3		11.43	4.4	2.89	4.42
GH-M1		12.58	4.9	3.11	4.21

7.2 粉体改性沥青混合料水稳定性

沥青路面在使用过程中，长期暴露在自然环境中，难以避免地受到环境中水分的侵蚀。在车辆动载的反复作用下，进入路面空隙中的水会产生反复循环的动水压力，水分逐渐渗入沥青-集料黏结界面，使得沥青与集料之间的黏附性降低，这种作用持续较长时间后，沥青完全丧失黏性并从集料表面剥离，混合料出现掉粒、松散等现象，沥青路面的坑槽、变形也开始形成，沥青路面在水损害的作用下逐渐丧失行车能力。水损害是沥青道路中最常见也是最为严重的破坏形式。造成沥青路面水损害的因素较多，总体来说可以分为外因和内因，外因即是水文气候、车流量、重载交通情况等因素，但更重要的还是内因，即路面压实度、沥青与集料界面黏附力、沥青膜厚度等因素。当路面结构排水性能不佳、沥青混合料的孔隙率较大时，水分易通过空隙渗透进沥青混合料内部，沥青虽然可以作为防水材料，不会与水发生化学反应，但当沥青膜较薄时，在水分的长期侵蚀下，水分便会侵入到沥青与集料之间，在车辆荷载以及动水压力作用下，黏结能力较差的沥青膜就会发生脱落现象，导致水分进一步侵入，产生恶性循环，沥青路面的水损害愈发严重，并诱发路面坑槽、高温车辙等破坏，在这种情况下，沥青路面很快就会完全丧失行车能力。

沥青混合料抗水损害能力的评价主要分为沥青的静态剥落试验和沥青混合料的静态荷载试验两类。静态剥离试验是通过水煮法、水浸法等方法评价沥青与矿料的黏附性,以水煮法为例,将裹覆了沥青的粗集料在微沸的水中浸泡一段时间,并以肉眼观察集料表面沥青的剥离情况,这一类方法受人为因素影响较大,可靠性较低,且试验结果和沥青混合料的抗水损能力并不是直接相关。目前采用较多、认可程度较高的是静态荷载试验法,主要是测定沥青混合料试件在经过浸水、冻融等极端气候条件前后物理力学性质的变化,以评价雨水冲刷、冻融等环境因素对路面强度等指标造成的损失,具体的试验方法有浸水马歇尔试验、真空保水马歇尔试验、浸水劈裂试验和冻融劈裂试验等。考虑到试验结果的可靠性,采用浸水马歇尔试验和冻融劈裂试验来评价沥青混合料的抗水损害能力。

7.2.1 沥青混合料水稳定性试验

试验仪器为 WDW-300E 型万能试验机,试件采用旋转压实成型,切割为标准马歇尔尺寸,平行试验进行 5 次。

1. 浸水马歇尔试验

浸水马歇尔试验按《公路工程沥青及沥青混合料试验规程》(JTG E20—2011)的要求进行,采用 AC-20C 型级配。成型双面击实 75 次的马歇尔试件,每一对照组各成型 8 个试件。将成型好的试件分成两组,浸水组放于 60 °C ± 1 °C 的水箱中恒温水浴 48 h 后测量其稳定度并计算平均值即 MS_1,对照组在 60 °C 的恒温水箱中水浴 30 min 后测定其稳定度平均值 MS。

试件的浸水残留稳定度按式(7.1)计算:

$$MS_0 = \frac{MS_1}{MS} \tag{7.1}$$

式中:MS_1——试件浸水 48 h 后的稳定度;

MS_0——试件的浸水残留稳定度;

MS——试件浸水 30 min 后的稳定度。

2. 冻融劈裂试验

冻融劈裂试验按《公路工程沥青及沥青混合料试验规程》(JTG E20—

2011）要求，成型双面击实 50 次的马歇尔试件，每一对照组各成型 8 个马歇尔试件。将成型好的试件随机分成两组，第一组作为对照组，置于室温下备用，另一组作为冻融组，进行冻融劈裂试验。试验步骤如下：

（1）将第二组试件置于 97.3～98.7 kPa 的真空度下抽吸 15 min 后，取出试件，放入常温水中浸泡 30 min。

（2）将试件取出后装入塑料袋中，并在试件表面浇 10 mL 左右的自来水，将口袋扎紧置于 -18 ℃ ± 1 ℃ 的恒温冰箱中保温 16 h ± 0.5 h。

（3）将在冰箱中保温的试件取出，去除塑料袋，放置在 60 ℃ ± 0.5 ℃ 的恒温水箱中浸泡 24 h。

（4）将两组试件一起置于 25 ℃ ± 0.5 ℃ 的恒温水箱中水浴 2 h，然后在 50 mm/min 的速率下用马歇尔稳定度仪和专用劈条加载，测定其最大破坏荷载。并按式（7.2）、式（7.3）计算试件的劈裂抗拉强度 R 与劈裂抗拉强度比 TSR。

$$R_i = 0.006\,287 \times \frac{P_i}{H} \tag{7.2}$$

$$TSR = \frac{R_2}{R_1} \times 100\% \tag{7.3}$$

式中：TSR——劈裂强度比；

P_i——试件破坏时的荷载；

H——试件的高度；

R_1——第一组试件的劈裂强度；

R_2——第二组试件的劈裂强度。

7.2.2 沥青混合料冻融劈裂试验结果及分析

表 7-7 为试件冻融劈裂试验测试结果，从表中可以看出基质沥青混合料的劈裂强度比为 88.44%，满足规范的要求（>75%）。

表 7-7 粉体沥青混合料冻融前后劈裂强度试验结果

类型	掺量/%	冻融组 P_2/kN	冻融组 R_2/MPa	对照组 P_1/kN	对照组 R_1/kPa	TSR/%
OR	—	7.42	0.735	8.39	0.831	88.44
PL-M1	5.0	8.17	0.809	8.50	0.877	92.21
HL-M1	2.5	7.45	0.738	8.43	0.835	88.37
HL-M1	5.0	7.59	0.751	8.53	0.849	88.98
HL-M1	7.5	7.72	0.764	8.65	0.856	89.25
HL-M2	5.0	8.05	0.797	8.83	0.874	91.17
HL-M3	5.0	8.19	0.811	8.84	0.875	92.65
GH-M1	5.0	8.12	0.804	8.99	0.890	90.32

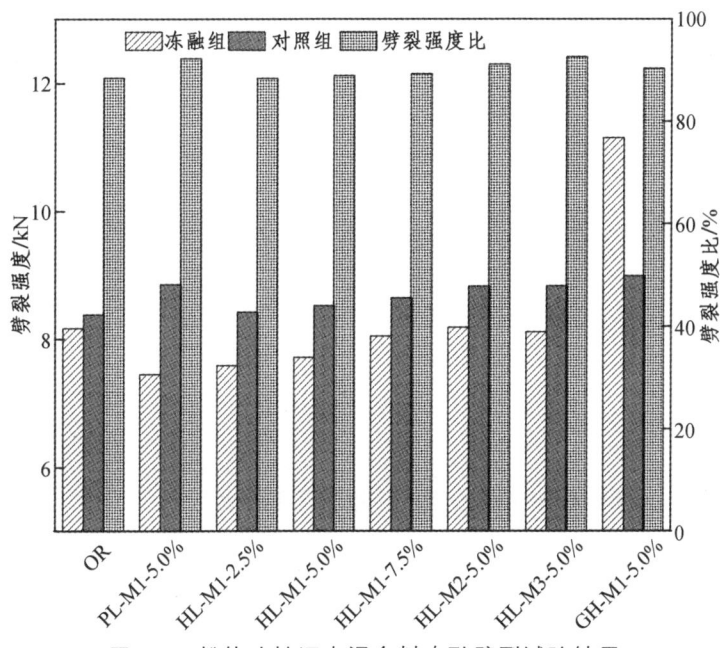

图 7-2 粉体改性沥青混合料冻融劈裂试验结果

由表 7-7 和图 7-2 可知，在添加粉体颗粒后，沥青混合料的劈裂强度和冻融劈裂强度比均有明显提高，且随着粉体颗粒粒径的减小（比表面积

· 209 ·

增加）而增加，以 PL-M1 粉体改性沥青为例，相比基质沥青未冻融试件强度增高 5.6%，冻融后试件强度增高 10.1%，强度比增大 4.3%；另外，消石灰粉体对冻融劈裂强度的影响规律与水泥类似，但提升幅度不如掺加水泥明显。粉体细度减小同样可以改善混合料的劈裂强度和残留强度比，如 HL-M3 改性沥青的残留强度比为 92.65%，HL-M1 改性沥青的残留强度比为 88.98%；还可发现细度最小的硅灰改性沥青冻融前的强度最大，冻融后的强度却处于消石灰和水泥中间，残留强度比也处于两者中间。

粉体颗粒的加入明显提升了沥青混合料的水稳定性和强度，究其原因可能是多个因素耦合而成：（1）微分颗粒的物理吸附和选择性吸附改善了沥青的黏附性和模量，从而使其制备的混合料性能强度和水稳定性增强，而且同类材料中随着颗粒粒径减小、比表面积增大，掺加在沥青中的粉体吸附聚集自由油分形成的结构沥青也逐渐增加，从而提高了沥青的模量，提高了试件的稳定度；（2）水泥和消石灰粉体沥青混合料试件在冻融过程中与水发生水化反应，生成的水化物稳定、密实，减小了试件孔隙率，增加了稳定强度。

另外，三种粉体改性沥青试样的测试结果中冻融后的水泥强度最好，硅灰次之，消石灰最低，这主要是由于水泥与水反应生成的水泥石稳定性更好且强度更高[54]，使得掺加水泥的粉体沥青混合料的试件强度最高；掺硅灰的混合料冻融前强度高，但冻融后的强度却不是最高，主要是由于水泥有发生化学反应，产生不溶化合物，因此冻融后强度均高于硅灰冻融后强度。

7.3 粉体改性沥青混合料高温性能

应用在路面上的沥青混合料，在通车后必然受到环境因素和路面荷载的反复作用，特别是在温度较高的情况下，沥青变软，模量降低，流动性增强，当车流量较大时，高温稳定性较低的沥青路面极易产生车辙。沥青混合料作为一种弹塑性材料，其不可恢复变形即塑性变形的产生和多种因素有关，因此车辙形成的原因也可以分为内因和外因，外因即是车辆荷载作用次数的不断累计、渠化交通的增加，内因则是作为胶结料的沥青胶浆在高温情况下，模量降低，容易因荷载作用产生较大变形，在轮碾作用下混合料就会产生横向的剪切变形波动。因此，在我国南方的亚热带高温地区，当车流量较大、车速较慢时，车辙就成为了危害程度最大、影响最为严重的路面病害之一。车辆沥青路面车辙的形成可以分为三个阶段，在第一个阶段，车辆荷载在温度较高的沥青路面上反复作用，此时碾压不充分的沥青路面会被再次压实，这一过程即压密阶段，此时产生的车辙称为压密性车辙；第二个阶段，在持续高温的情况下，沥青混合料的温度继续升高，沥青软化，呈现出半流动状态，沥青与集料之间的黏结力降低，使得沥青混合料发生失稳破坏，这一过程称为自由流动阶段；第三个阶段则是在软化流动状态的沥青持续润滑作用下，沥青混合料中的粗骨料骨架重新排列，形成较深的高温车辙。车辙的种类根据其形成原因通常也可以分为三种，第一类是磨耗型车辙，即路面面层在车辆轮胎磨耗和气候的综合作用下，随着时间增长，路面表面的集料颗粒被磨光，并失去黏结力，形成磨耗型车辙，我国北方寒冷地区在冬季为了防止路面打滑，往往会在路面上铺撒砂类材料，更是加速了磨耗型车辙的发展，目前，这种车辙往往通过加铺磨耗层的方式来防治；第二种车辙是结构性车辙，结构性车辙形成的主要原因是道路基层设计不当，或是路面施工过程中存在质量问题，导致路面结构层强度达不到使用要求，使得基层出现的变形反射到面层上；第三种车辙即是失稳型车辙，这种车辙主要是沥青面层的强度不足，在高温作用下，面层的沥青混合料发生推移而形成。

7.3.1 高温性能试验方法

沥青混合料在高温、荷载重复作用下保持结构稳定不发生变形能力称为高温性能，室内试验可以采用三轴重复蠕变试验和车辙试验模拟沥青路面在高温下受车辆的重复荷载。选择制样简单、应用广泛的车辙试验，并采用动稳定度和车辙变形量作为评价指标[171]。试样仪器如图7-3所示，试验步骤如下：

①按《公路工程沥青及沥青混合料试验规程》（JTG E20—2011）成型 300 mm×300 mm×50 mm 的车辙试件，记录轮碾方向，成型好的试件在室温下保温不小于 12 h。

②将车辙板置于 60 ℃±1 ℃ 的恒温室中，保温时间为 5~12 h。使车辙试验机温度维持在 60 ℃±1 ℃，将试件固定在车辙试验机试验台上，其行走方向与轮碾方向保持一致，调整并固定位移传感器，使其读数在 3~5 mm。

③开动车辙试验机，在 60 ℃、0.7 MPa、42 次/min 的条件下轮碾 1 h，试验结束后，记录 45 min 变形量 d_1、60 min 变形量 d_2、动稳定度 DS。

图 7-3　车载试件成型仪

7.3.2　粉体改性混合料高温性能

车辙试验结果如表 7-8 所示，为了便于对比分析，将试验结果绘制于图 7-4 中。

表 7-8　粉体改性沥青动稳定度和车辙变形试验结果

类型	掺量/%	45 min 车辙变形量 d_1/mm	60 min 车辙变形量 d_2/mm	动稳定度 DS/(次/mm)
OR	—	2.34	2.72	1 664
PL-M1	5.0	2.28	2.59	2 032
HL-M1	2.5	2.23	2.53	2 100

续表

类型	掺量/%	45 min 车辙变形量 d_1/mm	60 min 车辙变形量 d_2/mm	动稳定度 DS/(次/mm)
HL-M1	5.0	2.08	2.36	2 250
HL-M1	7.5	2.03	2.29	2 323
HL-M2	5.0	2.02	2.29	2 433
HL-M3	5.0	1.81	2.05	2 525
GH-M1	5.0	1.63	1.89	2 725

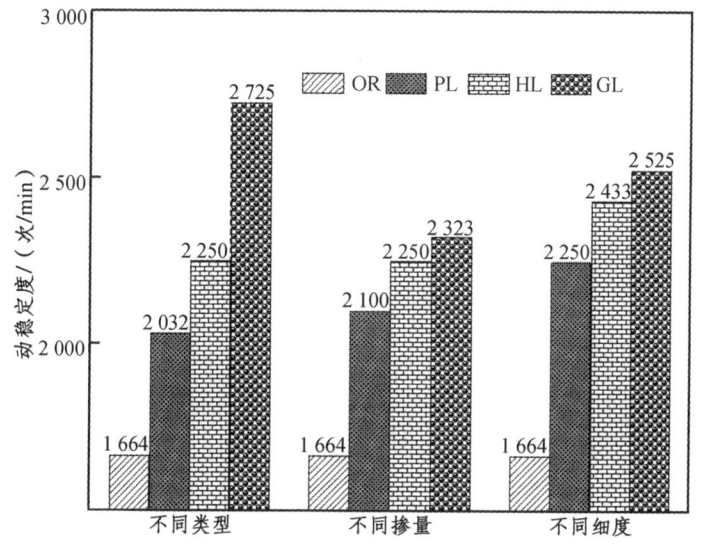

图 7-4 粉体改性沥青混合料动稳定度试验结果

从表 7-8 和图 7-4 可以看出，基质沥青的动稳定度大于 800 次/mm，满足规范要求，当基质沥青中添加三种粉体后，动稳定度均明显提升。随着掺量的增加，消石灰改性沥青的动稳定度从 1 664 次/mm，增大到 2 323 次/mm，相比基质沥青 5%掺量提升了 35.21%、7.5%掺量提升了 39.60%，5%水泥改性沥青混合料的动稳定也提升了 22.11%，硅灰改性沥青提升最大，为 63.76%。另外，粉体改性沥青使混合料的车辙变形指标明显减小，三种材料对车辙变形量的改善效果依次为：硅灰、消石灰、水泥；5%掺量下，同种材料的粒径越小，其高温性能也越好；且在 0~7.5%的掺量范围内，也随着掺量的增加高温性能越好。

三种粉体改性沥青混合料的高温性能得到提高的主要原因是超细粉体类改性剂的表面效应和小尺寸效应起到的吸附作用极大地改变了沥青的组分含量，使其模量增大，软化点升高；另外硅灰和消石灰具有较大、较多的表面孔隙，可以选择性吸附分子量较小且分子链较为柔顺的油分，与沥青混合后，沥青中的油分将沿着颗粒表面的微小孔隙流入，形成交叉牢固的网状结构，部分分子量较大的胶质则吸附在粉体颗粒之间的间隙孔中，部分具有较强极性的沥青质吸附在粉体颗粒表面，通过选择性吸附作用，沥青与粉体界面之间形成了立体交错的"纽带"联接，从而使沥青在高温下的流动性更低，减少了混合料在车辙试验中推移、拥挤的发生；掺量的不同促使发生吸附的总量改变，粒径的大小也决定了参与吸附比表面积和吸附粉体表面自由能的大小。因此，随着沥青中消石灰掺量和比表面积（粒径减小）增加，沥青高温性能变好，从而使其制备的混合料高温性能更加稳定，抗变形能力得到改善。

7.4　粉体改性沥青混合料低温性能

低温收缩裂缝是沥青路面上普遍存在的问题，也是影响沥青路面使用寿命和性能的主要因素。沥青面层暴露于自然环境中，面层的温度随当地气温变化，当气温较低时，沥青材料会出现较大的收缩现象，但沥青面层并不会设置收缩缝，温度下降带来的收缩变形主要是通过基层的摩阻力进行约束，导致沥青面层内部出现拉应力，特别是遇到寒流等极端气候时，由于温度变化过快，路面内的应力来不及松弛，就会形成应力积累，而沥青作为一种黏弹性材料，其温度敏感性较高，随着温度下降，其延性降低，导致沥青变脆、变硬、流动性降低，沥青的应力松弛模量随着温度的降低而急剧增大，混合料的应力松弛能力大幅度降低，导致应力积累逐渐增大，当应力积累超过了沥青混合料的极限抗拉强度时，即使没有车辆荷载作用，路面也会通过温缩裂缝的方式将积累的能量释放出去，因此温缩裂缝产生的时间往往并不是当地气温最低的时候，而是发生在寒潮到来时。这类问题并不仅仅出现在低温地区,在我国南方的一些地区,虽然日均温度较高,但昼夜温差大,且同样会受到寒流侵蚀,冬季时沥青路面同样可能出现此类裂缝。

低温裂缝的危害在于,当裂缝产生后,水分会不断从缝隙中侵入,使得面层、基层甚至路基都因水损害而强度降低,导致路面承载能力下降,同时产生唧浆、网裂等并发病害,加速路面破坏,局部裂缝在车载和环境因素作用下,很快会发展为结构性的全面破坏,使得道路丧失行车能力,降低了路面的使用年限。

7.4.1 低温性能试验方法

目前沥青混合料低温抗裂性能的研究方法主要有蠕变试验、直接拉伸试验、低温弯曲试验等。沥青混合料弯曲蠕变试验中进入稳定期的应变增长速率是我国"八五"国家科技攻关计划成果推荐的指标,增长速率越慢,低温抗裂性能越好。但不同级配类型的沥青混合料对蠕变试验应力水平非常敏感,只适用于空隙率较小的沥青混合料,一些空隙率较大的沥青混合料难以得到稳定的蠕变阶段,也就无法对低温抗裂性能做出评价。因此,拟采用低温弯曲破坏试验,通过对应力、应变的分析,计算出小梁低温弯曲破坏时的抗弯拉强度、极限弯拉应变、弯曲劲度模量,并用这三个指标来评价沥青混合料的低温抗裂性。低温弯曲试验方法较为简单,试验操作和数据分析都较容易实现。

沥青混合料的低温性能试验采用低温弯曲小梁试验,试验温度选择 -10 ℃,加载速率选择 50 mm/min,试件采用车辙板成型再切割的小梁试件,尺寸为 4 mm × 4 mm × 25 mm,平行试件 3 个。仪器采用 MTS 材料试验机,如图 7-5 所示。

试验过程如下:

(1)先将样品在 -10 ℃ 的低温箱中保持 4 h,使其内部温度达到试验所需温度,放置试件时间隔 1cm 以上放置,且不可垒砌放置;

(2)试验仪器启动后,将保温好的样品放置在样品台上,装好模具,启动仪器，进行加载，小梁低温底部支座间距保持 20 cm，加载速率控制在规定速率下。

（3）通过记录的跨中挠度和荷载按式（7.4）~式（7.6）计算弯拉应变、弯拉强度和弯曲劲度模量。

$$R_B = \frac{3LP_B}{2bh^2} \tag{7.4}$$

$$\varepsilon_B = \frac{6hd}{L^2} \tag{7.5}$$

$$S_B = \frac{R_B}{\varepsilon_B} \tag{7.6}$$

式中：R_B——抗弯拉强度；

ε_B——最大弯拉应变值；

S_B——弯曲劲度模量；

L——小梁跨距；

P_B——荷载峰值；

h——小梁跨中高度；

b——小梁跨中宽度；

d——破坏时的跨中挠度值。

图 7-5 低温弯曲试验

7.4.2 粉体改性沥青混合料低温性能

对 70#基质沥青与粉体改性沥青混合料进行低温弯曲小梁试验,根据式(7.4)~式(7.5)获得小梁的弯拉强度 R_B 和弯拉应变 ε_B,弯拉强度 R_B 代表混合料在低温性能下抗折强度大小,R_B 越大,低温性能越好;最大弯拉应变 ε_B 代表混合料在破坏时的应变大小,应变越多说明混合料的低温性能越好,因此,选择该指标进行混合料低温性能评价。计算结果见表 7-9,并根据试验结果如图 7-6 所示。

表 7-9 弯拉强度与弯拉应变计算结果

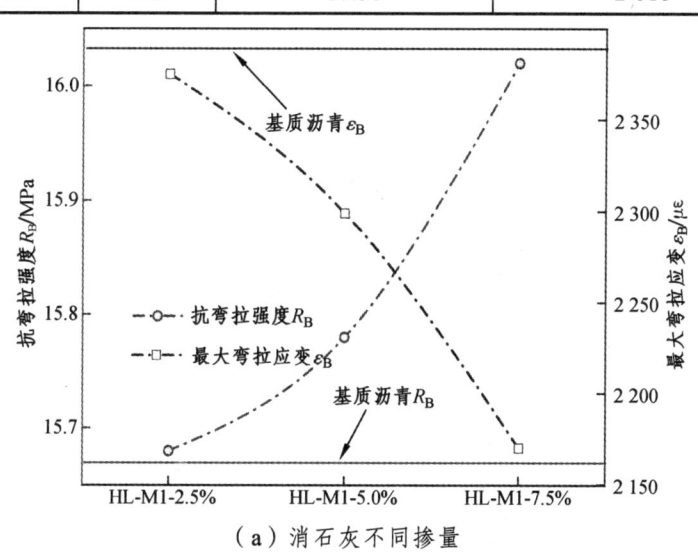

类型	掺量/%	抗弯拉强度 R_B/MPa	极限拉应变 ε_B/με
OR	—	14.90	2 547
PL-M1	5.0	15.38	2 450
HL-M1	2.5	15.68	2 458
HL-M1	5.0	15.78	2 375
HL-M1	7.5	16.02	2 285
HL-M2	5.0	16.38	2 288
HL-M3	5.0	16.82	2 170
GH-M1	5.0	17.56	2 018

(a)消石灰不同掺量

（b）不同类型粉体

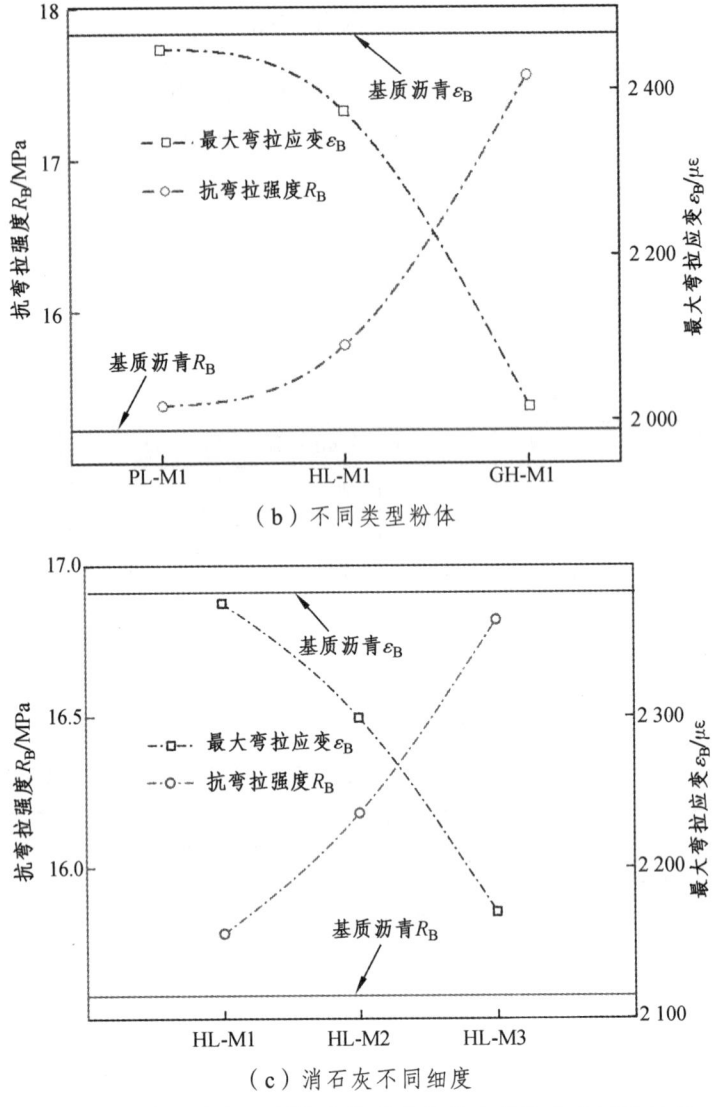

（c）消石灰不同细度

图 7-6 改性沥青混合料抗弯拉强度和最大弯拉应变试验结果

（1）从图 7-6（a）中可以看出，7.5%掺量范围内，最大弯拉应变 ε_B 与粉体掺量呈反比关系，抗弯拉强度 R_B 与粉体掺量呈正比例关系，且从变化趋势看，掺量增加相同比例，最大弯拉应变和抗弯拉强度增大或减小趋势增加。

（2）从图7-6（b）中可以看出，在粉体改性后，混合料的抗弯拉强度R_B明显提升，5.0%掺量下，抗弯拉强度增加顺序从大到小依次为硅灰、消石灰、水泥，提升最为明显的硅灰提升超过17%；但最大弯拉应变在掺入粉体后却出现大幅度降低，其中硅灰降低幅度最大，为19.5%，消石灰降低17.5%，而水泥仅仅降低了约5.6%。

（3）从图7-6（c）中可以看出，掺量不变情况下，粉体颗粒的粒径大小对最大弯拉应变和抗弯拉强度也有较大影响，粒径越小（比表面积越大），抗弯拉强度大，最大弯拉应变也越小。

从以上规律中可以看出，粉体颗粒加入实际上对沥青的低温抗裂性能有不利影响，虽然增加了低温抗弯拉强度，但是使低温下最大弯拉应变减小，说明其柔性减小，容易发生脆断破坏。这主要是因为粉体颗粒低温下吸附了沥青中的柔性油分，让沥青变干、变硬，因此才呈现出抗弯拉强度增加，弯拉应变减小。特别是随着掺量增加，这种不利影响更加明显，这是由于掺入粉体越多，被吸附掉的柔性油分越多，沥青的韧性越差，弯拉应变越小。

对比三种不同粉体材料，硅灰减小弯拉应变值最多，也就是其对混合料抗裂性能的不利影响最大，消石灰次之，主要跟其表面形貌特征有关，硅灰和消石灰比表面积大，密度小，相同质量下，能够吸附更多沥青中的油分，使其制备的沥青黏附性增大，柔性降低，在低温下沥青混合料也表现出强度增大，柔性减弱，这就使得低温性能变差。

7.4.3 粉体改性沥青混合料应变能

沥青混合料的低温开裂破坏往往是受到多种因素影响而产生的，仅仅从单一的变形指标或者强度指标分析，并不能全面地反映沥青混合料的低温性能。然而如果从能量的角度去分析，可以综合考虑应力和应变两个指标，全面分析混合料低温性能的优劣。

沥青路面产生低温开裂主要是由于温度给材料内部做功，填充能量超过了材料本身所能承受的极限程度。因此，混合料能够承受的累积能量越多，其在破坏时消耗的能量也就越大，小梁弯曲试验过程中，承受荷载作用，试件受到破坏，释放出来的能量可以用应力和应变曲线下的面积表示，面积越大，表示其释放能量越大，也就是其吸收的温度能量越大，低温性能越好。该面积可以用应变能密度表示，计算式为

$$\frac{\mathrm{d}w}{\mathrm{d}v}\int_0^{\varepsilon_B}\sigma\mathrm{d}\varepsilon \tag{7.7}$$

式中：ε_B——峰值应变；

$\dfrac{\mathrm{d}w}{\mathrm{d}v}$——应变能密度。

根据小梁弯曲试验结果，应用 Origin 软件，可以得到不同粉体改性沥青混合料的低温临界应变能密度，如图 7-7 所示。

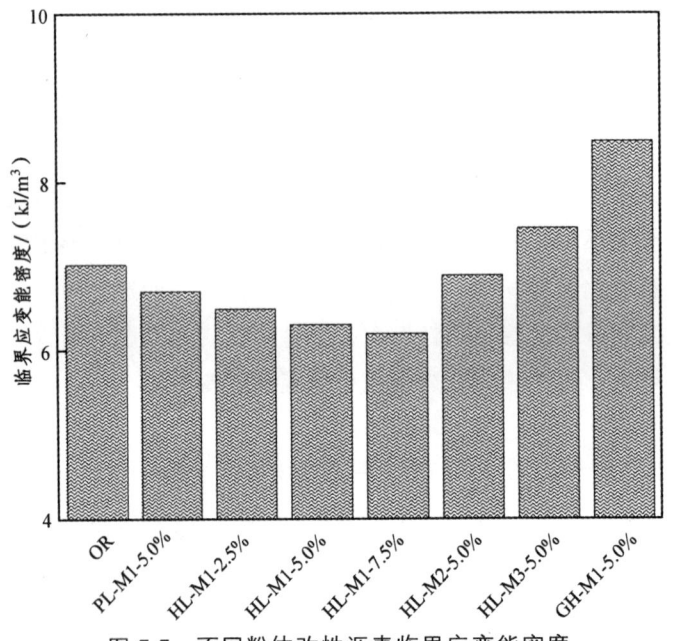

图 7-7　不同粉体改性沥青临界应变能密度

从图 7-7 中可以得到以下结论:

（1）应变能密度的大小可以表征混合料低温性能优劣，其值越大，则材料的低温抗裂性能越优良。从能量的角度对低温小梁的试验结果进行分

析可以发现，混合料的低温性能与前述的两个指标有不一样的结果。

（2）不同掺量对粉体改性沥青混合料的低温性能有不利影响，从图中可以看出，7.5%掺量的消石灰改性沥青混合料应变能密度最小。

（3）随着粉体细度的减小，应变能逐渐增加，HL-M1 型和 HL-M2 型两种粉体小于 OR，但 HL-M3 型大于 OR，说明粉体颗粒从能量角度来说是对混合料低温性能是不利的，但粉体粒径减小对沥青混合料低温性能的不利逐渐减小，且小于某个尺寸后可以提升低温性能，例如，粒径极小的硅灰沥青混合料相比基质沥青混合料应变能密度指标提升了 20.9%。

（4）从以上分析可以得出，粉体参量增加会降低沥青混合料低温性能，但粒径减小可以有效降低这种不利影响，极小颗粒还可以有效增加沥青混合粒低温抗裂性能。

7.5 粉体改性沥青混合料疲劳性能

在室内疲劳试验方案的选择上，主要需要考虑：与实际状况的相似度高，试验具有可操作性，方便实施；试验数据需具有一定的可靠性。

目前，欧美地区大多数学者采用小梁试验进行重复荷载疲劳试验，而在亚洲地区大多数学者采用圆柱体进行试验。

在国内，以上两者试验均采用的比较广泛，SHRP 的学者们从试验方法的方便性、试验数据的可靠性以及与实际情况的符合度考虑，对这两个试验进行了对比和排序。得到的结果是：小梁试验跟实际状况最为接近，试验数据可以直接用于后期的路面结构设计，是最为理想的疲劳试验方法，然而该试验需要特殊的试验设备，耗费人力、物力较高；间接拉伸试验相对较简单，可操作性强，试件成型方便，对试验数据进行修正后能够满足与实际状况的相似度，是国内大多数学者采用的方法[172]。

间接拉伸试验采用的试样是通过马歇尔方法成型，或者直接对沥青路面钻芯再按高度要求进行切割即可，所以试件成型简单方便。并且是通过加载条在马歇尔试件外部重复施加应力，从而使试件内部也获得应力损伤，能够模拟道路顶部车载应力在路面内部产生疲劳开裂的真实力学状态，加载过程的力学示意图如图 7-8 所示。因此，选择间接拉伸疲劳试验分析粉体改性沥青混合料的疲劳性能。

间接拉伸试验有应力控制和应变控制两种模式，应力控制下每次对试件的加载应力恒定，随着加载次数增加，试件模量逐渐减小直至破坏；应变加载模式下，对试件施加应力的过程中确保其产生的应变不变，因此，应力随着试件承受的荷载作用次数增加而逐渐减小，试件破坏需要加载的作用次数往往大于应力控制模式。为节约时间，且应力不变符合车辆对沥青路面荷载作用情况，决定采用应力控制模式进行沥青混合料疲劳试验。

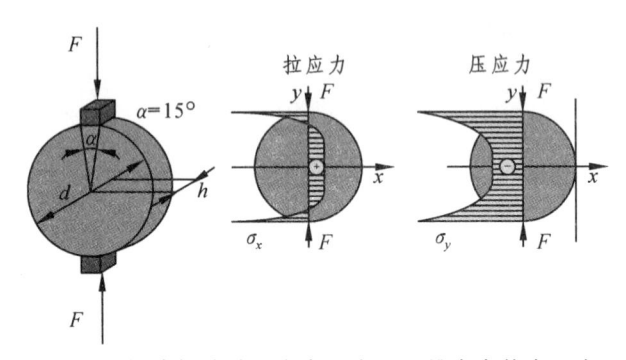

图 7-8 间接拉伸试验应力分布及二维应力状态示意

7.5.1 Weibull 分布概率模型

室内试验数据常采用多个平行试验的平均值，但部分试验数据往往具有很大的离散性，极值甚至相差数倍。特别是室内的间接疲劳拉伸试验，选择的应力比较大时，由于制样、仪器、加载位置等影响会有极大的差别，而平均值只是简单的数据平均，获得的是数据中心位置，并不能对数据的离散性进行消除。因此，有必要采用相应的数学模型对离散性概率进行保障。常用 Weibull 分布概率模型表征数据库的分布强弱，采用它对疲劳试验数据进行分析处理可以确保获得疲劳寿命符合高概率结果[173]。

同一应力水平荷载作用下，各疲劳试件的规律可由 Weibull 分布的概率密度函数 $f(N)$ 表示：

$$f(N) = \frac{b}{N_a - N_0}\left(\frac{N - N_0}{N_a - N_0}\right)^{b-1} \exp\left[-\left(\frac{N - N_0}{N_a - N_0}\right)^b\right] \quad (N_0 \leqslant N < \infty) \quad (7.8)$$

$$F(N) = P(N_\xi < N_p) = \int_{N_0}^{N_p} f(N)\mathrm{d}N = 1 - \exp\left[-\left(\frac{N_p - N_0}{N_a - N_0}\right)^b\right] \quad (7.9)$$

$$p = 1 - F(N) = \exp\left[-\left(\frac{N_p - N_0}{N_a - N_0}\right)^b\right] \quad (7.10)$$

式中：$F(N)$——韦伯失效概率；

p——存活率；

N_0——最小寿命加载次数；

N_P——最大寿命加载次数；

N_a——特征参数；

b——指标参数。

式（7.9）可以改写为

$$\frac{1}{p} = \exp\left[\left(\frac{N_p - N_0}{N_a - N_0}\right)^b\right] \quad (7.11)$$

两边取自然对数简化后可得：

$$-\ln\left[\ln\left(\frac{1}{p}\right)\right] = b\left[\ln(N_P - N_0) - \ln(N_a - N_0)\right]$$
$$= -2.303b\lg(N_p - N_0) + 2.303b\lg(N_p - N_0) \quad (7.12)$$

由式（7.12）可以看出，$-\ln[\ln(1/p)]$ 和 $\lg(N_p - N_0)$ 线性关系良好时，即可确定该试验符合 Weibull 分布。

依据概率理论分布，任意变量的破坏率是有一定规律分布的，样本中的某一个 x_i 样本的期望值是可以采用小样本的存活率估计量来表示的，每个试验的疲劳寿命按应力大小排列，x_i 的存活率 p 可以按下式计算：

$$p = 1 - \frac{i}{1+n} \quad (7.13)$$

7.5.2 粉体改性沥青混合料疲劳性能

针对水泥、消石灰和硅灰改性沥青混合料的疲劳性能采用间接拉伸气动伺服仪疲劳试验机，并应用韦伯理论分析结果可靠性。表 7-10 列出了水泥改性沥青混合料疲劳试验结果。

表 7-10　水泥改性沥青混合料疲劳试验结果

类型	应力比	应力/MPa	疲劳寿命/次	lg(N_p-N_0)	存活率 p	$-\ln[\ln(1/p)]$
PL-M1	0.4	0.292 4	13 834	3.839 9	0.8	1.499 9
			19 153	4.087 6	0.6	0.671 7
			19 941	4.114 7	0.4	0.087 4
			28 368	4.331 4	0.2	−0.475 9
	0.5	0.365 5	8 510	3.628 9	0.8	1.499 9
			11 277	3.846 5	0.6	0.671 7
			13 798	3.979 7	0.4	0.087 4
			19 215	4.174 9	0.2	−0.475 9
	0.6	0.438 6	2 609	3.115 4	0.8	1.499 9
			4 762	3.538 8	0.6	0.671 7
			5 014	3.569 3	0.4	0.087 4
			5 522	3.625 1	0.2	−0.475 9
	0.7	0.511 7	1 104	2.741 9	0.8	1.499 9
			2 331	3.250 2	0.6	0.671 7
			2 780	3.347 9	0.4	0.087 4
			3 470	3.465 1	0.2	−0.475 9

通过对表 7-10 中 PL-M1 四种应力水平下 $-\ln[\ln(1/p)]$ 和 lg(N_P-N_0) 相关性分析（见图 7-9），可知两者具有较好的相关性，且其余改性沥青混合料试验结果也具有较好的相关性，即 Weibull 分布可以表征混合料疲劳试验结果，Weibull 分布模型可以表示出不同应力、不同保证率下沥青混合料的疲劳寿命。

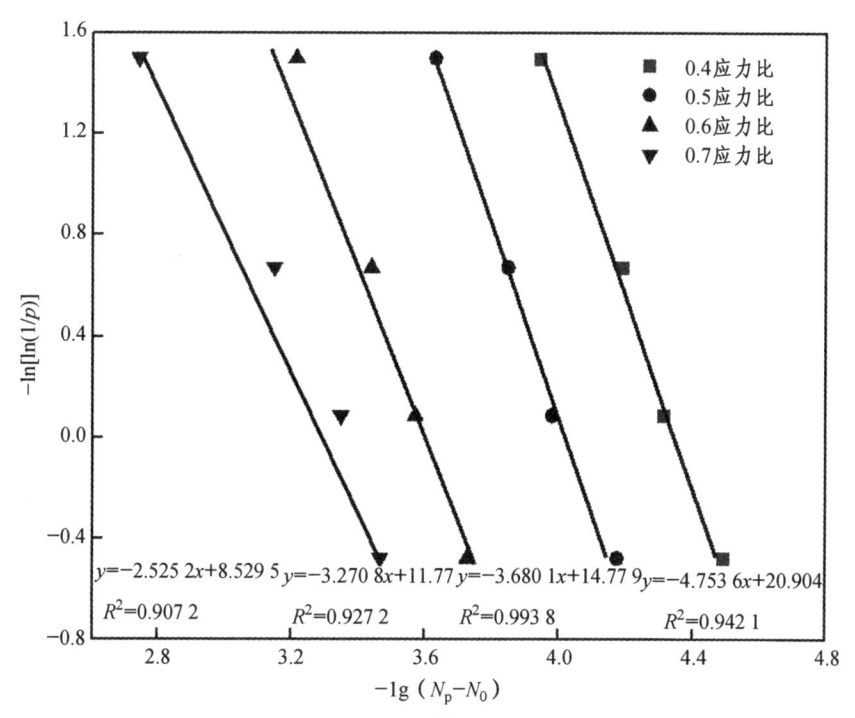

图 7-9 PL-M1 型改性沥青混合料 $-\ln[\ln(1/p)]$-$\lg(N_p-N_0)$ 相关性

表 7-11 给出了水泥、消石灰、硅灰改性沥青混合料在多应力比 95%保证率下的对数估算量和疲劳寿命相关性。

表 7-11 改性混合料疲劳寿命相关性分析

类型	应力比	拟合相关式	相关系数 R^2	$\lg(N_{95}-N_0)$ 估计量
OR	0.4	$y = -4.731x + 20.923$	0.9412	3.79
	0.5	$y = -3.580x + 14.745$	0.9932	3.29
	0.6	$y = -3.272x + 11.772$	0.8223	2.69
	0.7	$y = -2.525x + 8.529$	0.9111	2.20
PL-M1-5.0%	0.4	$y = -5.427x + 23.509$	0.9221	3.78
	0.5	$y = -5.258x + 20.332$	0.9956	3.30
	0.6	$y = -4.896x + 16.251$	0.9208	2.71
	0.7	$y = -4.523x + 14.871$	0.9393	2.50

续表

类型	应力比	拟合相关式	相关系数 R^2	$\lg(N_{95}-N_0)$估计量
HL-M1-2.5%	0.4	$y=-6.295x+26.562$	0.966 6	3.75
	0.5	$y=-5.567x+20.315$	0.982 3	3.29
	0.6	$y=-4.192x+16.923$	0.998 9	2.97
	0.7	$y=-3.683x+12.293$	0.967 3	2.53
HL-M1-5.0%	0.4	$y=-4.287x+19.144$	0.964 5	3.77
	0.5	$y=-3.926x+16.778$	0.923 4	3.52
	0.6	$y=-3.445x+12.342$	0.922 3	2.72
	0.7	$y=-2.733x+9.485$	0.923 6	2.38
HL-M1-7.5%	0.4	$y=-4.796x+21.233$	0.922 3	3.81
	0.5	$y=-4.533x+19.455$	0.991 2	3.64
	0.6	$y=-4.152x+14.644$	0.992 3	2.81
	0.7	$y=-3.283x+11.276$	0.923 6	2.53
HL-M2-5.0%	0.4	$y=-5.633x+24.564$	0.992 6	3.83
	0.5	$y=-4.857x+21.251$	0.993 8	3.76
	0.6	$y=-4.393x+17.223$	0.943 6	3.24
	0.7	$y=-3.722x+11.825$	0.942 5	2.38
HL-M3-5.0%	0.4	$y=-5.753x+25.123$	0.992 6	3.85
	0.5	$y=-4.967x+20.335$	0.936 8	3.50
	0.6	$y=-4.579x+17.461$	0.964 5	3.16
	0.7	$y=-4.125x+11.931$	0.941 5	2.16
GH-M1-5.0%	0.4	$y=-6.082x+26.578$	0.955 6	3.88
	0.5	$y=-4.841x+20.335$	0.966 8	3.59
	0.6	$y=-4.896x+19.887$	0.961 5	3.46
	0.7	$y=-4.382x+15.334$	0.942 5	2.82

通过表 7-11 中估计量计算对应疲劳寿命,并与应力进行拟合即可得到沥青混合料的应力疲劳方程:

$$N = k\delta^{-n} \qquad (7.14)$$

式中：N——试件疲劳寿命；

δ——加载应力；

k，n——拟合参数。

图 7-10 为 95%保证率下拟合所得的应力疲劳方程及曲线。

95%保证率下的疲劳方程见表 7-12。

表 7-12　95%保证率下应力疲劳方程

类型	应力疲劳方程		不同应力下疲劳寿命 N			比表面积
	疲劳方程	R^2	0.3 MPa	0.4 MPa	0.5 MPa	/（m²/g）
OR	$N = 89.681\sigma^{-4.773}$	0.978 6	28 080	7 113	2 452	—
PL-M1-5.0%	$N = 116.67\sigma^{-4.825}$	0.953 1	38 891	9 706	3 307	0.385 2
HL-M1-2.5%	$N = 123.31\sigma^{-4.888}$	0.954 1	44 343	10 867	3 651	0.391 8
HL-M1-5.0%	$N = 130.61\sigma^{-4.923}$	0.955 2	48 990	11 886	3 962	0.783 6
HL-M1-7.5%	$N = 133.31\sigma^{-5.001}$	0.943 3	54 926	13 030	4 269	1.175 4
HL-M2-5.0%	$N = 140.44\sigma^{-5.103}$	0.947 4	65 425	15 072	4 827	3.095 6
HL-M3-5.0%	$N = 149.23\sigma^{-5.189}$	0.974 2	77 103	17 329	5 444	7.937 4
GH-M1-5.0%	$N = 156.29\sigma^{-5.252}$	0.963 2	87 114	19 227	5 956	9.790 1

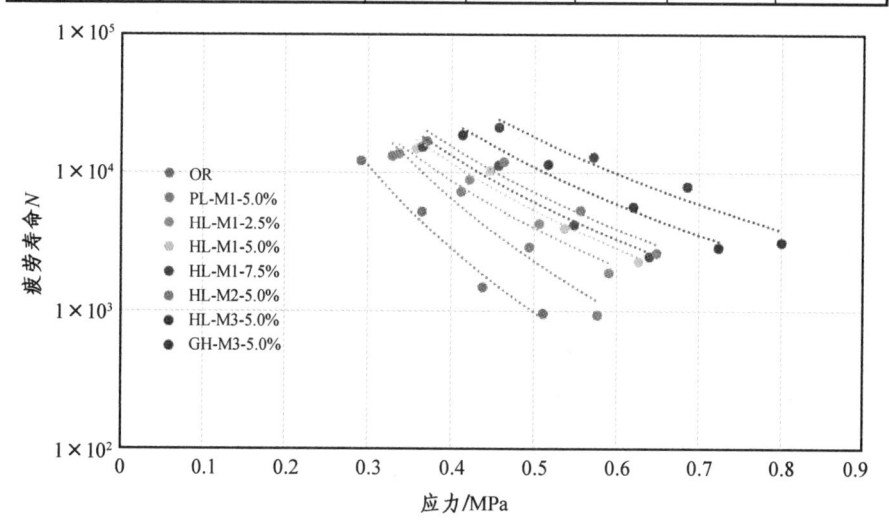

图 7-10　粉体改性沥青混合料应力疲劳曲线

从图 7-10 中可以得出,粉体改性沥青混合料的疲劳寿命符合幂函数规律,相关性均大于 90%。另外,图中可以明显看出随着应力增加,疲劳寿命显著降低,这主要是由于荷载加大,混合料内部材料在短时间内达到的极限状态,微观裂缝迅速转变为宏观裂缝,扩展直至破坏,也就是沥青路面在重载、超载条件下寿命极易减小的原因。

图 7-11 为粉体改性沥青混合料应力疲劳方程参数（k 和 n）对比图,在对数曲线图中,对相同材料的沥青混合料,较高的 k 表示在相同应力下承受荷载作用的次数较高,而 n 的减小表示材料对疲劳性能的敏感性增加。因此,借助于疲劳方程的 k 和 n 可以准确评价粉体种类和颗粒粒径对沥青混合料的疲劳性能影响规律。

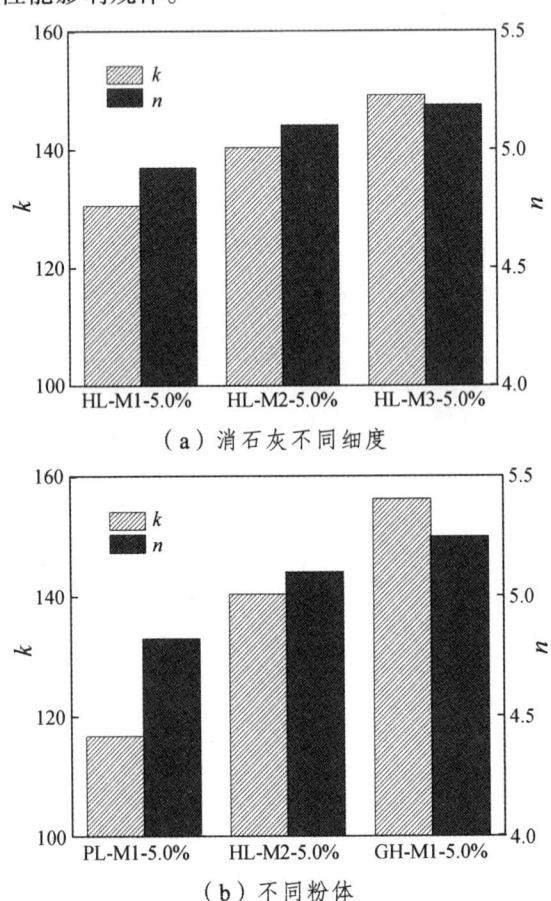

（a）消石灰不同细度

（b）不同粉体

（c）消石灰不同掺量

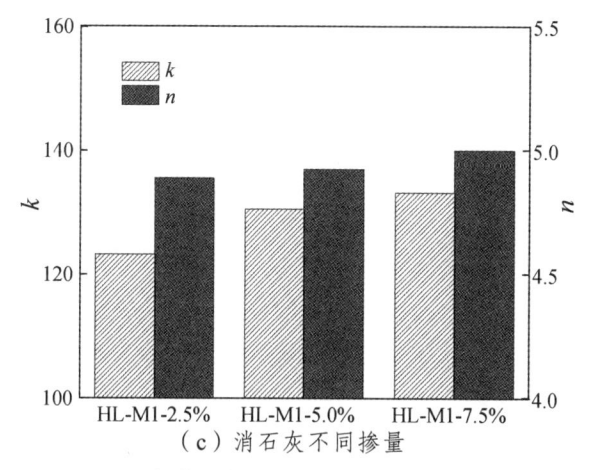

图 7-11　粉体改性沥青混合料疲劳方程 k 和 n

从图 7-10 中可以看出，随着消石灰颗粒粒径的减小，k 和 n 均逐渐增加，颗粒粒径最小的 HL-M3 型消石灰改性沥青混合料的 k 和 n 最大；另外通过对比消石灰、水泥和硅灰粉体颗粒对应的 k 和 n，发现硅灰的两个参数值均大于水泥和消石灰，即可说明硅灰改性沥青混合料在相同应力下可以承受更多的荷载循环，并具有较低的疲劳敏感性，呈现出优秀的疲劳特性。

这一规律主要应该跟三者不同的形貌特征和粒径大小有一定的关系，消石灰是通过煅烧多个分子组合而成，结构疏松，孔隙较多，能吸附较多沥青，因此消石灰改性沥青混合料的疲劳寿命大于水泥；而硅灰表面粗糙，具有表面孔隙，质量轻，填充度高，不易离析，粒径小，比表面能大，改性沥青的黏附性高，从而使其疲劳寿命最优。

而相同材料的较小颗粒具有更好的疲劳性能主要是由于随着粉体颗粒的粒径减小，颗粒间的间距也减小，使得沥青结合料微裂缝的扩展难以避开微颗粒生成的障碍物；另外，相同质量下，粒径越小，意味着粉体颗粒越多，因此沥青结合料内部会有更多的颗粒阻碍微裂缝的扩展，从而延长沥青结合料与混合料的疲劳寿命。

通过以上分析，可以发现粉体改性沥青混合料的疲劳性能受粒径大小、掺量、类型的影响，但经过第 6 章的分析，粒径大小主要是影响比表面积参数；掺量对沥青中吸附油分多少起决定性作用，而掺量增加导致作用面积增加，从而使其吸附量增加；水泥和石灰粒径大小相同时，两者比表面积却有较大差异，在疲劳试验中也发现两者疲劳寿命也有不同，这主要是粉体表面构造和孔隙结构影响其比表面积，从而影响其吸附量所致，硅灰具有最好的抗疲劳性能，也是因为其粒径小，比表面积大，相同质量吸附接触面积大，且粒径越小比表面能越大，从而促使其疲劳性能优异。综上所述，比表面积是无机类粉体改性剂改性性能的决定性因素，因此，对试验获得的疲劳寿命与粉体比表面积参数进行相关性分析，建立粉体改性沥青混合料疲劳寿命与粉体比表面积之间的关系，如图7-12所示。按式(7.14)进行拟合，发现疲劳寿命与粉体比表面积符合幂函数关系，结果见表7-13。

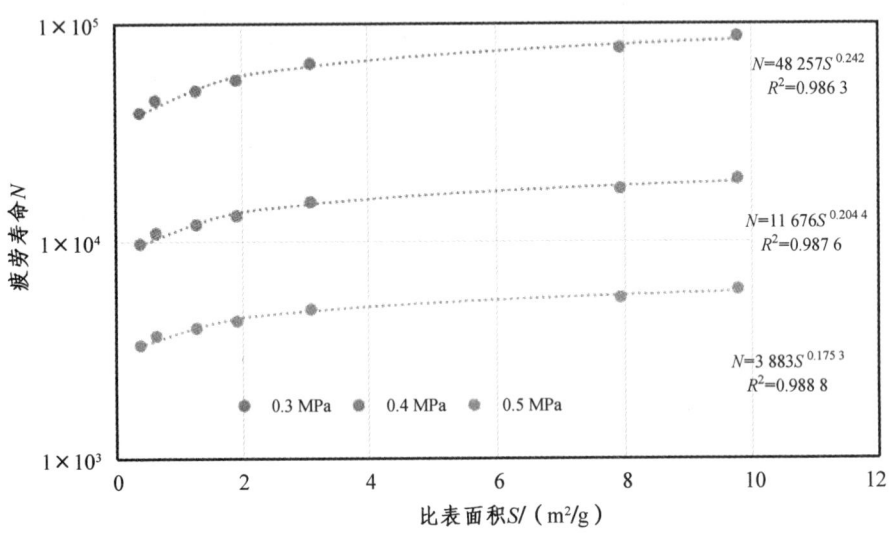

图7-12 改性沥青混合料不同应力下疲劳寿命与粉体比表面积关系

表7-13 疲劳作用次数与有效比表面积拟合参数

应力/MPa	疲劳方程	a	b	R^2
0.3	$N=48\ 257S^{0.242}$	48 257	0.242	0.986 3
0.4	$N=11\ 676S^{0.204}$	11 676	0.204	0.987 6
0.5	$N=3\ 883.8S^{0.175}$	3 883.3	0.175	0.988 8

7.6 本章小结

本章以粉体改性沥青为基础，针对依托项目设计了沥青混合料的配合比，并对改性沥青混合料的耐久性进行了全面的测试，分析了掺量、粒径（比表面积）和种类对混合料耐久性的影响规律，并建立了粉体改性沥青比表面积与疲劳寿命的疲劳预估方程，为其他粉体类改性剂研究提供理论支撑。获得主要结论如下：

（1）通过冻融疲劳试验分析发现：三类粉体改性沥青对混合料的冻融劈裂强度均有提高，冻融前疲劳强度依次为：硅灰＞消石灰＞水泥，但冻融后劈裂强度依次为水泥＞消石灰＞硅灰，消石灰掺量越高和比表面积越大，其强度越大。造成冻融前后规律不一致的原因主要是消石灰和水泥与水反应生成的水化物强度不同。

（2）通过车辙试验结果分析发现：高温稳定性依次为硅灰＞消石灰＞水泥，消石灰比表面积越大（粒径小）稳定性越好，7.5%范围内掺量越多，稳定性越好，主要原因是其吸附表面构造和表面吸附能大小影响。

（3）对低温抗裂性能试验获得的应变能指标分析发现：粉体掺入沥青后对混合料会有不利影响，特别是随着掺量增加，混合料低温性能越差，但随着粒径减小（比表面积增大）这种不利影响逐渐减小，GH-M1 和 HL-M3 粉体对混合料抗裂性能有利。

（4）通过间接拉伸疲劳试验结果分析发现：粉体改性沥青混合料的疲劳性能有较大提升，特别是在低应力下对混合料的影响较大；其中硅灰提升效果最为明显，消石灰次之，水泥最小；另外，7.5%掺量范围内沥青混合料疲劳寿命与掺量呈正相关，比表面积越大（粒径越小），疲劳寿命提升越大。

（5）通过疲劳寿命结果分析发现：粉体比表面积与疲劳寿命具有较好的幂函数关系，并建立了粉体改性沥青混合料的疲劳寿命预估方程。

第 8 章
PART EIGHT

粉体改性沥青混合料耐久性能

本章通过沥青混合料冻融劈裂循环试验，研究在沥青中添加水泥、消石灰等粉体材料对沥青混合料长期抗水损能力的影响；并通过沥青混合料的长期老化试验，研究沥青混合料长期老化后水稳定性和低温性能的变化规律，以及水泥、消石灰对沥青混合料抗老化能力的影响。

8.1 粉体改性沥青混合料长期抗水损性能

根据前几章关于水泥、消石灰等粉体改性剂对沥青混合料水稳定性影响研究，由于 AC-20C 型级配沥青混合料自身水稳定性较好，以及冻融试验条件不够苛刻，添加了粉体改性剂后，虽然沥青混合料冻融前后的劈裂强度提升较大，但沥青混合料冻融劈裂试验强度百分比的变化不是特别明显，为了进一步比较水泥、消石灰等粉体类材料对混合料水稳定性的影响，以及改性剂对沥青路面遭受长期水损害后强度的影响，本节对 5%石灰、5%水泥组进行了多次冻融循环劈裂试验。

8.1.1 试验方法与评价指标

按《公路工程沥青及沥青混合料试验规程》（JTG E20—2011）要求，每组成型 16 个双面击实 50 次马歇尔试件，分为 4 组，分别按照规范要求进行 0 次、1 次、2 次、3 次冻融循环，分别测定劈裂强度 PT、PT_1、PT_2、PT_3，并按式（8.1）分别计算冻融劈裂强度比值 TSR_1、TSR_2、TSR_3。为避免试验误差对数据的影响，三组循环应同时进行，并以残留强度比为指标，评价混合料的长期抗水损能力。沥青混合料在多次冻融循环后，残留强度比越大，表明其长期耐水损害的能力越强。

$$TSR_i = PT_i / PT \tag{8.1}$$

式中：TSP_i——第 i 次冻融循环的残留强度比；

PT——未冻融组劈裂强度；

PT_i——第 i 次冻融循环后试件的劈裂强度。

8.1.2 冻融循环试验结果

试验结果如表 8-1、图 8-1、图 8-2 所示。

由表 8-1 可以看出，未冻融组及冻融 1 次的试验规律显示，在沥青中掺加 5%的水泥或消石灰后，对沥青混合料冻融劈裂强度有一定提升，但对冻融劈裂强度比 TSR_1 的提升不明显。在经过第二次循环后，基质沥青组的劈裂强度出现了明显下降，冻融劈裂试验强度比 TSR_2 下降到了 72.2%，在沥青中掺加 5%水泥或 5%消石灰后，劈裂强度的下降幅度较小，TSR_2 分别为 89.0%、80.9%，均远高于基质沥青组。在经过第三次冻融循环后，基质沥青组的破坏荷载降低到了 5.62 kN，与未冻融时相比，TSR_3 仅为 67%，掺加了水泥组的劈裂试验破坏荷载为 7.43 kN，TSR_3 仍高达 81.2%，掺加了 5%石灰组的劈裂试验破坏荷载为 6.23 kN，TSR_3 值也达到了 72.7%。这说明，在沥青中掺加定量的水泥、消石灰等粉体类材料有助于提升路面在遭受长期水损害下保持强度及结构稳定性的能力。与消石灰相比，在沥青中掺加一定量的水泥对于沥青混合料的长期抗水损害能力提升更为明显。

表 8-1 粉体改性沥青混合料多次冻融循环劈裂试验结果

改性剂	PT/kN	PT_1/kN	TSR_1/%	PT_2/kN	TSR_2/%	PT_3/kN	TSR_3/%
—	8.39	7.63	90.1	6.05	72.2	5.62	67.0
5%水泥	9.09	8.48	93.8	8.09	89.0	7.43	81.2
5%消石灰	8.58	7.84	91.4	6.94	80.9	6.33	73.7

图 8-1 沥青混合料劈裂强度

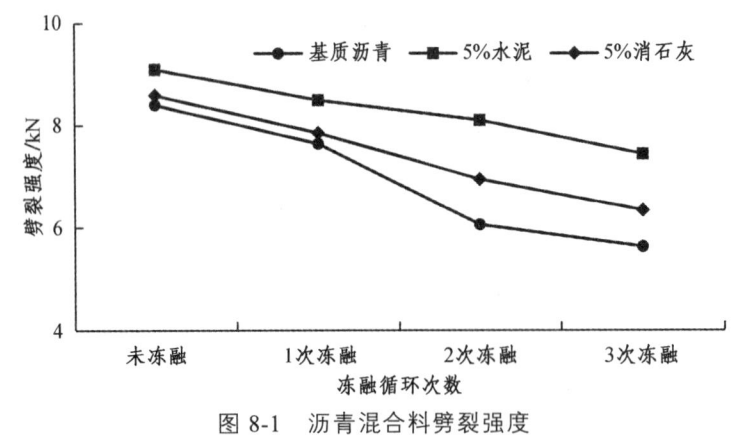

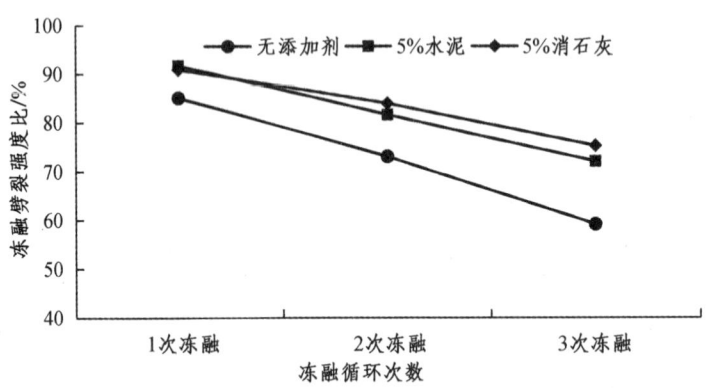

图 8-2 粉体改性沥青混合料冻融劈裂强度比

8.2 粉体改性沥青混合料长期老化性能

  沥青混合料无论是在拌和、运输、铺筑等施工过程中,还是在建成后服务年限内,都会不可避免地产生不同程度的老化。沥青混合料的老化会显著影响混合料的路用性能,影响路面的行车舒适性,降低沥青路面的使用寿命。沥青混合料在使用过程中产生的老化称为长期老化,这主要是沥青路面投入使用后,长期暴露在环境中,受到阳光、降雨、空气等自然因素作用,同时受到车辆荷载的反复作用,路面沥青混合料由于理化性质的改变,使用性能逐渐降低,直到无法满足行车要求。沥青混合料的老化主要源于沥青结合料的老化,而沥青老化主要表现为:油分的挥发和吸收、与空气中的氧气反应、沥青分子结构产生触变导致硬化。但仅通过沥青自身的老化性能并不足以评价沥青路面的耐久性,沥青和矿料的相互作用、混合料级配、孔隙率等因素也会显著地影响沥青混合料的老化进程。

沥青混合料老化速率的影响因素众多,主要包括温度、氧气、光照、车载,其中,温度和氧气对沥青和沥青混合料老化作用的影响最为重要,温度越高、空气中的氧气浓度越高,沥青分子与氧气反应的速率就越快,沥青混合料的老化程度就越加严重。

沥青混合料热氧老化的室内试验模拟方法主要有加压氧化法(PAV)法和延时烘箱加热法(LOTA)两种,加压氧化法是将成型好的沥青混合料试件放入密闭容器中,同时注入一定压力的氧气,并在 40 ℃ 或 60 ℃ 的环境下密闭老化一定时间,这种方法主要是通过增大氧气浓度达到加速混合料老化的目的。而延时烘箱加热法是将成型好的沥青混合料试件放在试样架或托盘中,然后放入到 85 ℃ 左右的烘箱中,恒温 120 h 左右,LOTA 法主要是通过提高环境温度,实现沥青混合料的加速老化。两种方法相比较,加压氧化法设备比较复杂,而且需要加入低压氧气,操作有一定难度,且可参考资料较少;而延时烘箱加热法仅需要普通烘箱即可实现,设备操作简单,且有较多经验可以借鉴,并且已有较多资料证明其老化结果比较可靠,故选取延时烘箱加热法来模拟沥青路面在长期使用过程中的热氧老化。

设计的 AC-20C 型级配主要应用于沥青路面中下面层,在路面的长期使用过程中,混合料的老化主要是受温度和氧气的影响。为了研究中下面层 AC-20C 型级配沥青混合料的长期老化规律以及添加剂对沥青混合料耐久性的影响,进行延时烘箱加热试验(LOTA),将经过冷却、脱模后的试件,置于 85 ℃ ± 1 ℃ 的烘箱中恒温 120 h ± 0.5 h,达到以高温强化手段加速沥青混合料老化的目的,如图 8-3 所示。

图 8-3 延时烘箱加热法老化试件

8.2.1 长期老化对粉体改性沥青混合料水稳定性的影响

一般情况下，沥青的短期老化会增大沥青的黏度，对沥青混合料的水稳定性有利，但路面经过长时间使用后，沥青与集料的黏附性逐渐丧失，更容易发生水损害。为了研究沥青路面在长期使用后的水稳定性变化，以及在沥青中掺加水泥、消石灰等无机添加剂对沥青混合料抗老化性能的影响，将无添加剂组、5%水泥组、5%消石灰组马歇尔试件老化后，进行了多次冻融劈裂循环试验，并和未老化组进行了对比，以冻融劈裂残留强度比及老化前后劈裂强度比对沥青混合料的耐老化性能进行评价。

具体试验方法为：成型双面击实 50 次马歇尔试件，置于 85 ℃ 的烘箱中，连续保温 120 h，模拟沥青路面 6~9 年左右热氧老化过程，并对老化后的试件进行冻融劈裂循环试验，与未老化组进行对比。

试验结果见表 8-2、图 8-4 和图 8-5。

表 8-2 老化后粉体改性沥青混合料多次冻融循环劈裂试验结果

改性剂	PT /kN	强度增长 /%	PT_1/KN	PT_2/kN	PT_3/kN	TSR_1/%	TSR_2/%	TSR_3/%
—	12.94	54.1	11.0	9.45	7.65	85.0	73.0	59.1
5%水泥	13.84	52.5	12.68	11.29	9.97	91.6	81.6	72.0
5%消石灰	13.04	51.9	11.84	10.94	9.81	90.8	83.9	75.2

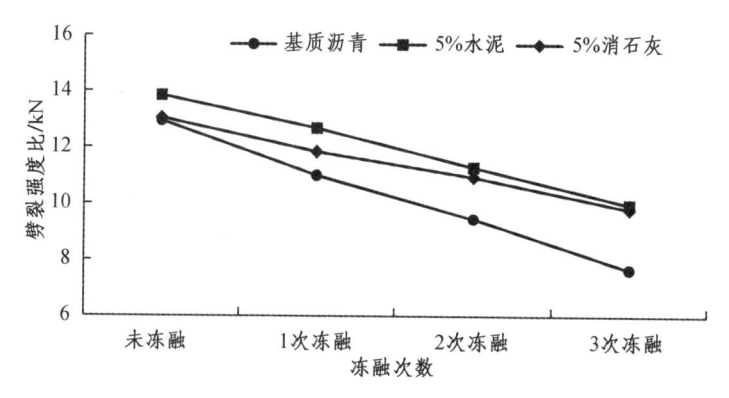

图 8-4 长期老化后沥青混合料劈裂强度随冻融次数变化

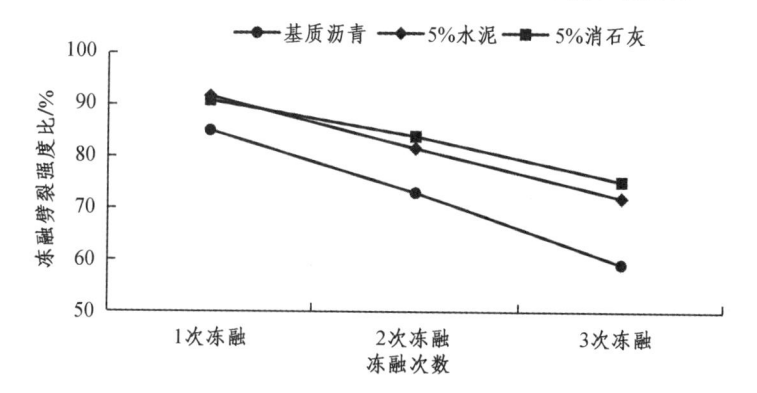

图 8-5 长期老化后沥青混合料劈裂强度比随冻融次数变化

由表 8-2 可以看出，沥青混合料经过 120 h 的 85 ℃ 烘箱老化，即相当于在路面使用 6~9 年后，几种沥青混合料的劈裂强度都提升了 50%左右。老化后的沥青在经过 1 次冻融循环后，劈裂强度均出现了一定程度的下降，但 TSR_1 均在 85%以上，这表明当采用石灰岩时，AC-20C 型级配沥青混合料的抗水损能力较好，即使在长期老化后，集料与沥青之间的黏附出现了一定程度的下降，但依然能够满足规范要求，具有较好的水稳定性。但在经过第 2 次、第 3 次冻融循环后，基质沥青组的冻融劈裂强度出现了大幅度下降，TSR_2 和 TSR_3 分别降低到了 73%和 59.1%，沥青混合料已经发生了较为严重的水损害，基质沥青混合料在路面服役时间较长且外界水文条件恶劣的情况下，已经难以满足使用要求。同时，添加 5%水泥组、5%消石灰组的沥青混合料在经过三次冻融循环后的 TSR_3 值分别为 72.0%、

75.2%,仍接近规范对于普通沥青混合料 TSR 的要求,且远高于基质沥青混合料,这一结果表明,在沥青中添加一定量的水泥、消石灰等粉体材料有助于提高沥青路面在长期老化后的抗水损能力,对增长沥青路面服役年限有利。

8.2.2 长期老化对粉体改性沥青混合料低温性能的影响

沥青路面的长期老化使得沥青混合料的劲度模量不断提高,沥青混合料的极限拉伸应变变小,应力松弛性能变差,低温抗裂性能变差。本节针对无添加剂组、5%水泥组、5%消石灰组进行长期老化后,进行小梁低温弯曲试验。沥青混合料老化方法与 8.2.1 节相同。

试验结果见表 8-3、图 8-6。

表 8-3 沥青混合料长期老化前后破坏应变

改性剂	破坏应变/$\mu\varepsilon$		破坏应变比/%
	老化前	老化后	
—	2 347	2 102	89.56
5%水泥	1 976	1 859	94.07
5%消石灰	2 170	2 088	96.22

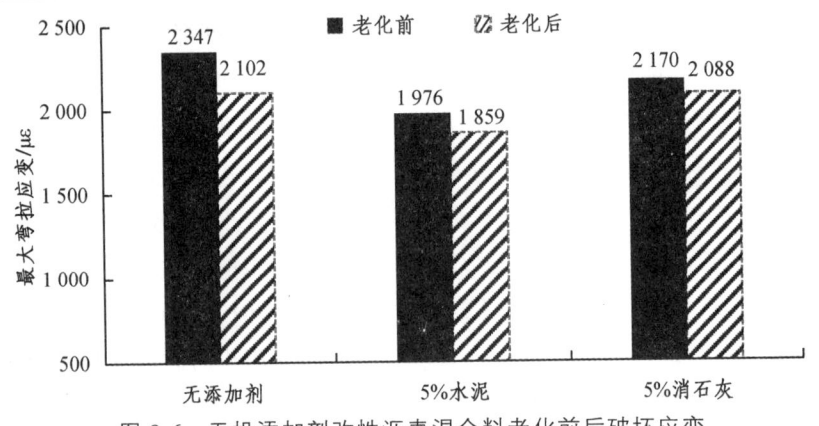

图 8-6 无机添加剂改性沥青混合料老化前后破坏应变

由表 8-3 和图 8-6 可以看出，沥青混合料经过 120 h 烘箱老化后，沥青变脆，小梁试件的极限破坏应变减小，沥青混合料在低温条件下抵抗变形破坏的能力降低；三种沥青混合料小梁试件老化后的破坏应变大小顺序为：基质沥青组>5%消石灰组>5%水泥组，表明在沥青中添加水泥、消石灰对低温性能不利；老化前后的破坏应变比大小顺序为：5%消石灰组>5%水泥组>基质沥青组，表明水泥、消石灰改性沥青混合料耐长期老化能力更好。这可能是水泥、消石灰在沥青混合料老化过程中，表面的孔隙吸附了沥青中的轻质成分，并和羧酸等物质发生化学反应，减少了沥青在老化过程中的氧化与流动，增强了抗老化能力。

8.3 粉体掺加方式对混合料性能的影响

水泥与消石灰作为常用的工程材料，在沥青路面中已有较为广泛的应用，现在工程实践中普遍采用的是干掺法，即将水泥、消石灰作为一种填料，在沥青混合料拌和过程中代替部分或全部矿粉，以改善沥青混合料和集料之间的黏附能力和沥青路面抗水损能力。而设计的工艺则是将水泥与消石灰粉体作为沥青改性剂，先与沥青高速剪切拌和均匀，制得水泥和消石灰改性沥青后，然后按照常规方法成型沥青混合料，即胶浆法。为了对比两种掺加方法的优劣，本节采用干掺法成型沥青混合料试件，进行了浸水马歇尔试验、车辙试验、低温弯曲试验等路用性能试验，并和胶浆法进行了对比。干掺法的路用性能试验方法与胶浆法相同，参照相关文献，水泥、消石灰采用干掺法对沥青混合料进行改性时，综合考虑高温、低温、水稳定性，其掺量通常控制在矿粉的 20%~60%，当掺量不同时，对各项性能的影响略有差别。为了便于分析比较，在室内试验中，掺法的水泥、消石灰掺量为矿粉质量的 50%。为了便于对比研究，胶浆法的试验数据采取水泥和消石灰掺量为沥青质量 5%时的试验结果。具体试验结果见表 8-4。

表8-4 粉体掺加方式对路用性能的对比研究

掺加方式		稳定度/kN	浸水后稳定度/kN	动稳定度/（次/mm）	最大弯拉应变/με	孔隙率/%
基质沥青		9.61	8.42	1 664	2 347	4.10
水泥	胶浆法	11.15	9.74	2 423	1 976	3.93
	干掺法	10.07	9.03	2 414	1 834	4.60
消石灰	胶浆法	10.15	9.37	2 250	2 170	4.19
	干掺法	10.09	9.11	2 514	1 756	4.90

由表8-4可以看出，无论是采用干掺法还是胶浆法，将水泥、消石灰应用于沥青混合料中，均能提高混合料浸水前后的稳定度，对沥青路面抗水损能力有利；沥青混合料的动稳定度都有较为显著的提升，对沥青路面高温抗车辙能力有利。同时，沥青混合料低温条件下的抗变形能力都存在一定幅度的下降，表明水泥、消石灰应用在沥青路面工程时，都会对低温性能有不利影响，在北方寒冷地区要谨慎使用。而在孔隙率的变化规律上，两种出现了较大差异。

具体比较两种添加剂在不同掺加方式下对沥青混合料路用性能的影响，当添加剂为水泥时，采用胶浆法成型的沥青混合料的稳定度、浸水后稳定度均高于干掺法成型的沥青混合料，且两种掺加方法下动稳定度的差别不大，但胶浆法成型的混合料极限弯拉应变更大，抗低温破坏能力更好。当添加剂为消石灰时，两者的稳定度和浸水稳定度差别不大，但干掺法试件的抗车辙能力优于胶浆法试件，胶浆法试件的抗低温变形能力优干掺法试件。而且两种添加剂在干掺法工艺下成型的马歇尔试件的孔隙率都远高于基质沥青组，而采用胶浆法成型的马歇尔试件孔隙率仍能保持在4%的最佳孔隙率左右。综合以上指标考虑，不论添加剂是水泥还是消石灰，采用胶浆法时，沥青混合料的路用性能略优于干掺法。

设计的AC-20C型沥青混合料，矿粉掺量为集料总质量的5%，即采用胶浆法5%水泥、5%消石灰掺量成型试件时，水泥、消石灰掺加质量仅为干掺法的1/8左右，但胶浆法成型的沥青混合料部分性能甚至还优于干掺法。分析认为，这主要是因为采用胶浆法时，沥青与添加剂是采用高速剪切机拌和的,沥青和添加剂之间混合较为均匀,不同水泥、消石灰颗粒吸附的结构沥青膜厚度接近,能较好的在沥青中承担骨架作用,成型的混合料试件在空间结构上的物理力学性能连续性较好,在承受荷载时,试件整体受力,不易产生应力集中,而且由于掺量较干掺法少,吸附的结构沥青总量有限,对孔隙率的影响也比较小。而干掺法成型试件时,由于是在混合料的拌和过程中大量掺入,由于拌和时间及拌和设备的限制,加上水泥、消石灰比表面积较小,难以在混合料中完全分散,可能有较多的水泥、消石灰颗粒存在聚团现象,且在混合料中存在不均匀分布,且由于掺加的水泥和消石灰总量较大,吸附了过多的结构沥青,导致混合料的孔隙率升高,极限弯拉应变过低,低温性能难以满足要求的同时,也降低了对水稳定性和高温稳定性的改性效果。

8.4 本章小结

(1)在沥青中掺加5%水泥、5%消石灰,沥青混合料在经过3次冻融循环后的劈裂强度比从67%分别提高到了81.2%和73.7%,试验结果表明在沥青中掺加水泥、消石灰等无机粉体类材料对沥青混合料抵抗长期水损的能力提升较大。其中,掺加水泥对沥青混合料多次冻融循环条件下水稳定性的提升效果优于消石灰。

(2)在沥青中掺加5%水泥、5%消石灰,并将沥青混合料在85 °C下老化120 h后,三次冻融强度比从59.1%分别提升到了72%和75.2%,长期老化前后的低温弯曲试验破坏应变比从89.56%分别提高到了94.07%和96.22%,结果表明在沥青中掺加水泥、消石灰等无机粉体材料对沥青混合料耐长期老化能力有提升作用。

(3)通过路用性能试验,对比了干掺法和胶浆法成型的沥青混合料性能的优劣。胶浆法成型的试件在浸水马歇尔试验稳定度、抗低温变形能力方面均优于干掺法试件,两种方法的试件动稳定度差别不大。综上,胶浆法对沥青混合料的路用性能改性效果更好。

参考文献

［1］ 张肖宁. 沥青与沥青混合料的粘弹力学原理及应用[M]. 北京：人民交通出版社，2006：1-16.

［2］ 黄晓明，吴少鹏，赵永利. 沥青与沥青混合料[M]. 南京：东南大学出版社，2002.

［3］ 沙庆林. 高速公路沥青路面早期破坏现象及预防[M]. 北京：人民交通出版，2001.

［4］ ISACSSON U, ZENG H. Relationships between bitumen chemistry and low temperature behaviour of asphalt[J]. Construction and Building Materials, 1997, 11(2):83-91.

［5］ SINGH M, KUMAR P, MAURYA M R. Strength characteristics of SBS modified asphalt mixes with various aggregates[J]. Construction and Building Materials, 2013, 41(11):815-823.

［6］ 沈金安. 沥青及沥青混合料路用性能[M]. 北京：人民交通出版社，2001.

［7］ 李平. SBS改性沥青老化性能及存储稳定性能研究[D]. 西安：长安大学，2005.

［8］ 祁伟，李波，曹贵，等. 线型与星型SBS复配制备改性沥青性能研究[J]. 公路，2013（10）：200-203.

［9］ 詹小丽，张肖宁，谭忆秋，等. 改性沥青低温性能评价指标研究[J]. 公路交通科技，2007，138（9）：42-45.

［10］ 张涛，吴少鹏，王金刚，等. 特立尼达湖改性沥青性能研究[J]. 新型建筑材料，2009，36（9）：58-61.

［11］ 王金刚. 粉体改性沥青制备及其改性机理研究[D]. 武汉：武汉理工大学，2009.

[12] 李波,张智豪,刘祥,等.基于表面理论的温拌SBS改性沥青-集料体系的粘附性[J].材料导报,2017,31(4):115-120.

[13] 李海莲,李波,王起才,等.基于表面能理论的老化温拌SBS改性沥青结合料的粘附性[J].材料导报,2017,31(16):129-133,149.

[14] JIAO Y, ZHANG Y, FU L, et al. Influence of crumb rubber and tafpack super on performances of SBS modified porous asphalt mixtures[J]. Road Materials and Pavement Design, 2019, 20(1): 1-21.

[15] 王改霞,董夫强,姜萌萌,等.SBS改性沥青高温存储过程中性能衰减机理的研究[J].合成材料老化与应用,2021,50(6):15-18,146.

[16] 林毅,丁青,仰建岗.采用消石灰提高沥青路面水稳定性性能分析与应用[J].公路交通科技(应用技术版),2008,47(11):48-49.

[17] 邓省斌.基于液体抗剥落剂与消石灰对沥青混合料水稳定性影响的比较研究[J].科技信息,2014,461(4):295,299.

[18] 尹晓波.硅灰对沥青混合料性能影响的试验研究[D].合肥:合肥工业大学,2019.

[19] 朱春凤.硅藻土—玄武岩纤维复合改性沥青混合料路用性能及力学特性研究[D].长春:吉林大学,2018.

[20] 冯慧敏.活性硅/SBS复合改性沥青混合料疲劳性能室内试验研究[D].哈尔滨:东北林业大学,2019.

[21] 李剑,郝培文.消石灰改善沥青混合料抗剥离性能研究[J].公路,2004(5):131-134.

[22] 王旭东,戴为民.水泥、消石灰在沥青混合料中的应用[J].公路交通科技,2001(4):20-24.

[23] 杨文锋,赖跃.消石灰对沥青胶浆及沥青混合料体积性能的影响[J].硅酸盐通报,2015,34(1):253-256.

[24] 马英新.石灰掺加方式对沥青混合料水稳定性的影响[J].内蒙

古公路与运输, 2018, 164 (2): 10-14.

[25] 柳浩, 李晓民, 张肖宁, 等. 消石灰与矿粉沥青胶浆流变性能比较[J]. 北京工业大学学报, 2009, 35 (11): 1506-1511.

[26] 朱凯, 黄志义, 吴珂, 等. 消石灰对沥青阻燃性能的影响[J]. 浙江大学学报 (工学版), 2015, 49 (5): 963-968.

[27] 游庆龙, 吕政桦, 覃潇, 等. 矿粉细度及粉胶比对沥青胶浆力学性能的影响[J]. 公路, 2016, 61 (11): 204-208.

[28] 郑晓光, 吕伟民. 消石灰与液体抗剥落剂对沥青混合料作用的研究[J]. 公路, 2004 (11): 94-96.

[29] 韩守杰, 王玉雅, 邓子琦, 等. 纳米 SiO_2 和消石灰粉对沥青混凝土路用性能的影响[J]. 新型建筑材料, 2020, 47 (8): 75-78.

[30] ARAGAO F T S, LEE J, KIM Y R, et al. Material-specific effects of hydrated lime on the properties and performance behavior of asphalt mixtures and asphaltic pavements[J]. Construction and Building Materials, 2010, 24(4):538-544.

[31] HADI S S. Impact of preparing hma with modified asphalt cement on moisture and temperature susceptibility[J]. Journal of Engineering, 2017, 23(11):1-21.

[32] LITTLE D N, PETERSEN J C. Unique effects of hydrated lime filler on the performance-related properties of asphalt cements:physical and chemical interactions revisited[J]. Journal of Materials in Civil Engineering, 2005, 17(2):207-218.

[33] RIEKSTS K, PETTINARI M, HARITONOVS V. The influence of filler type and gradation on the rheological performance of mastics[J]. Road Materials and Pavement Design, 2019, 20(3):964-978.

[34] MOVILLA-QUESADA D, RAPOSEIRAS A C, CASTRO-FRESNO D, et al. Experimental study on stiffness development of asphalt mixture containing cement and $Ca(OH)_2$ as contribution filler[J]. Materials

& Design, 2015, 74(7):157-163.

[35] MICAELO R, GUERRA A, QUARESMA L, et al. Study of the effect of filler on the fatigue behaviour of bitumen-filler mastics under DSR testing[J]. Construction and Building Materials, 2017, 155(11):228-238.

[36] MIRÓ R, MARTÍNEZ A, PÉREZ-JIMÉNEZ F, et al. Effect of filler nature and content on the bituminous mastic behaviour under cyclic loads[J]. Construction and Building Materials, 2017, 132(2):33-42.

[37] LIAO M C, CHEN J S, TSOU K W. Fatigue characteristics of bitumen-filler mastics and asphalt mixtures[J]. Journal of Materials in Civil Engineering, 2012, 24(7):916-923.

[38] BEHBAHANI H, HAMEDI G H, GILANI V. Predictive model of modified asphalt mixtures with nano hydrated lime to increase resistance to moisture and fatigue damages by the use of deicing agents[J]. Construction and Building Materials, 2020, 265(12): 120-353.

[39] HAN S, DONG S, LIU M, et al. Study on improvement of asphalt adhesion by hydrated lime based on surface free energy method[J]. Construction and Building Materials, 2019, 227(12): 116794.

[40] DIAB A, YOU Z, HOSSAIN Z, et al. Moisture susceptibility evaluation of nanosize hydrated lime-modified asphalt-aggregate systems based on surface free energy concept[J]. Transportation Research Record, 2014, 2446(1): 52-59.

[41] 周亮. 不同填料对沥青胶浆性能影响分析[J]. 公路工程，2013，38（1）：24-27.

[42] 张吉哲，郭晨晨，苏春华，等. 赤泥沥青混合料动态响应与水稳定性提升[J]. 长安大学学报(自然科学版)，2021，41（5）：11-22.

[43] 王民，朱梦良，王英俊，等. 水泥代替矿粉对沥青混合料性能的影响分析[J]. 重庆建筑大学学报，2007，131（6）：121-125.

[44] 颜可珍，游凌云，王晓亮. SMA 混合料冻融循环性能试验及超声波法评价[J]. 中国公路学报，2015，28（11）：8-14.

[45] 李丽娟,王玮. 基于均匀设计的抗剥落剂组合对机制砂与沥青黏附性的影响研究[J]. 中外公路，2018，38（1）：259-263.

[46] 郑晓光，杨群，吕伟民. 水泥填料对沥青混合料性能影响的试验分析[J]. 建筑材料学报，2005（5）：480-484.

[47] 杜少文,王振军. 矿渣消石灰粉乳化沥青混凝土性能与微观机理[J]. 建筑材料学报，2009，12（2）：163-167.

[48] 杜少文,李立寒,袁坤. 水泥乳化沥青混合料中合理 CA 比的试验研究[J]. 建筑材料学报，2010，13（6）：807-811.

[49] 王振军，杜少文，肖晶晶，等. 水泥乳化沥青混合料性能的影响因素[J]. 建筑材料学报，2011，14（4）：497-501，511.

[50] 杜少文,王振军. 水泥改性乳化沥青混凝土力学性能与微观机理[J]. 同济大学学报（自然科学版），2009，37（8）：1040-1043.

[51] 邹桂莲，张肖宁，韩传代. 应用 DSR 评价沥青胶浆路用性能的研究[J]. 哈尔滨建筑大学学报，2001（3）：112-115.

[52] 刘丽,郝培文,肖庆一,等. 沥青胶浆高温性能及评价方法[J]. 长安大学学报（自然科学版），2007，121（5）：30-34.

[53] 雷小磊,崔玉龙. 水泥改性沥青胶浆路用性能及微观机理试验研究[J]. 宿州学院学报，2020，35（10）：75-80.

[54] 许新权,唐胜刚,杨军. 粉胶比对沥青胶浆高低温性能的影响[J]. 长安大学学报（自然科学版），2020，40（4）：14-26.

[55] MAZZONI G, STIMILLI A, CANESTRARI F. Self-healing capability and thixotropy of bituminous mastics[J]. International Journal of Fatigue, 2016, 92(9):8-17.

[56] PENG C, YU J, ZHAO Z, et al. Effects of a sodium chloride deicing additive on the rheological properties of asphalt mastic[J]. Road Materials and Pavement Design, 2016, 17(2):382-395.

[57] ANTUNES V, FREIRE A C, QUARESMA L, et al. Influence of the

geometrical and physical properties of filler in the filler-bitumen interaction[J]. Construction and Building Materials, 2015, 76(2):322-329.

[58] ZHENG C, FENG Y, ZHUANG M, et al. Influence of mineral filler on the low-temperature cohesive strength of asphalt mortar[J]. Cold Regions Science & Technology, 2017, 133(1):1-6.

[59] MWANZA A, HAO P, WANG H. Effects of type and content of mineral fillers on the consistency properties of asphalt mastic[J]. Journal of Testing and Evaluation, 2012, 40(7):1094-1102.

[60] XING B, FAN W, HAN L, et al. Effects of filler particle size and ageing on the fatigue behaviour of bituminous mastics[J]. Construction and Building Materials, 2020, 230:117052.

[61] LESUEUR D, PETIT J, RITTER H J. The mechanisms of hydrated lime modification of asphalt mixtures:a state-of-the-art review[J]. Road Materials and Pavement Design, 2012, 14(1):1-16.

[62] GÉBER R, KOCSERHA I, GÖMZE L A. Influence of composition and grain size distribution on the properties of limestone and dolomite asphalt fillers[J]. Materials Science Forum, 2013, 729(11):344-349.

[63] BARRA B, MOMM L, GUERRERO Y, et al. Characterization of granite and limestone powders for use as fillers in BITUMINOUS MASTICS DOSAGe[J]. Anais da Academia Brasileira de Ciências, 2014, 86(2):995-1002.

[64] DAN L, CHUANFENG Z, YONG Q, et al. Analysing the effects of the mesoscopic characteristics of mineral powder fillers on the cohesive strength of asphalt mortars at low temperatures[J]. Construction and Building Materials, 2014, 65(8):330-337.

[65] ZHANG P, GUO Q, TAO J, et al. Aging Mechanism of a diatomite-modified asphalt binder using fourier-transform

infrared(FTIR)spectroscopy analysis[J]. MDPI, 2019, 12(6):988.

[66] CONG P, XU P, CHEN S. Effects of carbon black on the anti aging, rheological and conductive properties of SBS/asphalt/carbon black composites[J]. Construction and Building Materials, 2014, 52:306-313.

[67] 张旭. 硅藻土的矿物学特征及改性沥青中的应用[D]. 长春：吉林大学，2004.

[68] JIANG L, LIU Q L. Application of diatomite modified asphalt[J]. Applied Mechanics and Materials, 2014, 477:959-963.

[69] HUANG W, WANG D, HE P, et al. Rheological characteristics evaluation of bitumen composites containing rock asphalt and diatomite[J]. Applied Sciences, 2019, 9(5):1023.

[70] 鲍燕妮. 硅藻土改性沥青研究[D]. 西安：长安大学，2005.

[71] 刘大梁，刘清华，李祖云，等. 硅藻土改性沥青应用研究[J]. 长沙理工大学学报（自然科学版），2004（2）：7-12.

[72] FENG Z, RAO W, CHEN C, et al. Performance evaluation of bitumen modified with pyrolysis carbon black made from waste tyres[J]. Construction and Building Materials, 2016, 111:495-501.

[73] 刘峰. 炭黑改性沥青胶结料性能研究[D]. 广州：广州大学，2018.

[74] 易守传. 常用改性剂/磷渣粉体复合改性沥青性能试验研究[D]. 长沙：长沙理工大学，2018.

[75] 王楹. 生物质灰改性沥青的制备和基本性能研究[J]. 中外公路，2018，38（2）：309-313.

[76] 王朝辉，范巧娟，李彦伟，等. 拌和工艺对低碳多功能改性沥青混合料路用性能影响研究[J]. 中外公路，2016，36(6)：234-238.

[77] 杨松. 硅粉作为沥青改性剂的室内试验研究[D]. 北京：北京工业大学，2008.

[78] 罗梓轩. 微硅粉/SBS 复合改性沥青及其混合料的制备与性能研

究[D]. 兰州：兰州理工大学，2014.

[79] 商文龙. 硅灰改性沥青老化性能研究[D]. 合肥：合肥工业大学，2014.

[80] 罗振帅. 硅灰和聚合物乳液对钢纤维混凝土的断裂性能影响研究[D]. 重庆：重庆交通大学，2016.

[81] 李菁若，唐伯明，刘瑞全，等. 焚烧飞灰颗粒对沥青混合料水稳定性的影响[J]. 建筑材料学报，2021，24（5）：1048-1053.

[82] ZHU J, XU W. Aging Resistance of silica fume/styrene-butadiene-styrene composite-modified asphalt[J]. Materials, 2021, 14(21): 6536.

[83] KHUDAIR A Z A, ABDULZAHRA Z M, HAMZA H A. Effect of silica fume on cold mix asphalt mixture[J]. IOP Conference Series:Materials Science and Engineering, 2020, 737(1):012147.

[84] LARBI R, BENYOUSSEF E, MORSLI M, et al. Improving the compressive strength of reclaimed asphalt pavement concretes with silica fume[J]. Iranian Journal of Science and Technology-transactions of Civil Engineering, 2020, 44(2): 675-682.

[85] FINI E, HAJIKARIMI P, RAHI M, et al. Physiochemical, rheological, and oxidative aging characteristics of asphalt binder in the presence of mesoporous silica nanoparticles[J]. Journal of Materials in Civil Engineering, 2016, 28(2):4015133.

[86] MCCORMICK P G, TSUZUKI T. Recent Developments in mechanochemical nanoparticle synthesis[J]. Materials Science Forum, 2002, 13(2):377-386.

[87] 张志焜，崔作林. 纳米技术与纳米材料[M]. 北京：国防工业出版社，2000.

[88] 张立新，刘有智. 超细粉的性质、制备及应用[J]. 华北工学院学报，2001（1）：38-41.

[89] 张立德. 超细粉体制备及应用技术[M]. 北京：中国石化出版社，

2001.

[90] 咸才军. 纳米建材[M]. 北京：化学工业出版社，2003.

[91] PITKETHLY M J. Nanomaterials-the driving force[J]. Materials Today, 2004, 7(12): 20-29.

[92] 杨松，张金喜. 硅粉作为沥青改性剂的室内试验研究[J]. 山西建筑，2009, 35（17）：142-143.

[93] 徐峰，柴林林，刘然，等. 硫磺 SBS 复合改性沥青混合料路用性能评价[J]. 中外公路，2016，36（4）：306-310.

[94] 单炜. 沥青混合料强度构成机理的探讨[C]//2005 全国高速公路沥青路面早期破损病因与防治技术研讨会论文集．2005：105-110.

[95] 董仕豪，韩森，尹媛媛，等. 基于表面能理论的石灰改性沥青黏附性研究[J]. 重庆交通大学学报（自然科学版），2021，40（3）：89-97.

[96] 郑水林，王彩丽，李春全. 粉体表面改性[M]. 北京：中国建材工业出版社，2019.

[97] 郑国经. 电感耦合等离子体原子发射光谱分析仪器与方法的新进展[J]. 冶金分析，2014，34（11）：1-10.

[98] XING B, FAN W, ZHUANG C, et al. Effects of the morphological characteristics of mineral powder fillers on the rheological properties of asphalt mastics at high and medium temperatures[J]. Powder Technology, 2019, 348(1):33-42.

[99] MASAD E, BUTTON J W. Unified imaging approach for measuring aggregate angularity and texture[J]. Computer-aided Civil and Infrastructure Engineering, 2010, 15(4): 273-280.

[100] 陈国明. 沥青混合料中粗集料表面物理特性的研究[D]. 哈尔滨：哈尔滨工业大学，2005.

[101] KIM H, HAAS C, RAUCH A, et al. Wavelet-based three-dimensional descriptors of aggregate particles[J]. Transportation Research Record,

2002, 1787(1):109-116.

[102] WANG L, WANG X, MOHAMMAD L, et al. Unified method to quantify aggregate shape angularity and texture using fourier analysis[J]. Journal of Materials in Civil Engineering, 2005, 17(5): 498-504.

[103] KUO C Y, FREEMAN R. Imaging indices for quantification of shape, angularity, and surface texture of aggregates[J]. Transportation Research Record, 2000, 1721(1):57-65.

[104] 贾晓林,谭伟. 纳米粉体分散技术发展概况[J]. 非金属矿, 2003（4）：1-3, 21.

[105] 马文有, 田秋, 曹茂盛, 等. 纳米颗粒分散技术研究进展——分散方法与机理（1）[J]. 中国粉体技术, 2002（3）：28-31.

[106] 刘霞, 饶国英. 纳米碳酸钙表面改性的初步研究[J]. 塑料工业, 2003, 31（1）：5-7.

[107] 周世华. 超细粉体（$CaCO_3$ 与 SiO_2）对硫铝酸盐水泥性能的影响研究[D]. 重庆：重庆大学, 2005.

[108] 胡圣飞, 郦华兴, 陈志刚等. 纳米粒子的分散与表征技术[J]. 化工新型材料, 2002（11）：41-43.

[109] 姜严旭. 热再生沥青混合料沥青再生与融合微观机制及性能评价研究[D]. 南京：东南大学, 2018.

[110] 陈莉, 徐军, 陈晶. 扫描电子显微镜显微分析技术在地球科学中的应用[J]. 中国科学：地球科学, 2015, 45（9）：1347-1358.

[111] 孙海燕, 周梦, 李卫国. 数理统计[M]. 北京：北京航空航天大学出版社, 2020.

[112] EDWARDS Y, TASDEMIR Y, ISACSSON U. Rheological effects of commercial waxes and polyphosphoric acid in bitumen 160/220—low temperature performance[J]. Fuel, 2006, 85(7-8): 989-997.

[113] CONG P, WANG J, LI K, et al. Physical and rheological properties

of asphalt binders containing various antiaging agents[J]. Fuel, 2012, 97: 678-684.

[114] YU J Y, FENG P C, ZHANG H L, et al. Effect of organo-montmorillonite on aging properties of asphalt[J]. Construction and Building Materials, 2009, 23(7): 2636-2640.

[115] MOKHTAR K. Influence of thermo-oxidative aging on chemical composition and physical properties of polymer modified bitumens[J]. Construction and Building Materials, 2012, 26(1): 350-356.

[116] 杨卓林. 粉体改性沥青及沥青混合料路用性能研究[D]. 重庆：重庆交通大学，2020.

[117] 过梅丽, 赵地禄. 高分子物理[M]. 北京：北京航空航天大学出版社，2005.

[118] HASTIE T. Principal curves and surfaces[R]. Cailfornia: Stanford University, Department of Statistics, 1984.

[119] DICKINSON E J, WITT H P. The dynamic shear modulus of paving asphalts as a function of frequency[J]. Transactions of the Society of Rheology, 1974, 18(4): 591-606.

[120] 郑健龙, 周志刚, 张起森. 沥青路面抗裂设计理论与方法[M]. 北京：人民交通出版社，2002.

[121] 李智慧, 谭忆秋, 周兴业. 沥青胶浆高低温性能评价体系的研究[J]. 石油沥青，2005（5）：23-26.

[122] CHRISTENSEN JR D W, PELLINEN T, BONAQUIST R F. Hirsch model for estimating the modulus of asphalt concrete[J]. Journal of the Association of Asphalt Paving Technologists, 2003, 72(1):97-121.

[123] 陈静云, 赵慧敏. 用SHRP方法评价再生沥青性能[J]. 大连理工大学学报，2011, 51（1）：68-72.

[124] 王琨, 郝培文. BBR试验的沥青低温性能及粘弹性分析[J]. 辽宁

工程技术大学学报（自然科学版），2016，35（10）：1138-1143.

[125] 赵文辉，谢祥兵，李广慧，等. 矿粉掺量对沥青胶浆低温黏弹特性影响研究[J]. 公路，2021，66（8）：304-309.

[126] 李波，张喜军，李剑新，等. 基于 Burgers 模型的硬质沥青低温性能评价[J]. 建筑材料学报，2021，24（5）：1110-1116.

[127] 李晓琳. 基于流变特性沥青高低温性能综合评价指标的研究[D]. 哈尔滨：哈尔滨工业大学，2013.

[128] DENG J L. Introduction to grey system theory[J]. The Journal of Grey System, 1989, 25(31): 201-211.

[129] 刘思峰，蔡华，杨英杰，等. 灰色关联分析模型研究进展[J]. 系统工程理论与实践，2013，33（8）：2041-2046.

[130] 朱升晖. 沥青-集料界面粘附条件下的流变与疲劳特性研究[D]. 广州：华南理工大学，2020.

[131] 胡金龙，孙大权，曹林辉. 沥青疲劳性能分析方法与评价指标[J]. 石油沥青，2013，27（5）：58-64.

[132] 李艺铭. 树脂橡胶改性沥青及其混合料耐候性的研究[D]. 哈尔滨：东北林业大学，2021.

[133] 余贤书. 温拌橡胶沥青疲劳特性与疲劳评价指标研究[D]. 广州：华南理工大学，2020.

[134] SABOURI M, KIM Y R. Development of a failure criterion for asphalt mixtures under different modes of fatigue loading[J]. Transportation Research Record, 2014, 2447(1): 117-125.

[135] 孙大权，林添坂，曹林辉. 基于动态剪切流变试验的沥青疲劳寿命分析方法[J]. 建筑材料学报，2015，18（2）：346-350.

[136] BONNETTI K, NAM K, BAHIA H. Measuring and defining fatigue behavior of asphalt binders[J]. Transportation Research Record, 2002, 1810(1): 33-43.

[137] 朱洪洲，袁海，张新强，等. 老化沥青常应力疲劳演化规律分析[J]. 科学技术与工程，2019，19（16）：345-350.

[138] 朱洪洲，范世平，卢章天，等. 基于耗散能的老化沥青疲劳寿命预估模型分析[J]. 公路交通科技，2019, 36（9）: 8-13, 30.

[139] 袁燕，张肖宁，陈育书. 改性沥青胶浆的疲劳评价研究现状[J]. 中外公路，2005, 25（4）: 163-166.

[140] 王超. 沥青结合料路用性能的流变学研究[D]. 北京：北京工业大学，2015.

[141] LUNDSTRM R, EKBLAD J. Fatigue characterization of asphalt concrete using schaperys work potential model[J]. Nordic Rheology Society, 2006, 35(1):125-131.

[142] SCHAPERY R A. Analysis of damage growth in particulate composites using a work potential[J]. Composites Engineering, 1991, 1(3):167-182.

[143] WANG J F, WU X, FAN X L, et al. Stress-strain model of cement asphalt mortar subjected to temperature and loading rate[J]. Construction and Building Materials, 2016, 111(5): 164-174.

[144] WANG C, CASTORENA C, ZHANG J, et al. Unified failure criterion for asphalt binder under cyclic fatigue loading[J]. Road Materials and Pavement Design, 2015, 16(S2): 125-.

[145] 张喜军，仝配配，蔺习雄，等. 基于线性振幅扫描试验评价硬质沥青的疲劳性能[J]. 材料导报，2021, 35（18）: 18083-18089.

[146] 徐骁龙，叶奋，宋卿卿，等. 沥青疲劳评价指标试验研究[J]. 华东交通大学学报，2014, 31（2）: 14-19.

[147] 陈浩浩，吴少鹏，刘全涛，等. 沥青的疲劳性能评价方法研究[J]. 武汉理工大学学报，2015, 37（12）: 47-52.

[148] SHEN S, LU X. Energy based laboratory fatigue failure criteria for asphalt materials[J]. Journal of Testing and Evaluation, 2011, 39(3): 313-320.

[149] ROWE G M. Performance of asphalt mixtures in the trapezoidal fatigue test(with discussion)[J]. Journal of the Association of

Asphalt Paving Technologists, 1993, 62(3):1-3.

[150] HESAMI E, JELAGIN D,KRINGOS N,et al. An empirical framework for determining asphalt mastic viscosity as a function of mineral filler concentration[J]. Construction and Building Materials, 2012, 35(10): 23-29.

[151] 吴平. 粉煤灰热再生沥青胶浆微观作用机理及其混合料性能研究[D]. 西安：长安大学，2017.

[152] 邵显智，谭忆秋，孙立军. 几种矿粉指标与沥青胶浆的关联分析[J]. 公路交通科技，2005（2）：10-13.

[153] SCHWEIKART, JOAN. An introduction to materials engineering and science for chemical and materials engineers[J]. Chemical Engineering, 2004, 111(1):11.

[154] 肖志峰. 钢渣粉沥青混凝土水稳定性能研究[D]. 武汉：武汉理工大学，2020.

[155] 冯德成，魏文鼎，詹苏涛. 桥面水泥混凝土含水率对防水层粘结性能的影响[J]. 公路交通科技，2013，30（5）：47-51.

[156] 肖庆一，胡海学，王丽娟，等. 基于表面能理论的除冰盐侵蚀沥青矿料界面机理研究[J]. 河北工业大学学报，2012，41（4）：64-68.

[157] WASHBURN E W. The dynamics of capillary flow[J]. Physical review, 1921, 17(3):273.

[158] COSTANZO P M, GIESE R F,OSS C. The determination of surface tension parameters of powders by thin layer wicking[J]. Advances in Measurement and Control of Colloidal Processes, 1991, 1(7): 223-232.

[159] DRELICH J, BUKKA K,MILLER J D, et al. Surface tension of toluene-extracted bitumens from utah oil sands as determined by wilhelmy plate and contact angle techniques[J]. Energy & Fuels, 1994, 8(3):700-704.

[160] 肖志峰. 钢渣粉沥青混凝土水稳定性能研究[D]. 武汉：武汉理工大学，2020.

[161] 王莹. 基于红外光谱-原子力的沥青微观结构特征及性能研究[D]. 哈尔滨：东北林业大学，2021.

[162] 庞骁奕. 基于 AFM 与表面能原理的沥青与集料粘附特性分析[D]. 哈尔滨：哈尔滨工业大学，2015.

[163] 王明, 刘黎萍. 纳观尺度沥青相态力学特性老化行为[J]. 交通运输工程学报，2019, 19（6）: 1-13.

[164] FILIPPELLI L, DE SANTO M P, GENTILE L, et al. Quantitative evaluation of the restructuring effect of a warm mix additive on bitumen recycling production[J]. Road Materials and Pavement Design, 2015, 16(3): 741-749.

[165] GONG M, YANG J, WEI J, et al. Characterization of adhesion and healing at the interface between asphalt binders and aggregate using atomic force microscopy[J]. Transportation Research Record, 2015, 2506(1): 100-106.

[166] 谭忆秋, 李冠男, 单丽岩, 等. 沥青微观结构组成研究进展[J]. 交通运输工程学报，2020, 20（6）: 1-17.

[167] 杨军, 龚明辉, 王潇婷, 等. 基于原子力显微镜的沥青微观结构观察与表征（英文）[J]. Journal of Southeast University（English Edition），2014, 30（3）: 353-357.

[168] 孙国强, 庞琦, 孙大权. 基于AFM的沥青微观结构研究进展[J]. 石油沥青，2016, 30（4）: 18-24.

[169] 关泊, 陈俊, 郝培文. 基于原子力显微镜（AFM）的基质沥青老化前后形态变化及微观性能研究[J]. 应用化工, 2017, 46（12）: 2302-2305.

[170] 代震, 沈菊男, 石鹏程. 基于沥青微观形貌与流变性研究 SBS 改性对其老化的影响[J]. 石油学报（石油加工），2017, 33（3）: 578-587.

[171] 易斌. 沥青混合料高温稳定性评价方法研究[D]. 苏州：苏州科技大学，2019.

[172] 贾晓东. 高温多雨地区耐久性沥青路面结构分析[D]. 重庆：重庆交通大学，2013.

[173] 黎晓，梁乃兴，陈玲. 沥青混凝土动态模量及时-温等效方程[J]. 长安大学学报（自然科学版），2014，34（3）：35-40.